新材料领域普通高等教育系列教材

材料服役行为高效评价与模拟

陈　光　相恒高　等　编著

科学出版社

北　京

内 容 简 介

材料服役行为评价是人类能够制造出更有效工具和武器的前提，在国民经济发展和国防建设中发挥着不可替代的作用。随着科学技术的进步，材料服役行为评价朝着高效化、智能化等方向快速发展，以满足材料在极宏观、极微观、极端条件的服役要求。为了使读者全面了解和掌握材料服役行为评价与模拟的概念、方法、应用和发展趋势，本书在第 1 章综述了材料服役行为，然后分 6 章介绍材料的疲劳与断裂、蠕变、高温氧化、腐蚀、摩擦磨损、辐照损伤。本书内容系统全面，突出新方法在材料服役行为评价中的应用，语言通俗易懂，避繁就简，可读性强。本书配套了丰富的数字资源，对书中的重点、难点进行了详细讲解，读者可扫描书中二维码观看。

本书可作为高等学校材料、力学、机械、能源、航空航天等专业本科生的教材，也可供相关专业研究生、教师和工程技术人员参考。

图书在版编目（CIP）数据

材料服役行为高效评价与模拟 / 陈光等编著. -- 北京 ： 科学出版社，2025. 3. --（新材料领域普通高等教育系列教材）. -- ISBN 978-7-03-080749-6

Ⅰ . TB3

中国国家版本馆 CIP 数据核字第 202494SX71 号

责任编辑：侯晓敏 智旭蕾 / 责任校对：杨 赛
责任印制：张 伟 / 封面设计：无极书装

科学出版社 出版

北京东黄城根北街 16 号
邮政编码：100717
http://www.sciencep.com

北京天宇星印刷厂印刷
科学出版社发行 各地新华书店经销

*

2025 年 3 月第 一 版 开本：787×1092 1/16
2025 年 3 月第一次印刷 印张：12 3/4
字数：310 000
定价：62.00 元
（如有印装质量问题，我社负责调换）

丛 书 序

材料是人类社会发展的里程碑和现代化的先导，见证了从石器时代到信息时代的跨越。进入新时代以来，新材料领域的发展可谓日新月异、波澜壮阔，低维、高熵、量子、拓扑、异构、超结构等新概念层出不穷，飞秒、增材、三维原子探针、双球差等加工与表征手段迅速普及，超轻、超强、高韧、轻质耐热、高温超导等高新性能不断涌现，为相关领域的科技创新注入了源源不断的活力。

在此背景下，为满足新材料领域对于立德树人的"新"要求，我们精心编撰了这套"新材料领域普通高等教育系列教材"，内容涵盖了"纳米材料""功能材料""新能源材料"以及"材料设计与评价"等板块，旨在为高端装备关键核心材料、信息能源功能材料领域的广大学子和材料工作者提供一套体现时代精神、融汇产学共识、凸显数字赋能的专业教材。

我们邀请了来自南京理工大学、北京理工大学、北京科技大学、中南大学、东南大学等多所高校的知名学者组成了优势教研团队，依托虚拟教研室平台，共同参与编写。他们不仅具有深厚的学术造诣、先进的教育理念，还对新材料产业的发展保持着敏锐的洞察力，在解决新材料领域"卡脖子"难题方面有着成功的经验。不同学科学者的参与，使得本系列教材融合了材料学、物理学、化学、工程学、计算科学等多个学科的理论与实践，能够为读者提供更加深厚的学科底蕴和更加宽广的学术视野。

我们希望，本系列教材能助力广大学子探索新材料领域的广阔天地，为推动我国新材料领域的研究与新材料产业的发展贡献一份力量。

陈光

2024 年 8 月于南京

前　　言

材料服役行为指材料在实际使用环境中的性能表现及失效过程。从石器时代到现代科技文明，合理的材料服役行为评价始终是人类能够制造出更有效工具和武器的核心前提，同时也是连接材料与部件服役性能的关键桥梁，对提高部件在复杂环境下的服役安全性、装备设计与制造水平乃至国家核心竞争力具有重要意义。

随着新一轮科技革命和产业变革深入发展，材料研究向极宏观拓展、向极微观深入、向极端条件迈进、向极综合交叉发力，不断突破人类认知边界，给材料服役行为评价带来了巨大挑战，并对评价效率和精度提出新的要求。传统材料服役行为评价与模拟方法往往需要大量的人力、财力和物力，并受限于模型适用性、实验和计算能力，往往导致评价与模拟结果与实际服役行为存在偏差。

在此背景下，高效、智能化材料评价与模拟方法应运而生。通过数据驱动建模、跨尺度仿真、智能优化算法和数字孪生技术，材料服役行为高效评价与模拟方法大幅提高了评价的准确性和效率，降低了实验成本，增强了对材料服役行为的理解和预测能力，正在颠覆传统评价模式。

为满足教学需求，我们编写了本书，深入介绍材料服役行为评价的前沿新方法，引领读者步入材料评价的高效、智能化新时代。同时，我们也没有忽视传统评价方法的价值。尽管存在局限，传统评价方法仍是新方法的基石，且在多数材料服役场景中依然有效。因此，本书不仅全面剖析了传统评价方法的原理与应用，更在此基础上，重点突出了新型评价方法的创新与优势，是材料评价与模拟领域的"新旧交融"之作。我们希望通过本书的学习，读者不仅能够掌握材料服役行为的基本理论与方法，还能了解该领域的前沿动态与发展趋势，掌握坚实的材料的使用与维护方面的理论基础。

本书的主要特色在于：①内容丰富。系统阐述材料在典型服役条件下的行为特征与规律，介绍一系列高效评价与模拟方法，有利于读者夯实理论基础。②介绍新知识、新方法和新技术。突出高通量模拟与人工智能在材料服役行为评价中的应用，并汇集近年来材料学、物理学、化学及计算机等多学科交叉融合的最新研究成果，有利于读者激发创新思维。③理论联系实际。通过引用材料服役行为评价与模拟的具体实例，融汇基本理论知识，将理论和实际紧密结合，有利于读者提高应用能力。

全书共 7 章，由陈光、相恒高主持编著并统稿。第 1 章由相恒高、梁斐、李超、陈光撰写；第 2 章由陈旸、祁志祥、相恒高、陈光撰写；第 3 章由相恒高、郑功、陈光撰写；第 4 章由冯晶撰写；第 5 章由张达威撰写；第 6 章由陈翔撰写；第 7 章由魏代修撰写。

由于本书涉及多学科交叉，内容广泛，信息量大，加之新成果不断涌现，编著者水平和时间有限，难免存在疏漏及不妥之处，敬请广大读者批评指正。

编　者

2024 年 10 月于南京理工大学

目　　录

第1章

绪　论

随着新一轮科技革命和产业变革深入发展，材料研究向极宏观拓展、向极微观深入、向极端条件迈进、向极综合交叉发力，不断突破人类认知边界，给材料服役行为评价带来了极难挑战。本章介绍材料服役行为的概念、分类、评价与模拟方法及其合理选择与使用，为材料科学的深入研究和实际应用提供科学依据。

1.1　材料服役行为研究范式、分类与失效案例

1.1.1　材料服役行为的研究范式

材料服役行为是指材料在特定服役环境下的性能变化规律，包括材料的物理、力学、化学等性质的演变。这一领域的研究旨在为材料的选择、设计、优化及工程应用提供科学依据。材料服役行为评价作为连接材料基础研究与工程实际应用的桥梁，一直是材料科学领域的研究热点。从古代的石器、青铜器到现代的合金、复合材料，材料服役行为的研究伴随着人类文明的进步而不断发展。

人类对材料服役行为的研究是一个历史渐进过程。石器时代、青铜器时代及铁器时代，人们在实践中逐渐认识到不同材料在不同环境下的性能差异，这是材料服役行为意识的萌芽。然而，真正意义上的系统研究始于工业革命之后，随着机器制造业的兴起，对材料性能的要求日益提升，人们开始深入探索材料的力学性能、耐腐蚀性、疲劳寿命等服役特性，以满足工业生产的需求，这也被称为经验科学阶段。第二次世界大战加速了材料科学的发展，促使人们更加重视材料服役行为的研究，以期开发出性能更优、适应性更强的新材料。这一时期，材料服役行为的研究从最初的实践经验积累转向了更为科学的理论模型和试验验证。随着新技术革命的推进，材料科学作为一门独立的学科得到了快速发展，材料服役行为的研究也进入了新的阶段，计算科学与人工智能逐渐兴起。如今，人们不仅关注材料的基本性能，还致力于揭示材料在复杂环境下的服役机理，预测其使用寿命，为材料的选择、设计、制造及维护提供科学依据，推动科技进步和产业升级。到目前为止，材料服役行为研究范式经历了四代发展，分别是经验科学、理论科学、计算科学和人工智能，如图 1-1 所示。以下是四代材料服役行为研究范式的详细介绍。

1. 经验科学

在经验科学范式下，材料服役行为的研究主要依赖于实验和试错，通过大量的实验观察和记录材料的服役行为，并通过试错的方式寻找改善材料性能的方法。这种范式下的研究过程往往漫长且成本高昂。然而，这种范式为后续的理论研究和计算模拟提供了宝贵的实验数据和经验基础。

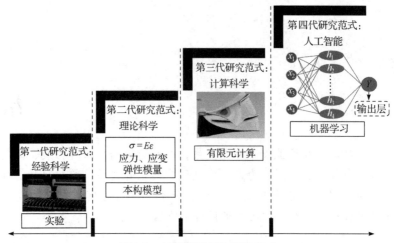

图 1-1   材料服役行为研究范式

2. 理论科学

随着对材料服役行为研究的深入，理论科学范式逐渐成为主流。在理论科学范式下，研究人员开始从基础理论研究入手，通过构建数学模型和理论框架来解释材料的服役行为。这种范式下的研究更加注重对材料微观结构和性能之间关系的理解，以及材料在不同服役环境下的行为预测。理论科学范式为材料设计和性能优化提供了更加科学的依据和理论支持。

3. 计算科学

随着计算机技术的飞速发展，计算科学范式开始兴起。在计算科学范式下，研究人员利用计算机模拟和数值分析对材料的服役行为进行研究和预测。这种范式可以大大缩短实验周期，降低研发成本，同时提高预测的准确性和可靠性。计算科学范式为材料设计和性能优化提供了更加高效和便捷的工具和方法。例如，有限元方法作为基础的计算机模拟技术，在材料结构强度设计中起到了十分重要的作用，它使研究手段进入全方位预测的新阶段。

4. 人工智能

近年来，随着人工智能技术的快速发展，人工智能范式逐渐成为材料服役行为研究的新趋势。在人工智能范式下，研究人员利用机器学习、深度学习等人工智能研究范式对材料的服役行为进行智能预测和优化。这种范式下的研究可以更加高效地处理和分析大量的实验数据，同时发现材料服役行为中的潜在规律和趋势。人工智能范式为材料设计和性能优化提供了更加智能化和高效化的解决方案，有望推动材料科学研究的进一步发展和创新。

未来，材料研究将向极宏观拓展、向极微观深入、向极端条件迈进、向极综合交叉发力，不断突破人类认知边界。相应的材料服役行为研究将随着大数据、人工智能等技术的不断发展，更加注重智能化、数字化和精准化，为工程结构的可靠性和安全性提供更加有力的保障。

1.1.2　材料服役行为的分类

根据不同的服役条件和环境，材料服役行为可以分为多种类型。最常见的是按照损伤形式分类，主要有疲劳与断裂、蠕变、高温氧化、腐蚀、摩擦磨损、辐照损伤等。每种损伤模式都对材料与结构的安全性具有重要影响。

按应力状态分类，可将材料服役行为分为静态应力、动态应力和交变应力下的行为。在静态应力下，材料会经历拉伸、压缩和弯曲等变形；在动态应力下，材料会受到冲击和振动的影响；在交变应力下，则会出现疲劳等现象。

材料可分为金属材料、陶瓷材料、聚合物材料和复合材料。这些材料在不同的服役条件下表现出独有的行为特征。例如，金属材料在高温下会发生蠕变和腐蚀，而在交变应力下会发生疲劳；陶瓷材料在高温下会发生蠕变和氧化，而在机械应力下会发生断裂；聚合物材料在紫外线和化学介质下会发生老化和降解；复合材料则在其纤维和界面处会发生断裂和脱粘。

1.1.3　材料服役失效案例

疲劳与断裂是工程结构失效的主要原因之一。1942 年，美国 Schenectady 号轮船正式服役。16 天后，该船刚刚完成试航在停泊时突然发生脆断，裂缝从船体的左右两侧同时扩展，几乎交汇于底部的龙骨位置。事故原因调查结果显示，低韧性的钢材是发生脆性断裂的最主要原因，寒冷的环境进一步加剧了钢材的韧性损失，使其极易发生灾难性脆断。2002 年，台湾中华航空 611 号波音 747 飞机在飞往香港的途中，因金属疲劳在高空解体坠毁。事故调查显示，飞机尾部蒙皮在早期的一次着陆中受损，虽然进行了修补，但修补方式不符合波音飞机的维修方针，导致金属疲劳累积，在长时间承受疲劳载荷后，飞机结构崩溃。

蠕变失效是指材料在长时间的高温与恒定载荷作用下，发生连续、缓慢、不可恢复的塑性变形。1985 年，美国 Mohave 发电厂发生再热管道爆裂事故，是内部缺陷和操作温度过高导致蠕变断裂，造成人员伤亡和经济损失。2016 年，印度 KV1 号钢桥梁因长期在高温高载荷环境下服役，钢材发生了蠕变断裂，导致桥梁坍塌。

高温氧化失效是材料在高温环境下与氧发生反应，导致性能下降和最终失效的一种现象。2003 年，美国"哥伦比亚"号航天飞机机翼在发射过程中受到特制泡沫撞击，导致隔热材料受损。当航天飞机返回大气层时，高温气体从受损处进入机体，引发了高温氧化反应，最终导致航天飞机解体，宇航员不幸丧生。

腐蚀失效是指材料因环境腐蚀而失去其原有功能或性能的现象。1954 年，英国彗星式客机因金属疲劳与腐蚀的双重作用在空中解体，成为航空史上的一大悲剧，这一事件促使人们开始重视飞机结构的腐蚀防护。1981 年，台湾民航客机 B-737 在执行任务时因长期运输活鱼等海鲜，机身下部的高强度铝合金结构件遭受严重的晶间腐蚀和剥蚀，最终导致飞机在空中解体。

摩擦磨损失效是指两个物体在相互接触并发生相对运动时，由于摩擦力的作用，材料逐渐损伤，最终出现结构失效的现象。2010 年，某知名品牌汽车变速箱齿轮因材料选择不当和设计不合理导致磨损频发，影响车辆行驶安全。2015 年，某国铁路公司的一辆客车因制动闸瓦磨损严重，制动距离过长引发追尾事故。2019 年，某化工厂工业泵因叶轮与泵壳之间的间隙过大和液体中固体颗粒的磨损加剧导致效率大幅下降。

材料的辐照损伤失效是一个复杂的过程，涉及高能粒子对材料的辐照作用，使材料内部出现缺陷，进而影响其宏观性能并导致最终失效。在核能领域，核反应堆中的不锈钢和低活化马氏体结构钢等结构材料长时间暴露在中子、质子等高能粒子的辐照下，会发生晶格原子离位、空位形成、间隙原子和位错环产生等复杂的物理和力学变化。这些变化会导致材料的力学性能显著下降，从而引发辐照损伤和失效。

1.2 材料、构件、服役环境与评价方法的关系

材料是人类赖以生存和发展的物质基础，也是高新技术发展和社会现代化的先导。新材料的出现和使用往往促进技术进步和新产业的形成，对人类生活、社会发展乃至国家安全产生深远影响。20 世纪 70 年代，人们将信息、材料和能源誉为当代文明的三大支柱。20 世纪 80 年代，以高技术群为代表的新技术革命更是将新材料、信息技术和生物技术并列作为重要标志。开发和有效使用材料已成为衡量一个国家科学技术和工业水平，以及未来技术发展潜力的重要尺度和标志。

材料在构件中的有效使用首先要求它们具备一定的材料性能，这些性能可以分为热性能、力学性能、物理性能、化学性能等；其次取决于它们的服役环境，包括疲劳、蠕变、高温氧化、腐蚀、摩擦磨损、辐照损伤等。材料的不同性能导致了材料在不同环境下的服役行为。通过科学合理的服役评价方法，如疲劳试验、蠕变试验、腐蚀试验、冲击试验、无损检测和数值模拟，可以全面评估材料在特定服役条件下的性能和可靠性，从而有效提高构件的安全性，延长使用寿命，并降低维护成本。材料、服役环境共同作用在构件上就是材料服役行为，评价方法决定了材料的服役安全性和可靠性，它们之间的关系如图 1-2 所示。

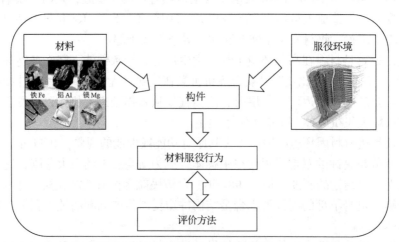

图 1-2 材料、构件、服役环境与评价方法的关系

1.3 材料服役行为评价与模拟方法

1.3.1 材料服役行为评价方法

材料服役行为评价，简言之，就是对材料在实际应用环境中的性能表现进行全面、准确、高效的评估与预测。这一过程不仅涉及材料的物理、化学、力学等基本性能，还涉及材料的疲劳、腐蚀、磨损、断裂等复杂服役行为。传统的材料服役行为评价方法主要依赖于试验测试、经验公式等手段。

传统方法虽然能够提供较为直接的数据支持，但存在诸多局限。首先，实验室测试往往无法完全模拟实际应用环境，导致测试结果与实际服役行为存在偏差。其次，现场试验需要大量的时间、人力和物力投入，成本高昂且难以推广。最后，经验公式往往基于历史数据和专家经验，缺乏普遍性和准确性。

试验结合仿真分析是当前结构件服役行为评价的主流方法。以航空发动机关键材料为例，其"积木式"评价方法如图 1-3 所示，通过试验件、模拟件、零件和部件 4 个不同层级进行递进式评价，每一层级的研究结果直接支持下一层级的研究工作，随着层级的递进，结构越来越复杂，涉及的影响因素也越来越多，但是试验数量会逐渐减少，同时每一层级的研究工作都强调试验和仿真的结合。

针对传统评价方法的局限，智能化高效化评价技术应运而生。这些技术主要利用人工智能、大数据、云计算等先进技术，实现对材料服役行为的实时监测、智能诊断与预测。例如，通过部署传感器网络，可以实时采集材料在服役过程中的应力、应变、温度等关键参数，并利用大数据技术进行存储、分析和挖掘。同时，利用机器学习算法，可以建立材料服役行为与关键参数的

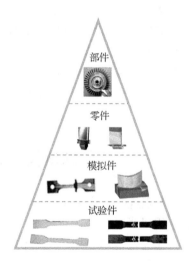

图 1-3 航空发动机关键材料服役行为"积木式"评价方法

复杂关系模型，实现对材料服役行为的智能预测。这些技术不仅提高了评价效率和准确度，还降低了评价成本，为材料服役行为的深入研究提供了有力支持。

2024 年诺贝尔物理学奖授予科学家 Hopfield 和 Hinton，表彰他们在使用人工神经网络进行机器学习方面的基础性发现和发明。同年，诺贝尔化学奖也与人工智能相关。可见，人工智能是科学领域的变革性技术，也将在材料服役行为评价方法中大放异彩。

1.3.2 材料服役行为模拟方法

材料服役行为模拟是指利用计算机仿真和模拟技术，对材料在实际应用环境中的性能表现进行模拟预测和分析的过程。这一过程不仅涉及材料的物理、化学、力学等基本性能的模拟，还涉及材料的疲劳、腐蚀、磨损、断裂等复杂服役行为的模拟。

有限元技术是材料服役行为模拟中最为成熟和广泛应用的方法之一。它将材料划分为

多个微小的单元（即有限元），并利用数学方法求解每个单元的应力、应变等物理量，从而实现对材料整体性能的分析和预测。有限元技术已经广泛应用于航空航天、汽车制造、土木工程等工程领域的各个方面，成为材料服役行为模拟的重要工具。

多尺度模拟方法是一种将宏观、细观和微观尺度的信息相结合，对材料服役行为进行综合分析的方法。这种方法通过考虑材料在不同尺度下的性能表现，实现对材料整体性能的深入理解和优化。例如，在涡轮盘材料的研究中，多尺度模拟方法可以用于分析涡轮盘在不同温度、压力和转速下的应力分布和疲劳寿命；在金属结构材料的研究中，多尺度模拟方法可以用于揭示材料在微观结构演变过程中的力学性能和断裂机制。这些研究不仅为材料的设计和优化提供了重要依据，还为材料科学的深入研究提供了新的思路和方法。

随着人工智能、大数据、云计算等技术的不断进步，材料服役行为评价与模拟方法正朝着智能化、高效化与精准化的方向发展。未来，智能化评价与模拟技术将更加注重数据的实时采集、处理与分析能力，以及模型的自学习、自适应与自优化能力。通过引入深度学习、强化学习等先进算法，实现对材料服役行为更加精准和高效的预测与模拟。同时，结合物联网技术，实现对材料服役行为的远程监测与智能预警，为工程结构的安全性和可靠性提供更加坚实的保障。此外，高效化模拟技术将更加注重计算效率、精度与可靠性的平衡。通过引入高性能计算技术、并行计算技术以及分布式计算技术等先进技术，实现对大规模、复杂材料服役行为的快速模拟与分析。同时，结合数据挖掘与知识发现技术，可以实现对材料服役行为模拟结果的深度挖掘与利用，为材料的设计与优化提供更加丰富的信息支持。

1.4　材料服役行为评价与模拟方法的合理选择与使用

合理选择和使用评价与模拟方法是确保材料服役行为评估准确性和可靠性的关键。对于应用场景严苛的关键材料，目前最常用的评价方法仍然是根据服役环境开展大量的试验，建立性能数据库，结合仿真分析确定考核部位应力、应变状态，给出结构件寿命评估。对于应用场景并不严苛的材料，可以通过少量的试验，结合当下热门的人工智能进行小样本数据的性能评价。

具体而言，选择合适的评价方法和模拟方法时需要考虑以下因素：

（1）力学性能研究：试验方面，可以采用拉伸试验、压缩试验、弯曲试验和疲劳试验；模拟方面，可以采用有限元模拟、晶体塑性有限元等方法。

（2）化学稳定性研究：试验方面，可以采用腐蚀试验、抗氧化试验和电化学测试；模拟方面，可以采用 COMSOL 多物理场耦合计算软件。

（3）微观结构研究：实验方面，可以采用扫描电子显微镜（SEM）、透射电子显微镜（TEM）和原子力显微镜（AFM）；模拟方面，可以采用第一性原理计算、分子动力学模拟、相场分析、位错动力学等。

评价和模拟方法的选择还需要考虑计算资源、实验资源和时间资源的限制。计算资源：分子动力学模拟和第一性原理计算需要大量的计算资源，可能需要高性能计算平台。这些方法适用于需要高精度计算的场合。实验资源：高温拉伸、蠕变、疲劳等试验需要昂贵的实验设备，如万能试验机、显微镜和高温炉等。这些方法适用于需要大量实验数据的场合。时间资源：实验验证需要较长的时间，而模拟方法可以通过快速计算节省时间。

在新材料的开发中，综合应用评价与模拟方法可以大大提高材料开发效率。例如，在开发一种新型合金材料时，可以先通过分子动力学模拟或第一性原理预测其在不同条件下的性能，再通过实验验证模拟结果。这样不仅可以节省时间和资源，还可以提高评估结果的可信度。具体步骤如下：

（1）初步模拟：通过第一性原理/分子动力学模拟预测材料的力学性能和热性能，初步了解材料的基本特性。例如，通过分子动力学模拟预测不同合金组分对力学和热学性能的影响规律。

（2）实验验证：通过拉伸试验、压缩和热膨胀系数测定等实验方法，验证模拟结果。例如，通过拉伸试验验证模拟预测的力学性能，通过热膨胀系数测定验证模拟预测的热性能。

（3）优化设计：根据实验结果和模拟结果，优化材料的设计参数，进一步提高材料性能。例如，通过改变合金微结构，优化材料的力学性能和热性能。

（4）反馈循环：将优化后的材料重新进行模拟和实验验证，形成反馈循环，不断迭代优化材料性能。例如，通过有限元分析优化材料的力学性能，通过分子动力学模拟优化材料的微观结构。

合理选择和使用评价与模拟方法是材料性能评估的重要环节。综合考虑材料类型、研究目的、实验条件和资源限制等因素，可以选择最合适的评价方法和模拟方法。这不仅有助于提高评估结果的准确性，还能推动材料科学与工程领域的发展。

参 考 文 献

曹建国. 2018. 航空发动机仿真技术研究现状、挑战和展望[J]. 推进技术, 39(5): 961-970.

陈光, 徐锋, 张士华, 等. 2023. 新材料概论[M]. 北京：科学出版社.

李其汉. 2014. 航空发动机结构完整性研究进展[J]. 航空发动机, 40(5): 1-6.

李兴无. 2020. 航空发动机关键材料服役性能"积木式"评价技术浅析[J]. 航空动力, (4): 31-34.

第 2 章

疲劳与断裂

疲劳与断裂是结构件失效的主要形式之一，经过百余年的发展，疲劳与断裂研究已取得了很大进展，成为材料服役行为中的重要部分。通过学习疲劳与断裂，可以了解疲劳与断裂的本质和规律，从而运用相关知识提高材料的耐久性和可靠性，保证工程装备安全性。

2.1 疲劳与断裂基本概念

对疲劳问题的研究起源于 19 世纪上半叶。1829 年，德国采矿工程师 Albert 对矿山卷扬机焊接铁链重复载荷试验是目前认定的最早的疲劳研究。1842 年，法国凡尔赛附近发生的铁路事故起因是机车前轴的疲劳破坏，引起了工程师的注意。1854 年，Braithwaite 在其关于金属疲劳断裂的著作中，首次采用 "fatigue"（疲劳）一词。而疲劳研究的奠基人则是德国工程师 Wöhler，他在 1852～1869 年对钢质列车车轴的疲劳破坏开展了长期且系统的研究，发现钢质车轴在循环载荷作用下的强度远低于静载强度，并首次提出采用应力幅-寿命曲线（S-N 曲线）来描述疲劳行为的方法以及 "疲劳极限" 的概念。1874 年，德国工程师 Gerber 提出了考虑平均应力影响的疲劳寿命计算方法。1899 年，Goodman 进一步提出了考虑平均应力影响的简化理论。

20 世纪上半叶，随着观察手段和研究水平的提高，Ewing 等首先观察到疲劳微裂纹形成过程中在表面的滑移形貌。随后 Thompson 等发现这种滑移带不易用电解抛光去掉，称为 "驻留滑移带"。后来证明，驻留滑移带常成为裂纹源。1924 年，德国人 Palmgren 在估算滚动轴承寿命时，假设轴承的累积损伤与其转动次数呈线性关系。1939 年，Weibull 提出了材料强度的统计理论。1945 年，美国人 Miner 明确提出了疲劳破坏的线性损伤累积理论，也称 Palmgren-Miner 定律，简称 Miner 定律。1954 年，Coffin 和 Manson 研究了由温度变化和高应力幅循环引起的疲劳问题，分别独立提出塑性应变损伤理论，建立了循环次数与塑性应变幅的关系，称为 Manson-Coffin 方程。

当前的发展趋势是把微观理论和宏观理论结合起来，从本质上探究疲劳破坏的机理。1963 年，Paris 在线弹性断裂力学方法的基础上提出了表达裂纹扩展规律的著名关系式——Paris 公式，为疲劳研究提供了一种估算裂纹扩展寿命的新方法，在此基础上发展出了损伤容限设计，从而使断裂力学和疲劳这两门学科逐渐结合起来。从 20 世纪 90 年代开始，郭万林院士提出了三维弹塑性裂纹端部场理论，建立了考虑厚度效应的三维疲劳裂纹扩展寿命预测方法，并基于此开发出疲劳裂纹扩展寿命预测软件 C-GRO，实现了从疲劳断裂理论到实际三维结构的应用。

2.1.1 断裂基本概念

1. 材料强度

材料在外力作用下抵抗破坏的能力称为材料的强度。当材料受外力作用时，其内部产生应力，外力增加，应力相应增大，直至材料内部质点间结合力不足以抵抗所作用的外力时，材料即发生破坏。

单向静拉伸试验是应用最广泛的金属力学性能试验之一，可以解释金属材料在静载荷作用下常见的力学行为，根据得到的应力-应变曲线可得到力学指标如屈服强度、抗拉强度、断后伸长率和断面收缩率。

图 2-1 中曲线的纵坐标为应力 σ，横坐标为应变 ε。由图可见，σ_p 为比例极限对应的应力，σ_e 为弹性极限对应的应力。拉伸应力在 σ_e 以下阶段，试样在受力时发生变形，卸载拉伸力后变形能完全恢复，该阶段为弹性变形阶段。当应力达到 σ_s 时，开始出现塑性变形。最初，试样局部区域产生不均匀塑性变形，局部区域产生缩颈。最后当应力达到 σ_b 时，试样断裂。

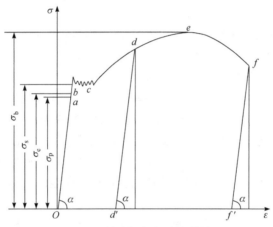

图 2-1 低碳钢应力-应变曲线

值得注意的是，并非所有的金属材料或者同一材料在不同条件下都具有相同类型的拉伸应力-应变曲线，上述曲线是最典型的一类。

图 2-1 中，应力 σ_s 为屈服强度，单位为 N/mm^2（MPa）。金属材料在拉伸试验中产生的屈服现象是其开始产生宏观塑性变形的标志。表现在试验过程中，外力不增加（保持恒定）时试样仍能继续伸长，或外力增加到一定数值时突然下降。随后，在外力不增加或上下波动的情况下，试样继续伸长变形，便是屈服现象。

金属材料塑性变形的应变速率与可动位错密度、位错运动平均速率及柏氏矢量的模成正比，即

$$\dot{\varepsilon} = b\rho\bar{v} \tag{2-1}$$

式中，$\dot{\varepsilon}$ 为塑性变形应变速率；b 为柏氏矢量的模；ρ 为可动位错密度；$\bar{v}$ 为位错运动平均速率。

屈服强度是金属材料重要的力学性能指标，实际零件不可能在抗拉强度这种极限状态

服役，因此屈服强度是工程上从静强度角度选择韧性材料的基本依据。

颈缩是韧性材料在拉伸时变形集中于局部区域的特殊现象，是应变强化与截面减小共同作用的结果。在应力-应变曲线中，试样的应力达到极大值之前，材料的变形是均匀的。之后，应变硬化的速度跟不上塑性变形的发展，使变形集中于试样局部区域产生颈缩，随即断裂。

韧性金属试样拉断过程中承受的最大应力称为抗拉强度或强度极限，在图 2-1 中即应力 σ_b，单位为 N/mm^2（MPa）。它表示金属材料在拉力作用下抵抗破坏的最大能力。计算公式为

$$\sigma_b = \frac{F_m}{S_0} \qquad (2\text{-}2)$$

式中，σ_b 为抗拉强度；F_m 为试样拉断过程中最大力；S_0 为试样的原始横截面积。

其他静载荷下的强度包括：

（1）抗压强度。单向压缩试验主要用于拉伸时呈脆性的金属材料力学性能测定，以体现这类材料在塑性状态下的力学行为。试样被压缩直至破坏过程中承受的最大应力为抗压强度，记为 σ_{bc}。

拉伸时塑性好的材料在压缩时只变形不断裂。脆性金属材料在拉伸时产生垂直于载荷轴线的正断，塑性变形量几乎为零；而在压缩时产生一定的塑性变形后，常在与轴线呈 45°方向发生断裂，为切断特征。

（2）抗弯强度。弯曲金属杆状试样承受弯矩作用后，其内部应力主要为正应力，与单向拉伸和压缩时产生的应力相似。但是由于杆状试样截面上的应力分布不均匀，表面最大，中心为零，且应力方向发生变化，金属在弯曲加载下所表现的力学行为与单纯拉伸和压缩应力作用下的不完全相同。因此，对于承受弯曲载荷的部件如轴、板状弹簧等，常用弯曲试验测定其力学性能，作为服役评价依据。试样弯曲至断裂前达到的最大弯曲应力称为抗弯强度，记为 σ_{bb}。

弯曲试验试样形状简单、操作方便，不存在拉伸试验时的试样偏斜（力的作用线不准确通过拉伸试样的轴线而产生附加弯曲应力）对试验结果的影响，并可用试样弯曲的挠度表示材料的塑性。弯曲试样的表面应力最大，可以较灵敏地反映材料表面缺陷。

（3）剪切强度。当圆柱试样承受扭矩进行扭转时，在与试样轴线呈 45°的两个斜截面上作用最大与最小正应力分别为 σ_1 与 σ_3，在与试样轴线平行和垂直的截面上作用最大切应力为 τ，σ 和 τ 的比值接近 1。

扭转的应力状态软性系数 $\alpha=0.8$，比拉伸时的 α 大，易于显示金属的塑性行为。圆柱形试样扭转时，整个长度上的塑性变形是均匀的，没有颈缩现象，所以能实现大塑性变形量下的试验。扭转试验能够较敏感地反映金属表面缺陷以及表面硬化层的性能，还可以测定剪切强度。扭转时，试样中的最大正应力与最大切应力在数值上大体相等，而生产上所使用的大部分金属材料的正强度大于剪切强度，所以扭转试验是测定剪切强度最可靠的方法。

2. 断裂力学

1）线弹性断裂力学

线弹性断裂力学研究的对象是线弹性含裂纹物体，假设含裂纹物体内各点的应力与应变呈线性关系，即满足 Hooke 定律。对于金属材料，严格的线弹性断裂问题几乎不存在，但是只要塑性区尺寸远小于裂纹尺寸，经过修正，线弹性理论分析的结果与实际情况误差不大。

由于裂纹尖端附近的应力场强度与裂纹扩展类型有关，根据外加应力和裂纹扩展面的取向关系，含裂纹的金属构件的裂纹扩展有三种基本形式，如图 2-2 所示。

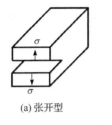　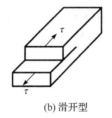　

(a) 张开型　　　　　　　(b) 滑开型　　　　　　　(c) 撕开型

图 2-2　三种断裂模式

（1）张开型（Ⅰ型）裂纹。如图 2-2（a）所示，外加拉应力垂直作用于裂纹扩展面，也垂直于裂纹扩展的前沿线。受这种外力的作用，裂纹沿原裂纹开裂方向扩展。

（2）滑开型（Ⅱ型）裂纹。如图 2-2（b）所示，外加剪应力平行于裂纹面，但垂直于裂纹扩展的前沿线。在这种外力作用下，裂纹扩展会偏离原裂纹开裂方向，与其成一定的角度。

（3）撕开型（Ⅲ型）裂纹。如图 2-2（c）所示，外加剪应力平行于裂纹面，也平行于裂纹扩展的前沿线，使裂纹面错开。在这种外力的作用下，裂纹基本沿原裂纹开裂方向扩展。

理论分析和经验都证明，Ⅰ型裂纹是受力状态最危险的裂纹，因而也成为试验和研究的关注重点。当实际裂纹为Ⅰ、Ⅱ、Ⅲ型组合的复合型裂纹时，由于都存在拉应力，一般不可能排除Ⅰ型，所以从安全性和方便分析的角度出发，会将裂纹简化为Ⅰ型裂纹处理。

2）Griffith 理论

Griffith 在 20 世纪 20 年代研究了脆性材料的破坏问题。考虑单位厚度的无限大板，两端固定受外力 F 作用，构成能量封闭体系。此时板内储存的应变能为 U_0，然后在板内垂直于载荷方向开一条长为 $2a$ 的贯穿裂纹，从而裂纹的上下面变成自由面，且发生相对位移。系统的能量变为 U_0+U，即应变能降低了 U。如果弹性应变能的释放完全用于使裂纹张开，则

$$U = \frac{1}{2} F \cdot 2V = \frac{1}{2} \int 2V \cdot \sigma \mathrm{d}x \quad （2\text{-}3）$$

式中，V 为体积；x 为裂纹张开位移。

$$V = 2 \frac{\sigma}{E} \sqrt{a^2 - x^2} \quad （2\text{-}4）$$

$$U = \int \frac{2\sigma}{E}\sqrt{a^2 - x^2}\,\sigma \mathrm{d}x = -\frac{\pi}{E}\sigma^2 a^2 \qquad (2\text{-}5)$$

形成新表面所需的表面能 W 为

$$W = 4a\gamma \qquad (2\text{-}6)$$

整个系统的能量变化为

$$U + W = 4a\gamma - \frac{\pi}{E}\sigma^2 a^2 \qquad (2\text{-}7)$$

式中，γ 为比表面能；σ 为应力。

系统能量随裂纹半长 a 的变化如图 2-3 所示。当裂纹较小时，随裂纹长度的增加，系统能量增加；但当裂纹增长到 $2a_c$ 时，若再增长，则系统的总能量下降。

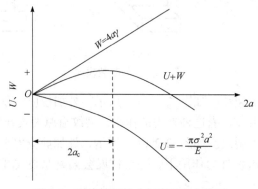

图 2-3 裂纹扩展尺寸与能量变化关系

从能量的角度来看，当裂纹长度小于 $2a_c$ 时，要使裂纹扩展，必须要有外力做功；当裂纹长度大于 $2a_c$ 时，裂纹继续增长是自发过程。临界状态为

$$\frac{\partial(U + W)}{\partial a} = 4\gamma - \frac{2\pi}{E}\sigma^2 a = 0 \qquad (2\text{-}8)$$

于是，裂纹失稳扩展的临界应力 σ_c 为

$$\sigma_c = \sqrt{\frac{2E\gamma}{\pi a}} \qquad (2\text{-}9)$$

临界裂纹半长 a_c 为

$$a_c = \frac{2E\gamma}{\pi\sigma^2} \qquad (2\text{-}10)$$

式(2-10)即为 Griffith 公式。σ_c 是含裂纹脆性材料的实际断裂强度，它与裂纹半长的平方根成反比，是脆性材料失效的重要判据。

对于一定裂纹长度 $2a$，外加应力达到 σ_c 时，裂纹即失稳扩展。承受一定拉伸应力 σ 时，板材中裂纹半长也有临界值 a_c，当 $a > a_c$ 时，裂纹就会自动扩展。而 $a < a_c$ 时，要使裂纹扩展须由外界提供能量，即增大外力。

3）应力场强度因子 K 及断裂韧度 K_{Ic}

Irwin 等对Ⅰ型裂纹尖端附近的应力、应变进行了分析，建立了应力场、位移场的数学解析式。如图 2-4 所示，假设有一无限大板，其中有 $2a$ 长的Ⅰ型裂纹，在无限远处作用有均匀拉应力 σ，应用弹性力学可以分析裂纹尖端附近的应力场、位移场。

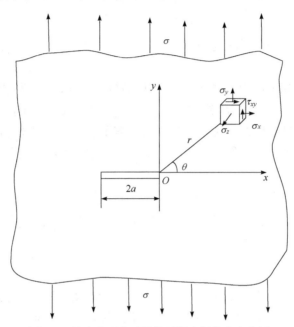

图 2-4　具有Ⅰ型穿透裂纹无限大板的应力分析

如用极坐标表示，则各点的应力分量、位移分量可以近似表达如下：

应力分量为

$$\left.\begin{aligned}
\sigma_x &= \frac{K_I}{\sqrt{2\pi r}}\cos\frac{\theta}{2}\left(1-\sin\frac{\theta}{2}\sin\frac{3\theta}{2}\right) \\
\sigma_y &= \frac{K_I}{\sqrt{2\pi r}}\cos\frac{\theta}{2}\left(1+\sin\frac{\theta}{2}\sin\frac{3\theta}{2}\right) \\
\sigma_z &= \nu(\sigma_x+\sigma_y)\quad(\text{平面应变}) \\
\sigma_z &= 0(\text{平面应力}) \\
\tau_{xy} &= \frac{K_I}{\sqrt{2\pi r}}\sin\frac{\theta}{2}\cos\frac{\theta}{2}\cos\frac{3\theta}{2}
\end{aligned}\right\} \tag{2-11}$$

位移分量（平面应变状态）为

$$\left.\begin{aligned}
u &= \frac{1+\nu}{E}K_I\sqrt{\frac{2r}{\pi}}\cos\frac{\theta}{2}\left(1-2\nu+\sin^2\frac{\theta}{2}\right) \\
v &= \frac{1+\nu}{E}K_I\sqrt{\frac{2r}{\pi}}\sin\frac{\theta}{2}\left[2(1-\nu)-\cos^2\frac{\theta}{2}\right]
\end{aligned}\right\} \tag{2-12}$$

式中，ν 为泊松比；E 为弹性模量；u、v 分别为 x、y 方向的位移分量。

上述两组联立方程都是近似表达式，越接近裂纹尖端，其精度也越高。因此，它们最

适用于 $r \ll a$ 的情况。

由式（2-11）可知，在裂纹延长线上，$\theta = 0$，则

$$\left.\begin{array}{l} \sigma_y = \sigma_x = \dfrac{K_I}{\sqrt{2\pi r}} \\[3mm] \tau_{xy} = 0 \end{array}\right\} \qquad (2\text{-}13)$$

可见，在 x 轴上裂纹尖端区的切应力分量为零，拉应力分量最大，裂纹最易沿 x 轴方向扩展。

裂纹尖端区域各点的应力分量除了决定其位置 (r, θ) 外，还与强度因子 K_I 有关。对于某一确定的点，其应力分量由 K_I 决定。因此，K_I 的大小直接影响应力场的大小：K_I 越大，应力场各应力分量也越大。这样，K_I 就可以表示应力场的强弱程度，故称为应力场强度因子。下标"Ⅰ"表示Ⅰ型裂纹。同理，K_{II}、K_{III} 分别表示Ⅱ型和Ⅲ型裂纹的应力场强度因子。

由式（2-11）还可看出，当 $r \to 0$ 时，各应力分量都以 $r^{-1/2}$ 的速率趋近于无限大，表明裂纹尖端处应力是奇点，应力场具有 $r^{-1/2}$ 阶奇异性。Ⅰ型裂纹应力场强度因子的一般表达式为

$$K_I = Y\sigma\sqrt{a} \qquad (2\text{-}14)$$

式中，Y 为裂纹形状系数，量纲为 1。Y 值与裂纹几何形状及加载方式有关，一般取 $Y = 1 \sim 2$。

K_I 是一个取决于 σ 和 a 的复合力学参量。不同的 σ 与 a 的组合可以获得相同的 K_I。a 不变时，σ 增大可使 K_I 增大；σ 不变时，a 增大也可使 K_I 增大；σ 和 a 同时增大时，也可使 K_I 增大。

K_I 的量纲为[应力]$\times$[长度]$^{1/2}$，其单位为 $MPa \cdot m^{0.5}$ 或 $MN/m^{1.5}$。

当 σ 和 a 单独或共同增大时，K_I 和裂纹尖端各应力分量也随之增大。当 K_I 增大到临界值时，裂纹尖端足够大的范围内应力达到了材料的断裂强度，裂纹便失稳扩展而导致材料断裂。这个临界或失稳状态的 K_I 值记作 K_{Ic} 或 K_c，称为断裂韧度。

4）裂纹扩展能量释放率 G_I 及断裂韧度 G_{Ic}

在绝热条件下，设有一裂纹体在外力作用下裂纹扩展，外力做功为 ∂W。这个功一方面用于系统弹性应变能的变化 ∂U_e；另一方面因裂纹扩展 ∂A 面积，用于消耗塑性功 $\gamma_p \partial A$ 和表面能 $2\gamma_s \partial A$。因此，裂纹扩展时的能量转化关系为

$$\partial W = \partial U_e + (\gamma_p + 2\gamma_s)\partial A \qquad (2\text{-}15)$$

$$\partial W - \partial U_e = (\gamma_p + 2\gamma_s)\partial A \qquad (2\text{-}16)$$

式（2-16）等号右边是裂纹扩展 ∂A 面积需要的能量，是裂纹扩展的阻力；等号左边是裂纹扩展 ∂A 面积系统提供的能量，是裂纹扩展的动力。

根据工程力学，系统势能等于系统的应变能与外力功的差值，或者等于系统的应变能与外力势能的和，即 $U = U_e - W$，U 为系统的势能。因此，式(2-16)左端是系统势能变化的负值，表示裂纹扩展时，系统势能是下降的。

通常，将裂纹扩展单位面积时系统释放势能的数值称为裂纹扩展能量释放率，简称能

量释放率或能量率，用 G 表示，对于 Ⅰ 型裂纹为 G_I。于是

$$G_I = -\frac{\partial U}{\partial A} \tag{2-17}$$

式中，G_I 的量纲为[能量]×[面积]$^{-1}$，常用单位为 MJ/m^2。

如果裂纹体的厚度为 B，裂纹长度为 a，则式(2-17)可改写为

$$G_I = -\frac{1}{B}\frac{\partial U}{\partial a} \tag{2-18}$$

当 $B=1$ 时，G_I 为裂纹扩展单位长度时系统势能的释放率。从物理意义上来说，G_I 是使裂纹扩展单位长度的原动力，所以也可称为裂纹扩展力，表示裂纹扩展单位长度所需要的力。这个力与位错运动所受的力一样，是组态力。G_I 的单位为 MN/m。

既然裂纹扩展的动力为 G_I，而 G_I 为系统势能 U 的释放率，那么在确定 G_I 时就必须知道 U 的表达式。

由于裂纹可以在恒载荷 F 或恒位移 δ 条件下扩展，在弹性条件下可以证明，在恒载荷条件下系统势能 U 等于弹性应变能 U_e。因此，上述两种条件下的 G_I 表达式为

$$\left.\begin{aligned} G_I &= \frac{1}{B}\left(\frac{\partial U_e}{\partial a}\right)_F （恒载荷）\\ G_I &= \frac{1}{B}\left(\frac{\partial U_e}{\partial a}\right)_\delta （恒位移） \end{aligned}\right\} \tag{2-19}$$

前文讨论 Griffith 裂纹体强度时，其模型属于恒位移条件，裂纹长度为 $2a$，且 $B=1$，在平面应力条件下，弹性应变能为

$$U_e = -\frac{\pi\sigma^2 a^2}{E} \tag{2-20}$$

在平面应变条件下，弹性应变能为

$$U_e = -\frac{\left(1-v^2\right)\pi\sigma^2 a^2}{E} \tag{2-21}$$

因此，式（2-19）可以改写为

$$\left.\begin{aligned} G_I &= -\left[\frac{\partial U_e}{\partial(2a)}\right]_\delta = -\frac{\partial}{\partial(2a)}\left(\frac{-\pi\sigma^2 a^2}{E}\right) = \frac{\pi\sigma^2 a}{E} （平面应力）\\ G_I &= \frac{\left(1-v^2\right)\pi\sigma^2 a}{E} （平面应变） \end{aligned}\right\} \tag{2-22}$$

可见，G_I 和 K_I 相似，也是应力 σ 和裂纹尺寸 a 的复合参量，只是它们的表达式和单位不同。

5）弹塑性断裂力学

弹塑性断裂力学主要需要解决裂纹尖端塑性区尺寸较大的问题，塑性区尺寸接近甚至超过裂纹尺寸，对应材料属于大范围屈服的材料。在应力集中处和残余应力高而屈服的高应变区，较小裂纹也会导致断裂。这类弹塑性裂纹扩展导致的断裂，要借助弹塑性断裂力

学来解决。

弹塑性断裂力学常用的研究方法有 J 积分法和 COD 法。前者是由 G_I 延伸而来的一种断裂能量判据，后者是由 K_I 延伸而来的断裂应变判据。

J 积分有两种定义或者表达式：一是线积分；二是变形功差率。

由前文可知，$G_I = -\dfrac{\partial U}{\partial A} = -\dfrac{\partial U}{B\partial a}$，当 $B=1$ 时，$G_I = -\dfrac{\partial U}{\partial a}$。Rice 对受载裂纹体的裂纹周围的系统势能 U 进行了线积分，得到了如下等式：

$$G_I = -\frac{\partial U}{\partial a} = \int_{\Gamma} \left(\omega \mathrm{d}y - \frac{\partial u}{\partial x} T \mathrm{d}s \right) \tag{2-23}$$

式中，Γ 为积分线路，由裂纹下表面任一点绕裂纹尖端区域逆时针走向裂纹上表面任一点构成；ω 为 Γ 所包围体积内的应变能密度（$\omega = \int \sigma_{ij} \mathrm{d}\varepsilon_{ij}$）；$u$ 为位移矢量；T 为应力矢量；$\mathrm{d}s$ 为沿 Γ 的弧长增量；x、y 为垂直裂纹前缘的直角坐标。

式（2-23）就是在线弹性条件下 G_I 的线积分表达式。在弹塑性条件下，如果将应变能密度 ω 改成弹塑性应变能密度，Rice 将其称为 J 积分，即

$$J = \int_{\Gamma} \left(\omega \mathrm{d}y - \frac{\partial u}{\partial x} T \mathrm{d}s \right) \tag{2-24}$$

在线弹性条件下，$J_I = G_I$，J_I 是 Ⅰ 型裂纹线积分。

在小应变条件下，J 积分与路线 Γ 无关。因此，当 Γ 极小，取裂纹尖端处时，因裂纹表面 $T = 0$，J 积分可反映裂纹尖端区的应变能，即应力应变集中程度。

不过对于弹塑性材料，由于塑性变形是不可逆的，只有在单调加载、不发生卸载时，应力与应变之间才有一定的对应关系，才存在 J 积分与路线无关的情况。

J 积分也可以用能量率的形式表达。在线弹性条件下，$J_I = G_I = -\dfrac{1}{B} \times \dfrac{\partial U}{\partial a}$，$J_I$ 与 G_I 完全等同。同样可以证明，在弹塑性小应变条件下，J_I 也可以用此式表示，但其物理概念与 G_I 不同。在线弹性条件下，$-\dfrac{\partial U}{\partial a}$ 表示含有裂纹尺寸为 a 的试样，扩展为 $a + \Delta a$ 后的系统势能的释放率。而在弹塑性条件下，裂纹扩展意味着卸载，所以 $-\dfrac{\partial U}{\partial a}$ 表示两个裂纹尺寸分别为 a 和 $a + \Delta a$ 的试样在加载过程中的势能差与裂纹长度差的比。也就是说，J 积分一般不能处理裂纹的连续扩展，其临界值对应的只有开裂点，而不一定是失稳扩展。在平面应变的条件下，J 积分的临界值 J_{Ic} 也称断裂韧度，表示裂纹抵抗开始扩展的能力，其单位与 G_{Ic} 相同，也是 MPa·m（MN/m）或 MJ/m²。

由于裂纹尖端塑性应变区较大，裂纹扩展是在大范围屈服，甚至达到全面屈服之后才断裂的。这类弹塑性断裂前应变较大，因此可以以应变为参量，建立断裂应变判据。由于裂纹尖端的实际应变量较小，因此选择裂纹张开位移（crack opening displacement，COD）间接表示应变量的大小。在大范围屈服下，Dugdale 建立了带状屈服模型，即 D-M 模型，得到了 COD 的表达式。

如图 2-5 所示，假设理想塑性材料的无限大薄板中有长为 $2a$ 的 Ⅰ 型穿透裂纹（平面应

力问题），在无穷远处有平均应力 σ，裂纹尖端的塑性区 ρ 为纺锤形状。假定沿 x 轴将塑性区割开，使裂纹长度由 $2a$ 变为 $2c$。但在割面上、下方代之以压应力 σ_s，以阻止裂纹张开。

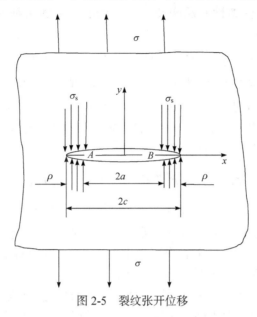

图 2-5　裂纹张开位移

　　于是该模型就变为在（a, c）和（$-a, -c$）区间有压应力 σ_s 作用，在无限远处有均匀拉应力作用的线弹性问题。通过计算得到 A、B 两点的裂纹张开位移，即 COD 的表达式为

$$\delta = \frac{8\sigma_s a}{\pi E} \ln\sec\left(\frac{\pi\sigma}{2\sigma_s}\right) \tag{2-25}$$

将式（2-25）用级数展开，则为

$$\delta = \frac{8\sigma_s a}{\pi E}\left[\frac{1}{2}\left(\frac{\pi\sigma}{2\sigma_s}\right)^2 + \frac{1}{12}\left(\frac{\pi\sigma}{2\sigma_s}\right)^4 + \frac{1}{45}\left(\frac{\pi\sigma}{2\sigma_s}\right)^6 + \cdots\right] \tag{2-26}$$

当 σ 较小（$\sigma \ll \sigma_s$）时，$\dfrac{\pi\sigma}{2\sigma_s}$ 高次方项很小可以忽略，只取第一项得

$$\delta = \frac{\pi\sigma^2 a}{E\sigma_s} \tag{2-27}$$

在临界条件下，COD 的表达式为

$$\delta_c = \frac{\pi\sigma_c^2 a_c}{E\sigma_s} \tag{2-28}$$

δ_c 也是材料的断裂韧度，但它表示材料阻止裂纹开始扩展的能力。

　　6）三维断裂理论

　　传统的断裂研究主要基于二维平面（在平面应力或者平面应变条件下进行），而真实情况下的断裂则需要考虑厚度方向的影响。郭万林院士从三维约束入手，基于传统二维断裂建立了三维弹塑性裂纹端部奇异应力场的 J-T_z 理论，克服了三维弹塑性裂纹问题数学求解的困难，证明离面应力约束因子 T_z 与 J 积分一样是弹塑性裂纹端部奇异场的控制参数，获得了三维弹塑性裂纹端部奇异应力应变场的 J-T_z 的理论解。提出了同时考虑离面和面内约束的线弹性、弹塑性和蠕变裂纹端部场的三参数表征方法，为三维损伤容限奠定了基础。

三维与二维裂纹体的本质区别在于离面应力 σ_{zz}。因此，定义离面应力约束因子 T_z

$$T_z(r,\theta,z) = \sigma_{33}/(\sigma_{11}+\sigma_{22}) \qquad x,y \text{ 或 } r,\theta = 1,2\,;z=3 \qquad （2\text{-}29）$$

平面应力状态 $T_z=0$，不可压缩理想塑性体在平面应变状态 $T_z=0.5$。在三维裂纹附近，$0 \leqslant T_z \leqslant 0.5$，并当 $r \to 0$ 时 $T_z(r,\theta,z) \to T_{z0}(z)$，该因子也称"郭因子"。

进一步分析裂纹端部场的特征，提出奇异应力结构为

$$\sigma_{ij}(r,\theta,z) = r^{f_{ij}(z)}\tilde{\sigma}_{ij}(\theta,T_z) = \mathrm{e}_{ikl}\mathrm{e}_{jml}\varPhi_{ll,km} \qquad （2\text{-}30）$$

$f_{ij}(z)$ 为 $T_{z0}(z)$ 的函数，$\varPhi_{ll,km}$（$l=1,2,3$）为三维连续体的 Maxwell 应力函数。在弹塑性或应变强化固体中，直接将式（2-30）通过本构方程代入应变协调方程进行分析求解存在巨大困难。只有在 $T_z=0$ 和 0.5 这两种极端平面状态下，Maxwell 应力函数退化为单一的平面问题的 Airy 应力函数，弹塑性三维裂纹问题才可解。

现行的材料断裂韧性和疲劳裂纹扩展性能试验标准都基于有限厚度穿透裂纹试样，有显著的厚度等几何效应。材料不同，含裂纹试样的承载能力和塑性变形程度不同，断裂和疲劳裂纹扩展受相对稳定分布的 T_z 的影响也不同，厚度效应的理论预测难以实现。基于三维断裂理论可以准确预测控制裂纹端部韧性损伤的应力三轴度 R_σ（平均应力与 Mises 等效应力之比 σ_m/σ_e），并结合能量原理提出对 K、J 和裂纹端张开位移 δ 表示的断裂韧性 K_c、J_c 和 δ_c 厚度效应的修正。

$$\begin{aligned}
K_{zc} &= K_c\sqrt{F\!\left(\bar{R}_\sigma\right)} \\
J_{zc} &= J_c F\!\left(\bar{R}_\sigma\right) \\
\delta_{zc} &= \delta_c F\!\left(\bar{R}_\sigma\right)/d(\alpha\varepsilon_0,n,T_z)
\end{aligned} \qquad （2\text{-}31）$$

这里 $F(R_\sigma)$ 是根据能量密度准则或材料韧性断裂试验确定的函数。试验证明适当选择 R_σ 的平均值 $\bar{R}_\sigma\!\left[T_z(B)\right]$，这些修正的断裂韧性值 K_{zc}、J_{zc}、δ_{zc} 与厚度 B 无关。不仅可以由任意厚度的断裂韧性求得其他厚度的断裂韧性值，还可以降低平面应变约束要求。

2.1.2　疲劳基本概念

材料的某点或者某些点承受扰动应力，且在足够多的循环扰动作用之后形成裂纹或完全断裂，由此发生的局部永久结构变化的过程称为疲劳。

从定义可知，疲劳具有以下特点：

（1）需要受到扰动应力。扰动应力指随时间变化的应力，用 σ 或者 S 表示。疲劳还可以用力、应变、位移等给出，因此也可以称为扰动载荷或循环载荷。按照载荷随时间的变化可以将载荷分为恒幅载荷、变幅载荷和随机载荷。

应力/应变集中是导致疲劳破坏的主要原因，疲劳破坏是从应力/应变较高的局部开始

的，形成损伤并逐渐累积，导致破坏发生。因此，疲劳研究关心的正是这些引起应力集中的局部细节，包括几何形状突变、材料缺陷等。对于抗疲劳设计，需要特别注意应力/应变集中处。

（2）疲劳断裂需要足够多的循环周次。在经历足够多次的扰动载荷作用之后，裂纹首先从材料内部应力/应变集中处形成，称为裂纹萌生。此后，继续在扰动载荷的作用下，裂纹进一步扩展，直至达到临界尺寸而发生完全断裂。裂纹从萌生、扩展到断裂的三个阶段是疲劳破坏的又一特点。

扰动载荷随时间变化的关系图称为载荷谱。应力与时间的关系图称为应力谱，类似的还有应变谱、位移谱、加速度谱等。

以恒幅应力循环载荷为例，用最大应力 $\sigma_{\max}$ 和最小应力 $\sigma_{\min}$ 即可描述。其他的参量可用最大应力和最小应力算出。

应力范围是最大应力和最小应力的差，即

$$\Delta\sigma = \sigma_{\max} - \sigma_{\min} \tag{2-32}$$

应力幅是最大应力和最小应力差的一半，即

$$\sigma_{a} = \frac{1}{2}\Delta\sigma = \frac{1}{2}(\sigma_{\max} - \sigma_{\min}) \tag{2-33}$$

平均应力是最大应力和最小应力的平均值，即

$$\sigma_{m} = \frac{1}{2}(\sigma_{\max} + \sigma_{\min}) \tag{2-34}$$

应力比是最小应力和最大应力之比，即

$$R = \frac{\sigma_{\min}}{\sigma_{\max}} \tag{2-35}$$

应力比可以反映载荷的循环特征。$R=-1$，表明载荷是对称载荷；$R=0$，表明载荷是脉冲循环；$R=1$，表明载荷是静载荷或恒定载荷。

此外，频率和波形也是试验时需要考虑的因素。尽管有些因素是次要的，但在特定条件下，也会对试验结果产生很大影响。

为了评价和估算疲劳寿命或疲劳强度，需要建立外载荷与材料寿命之间的关系。反映外加应力幅值 S 和疲劳寿命 N 之间关系的曲线称为 S-N 曲线，或称为 Wöhler 曲线。

图 2-6 为典型的 S-N 曲线。完整的 S-N 曲线可分为三段，即低周疲劳区、高周疲劳区和耐久极限区。低周疲劳区中，材料仅经历较少的循环（$<10^4$）就发生断裂，并伴有明显塑性变形。高周疲劳区，表示材料在较多循环后发生断裂。耐久极限区为无限寿命区，对应材料的疲劳极限。$N=10^6 \sim 10^7$ 时对应的疲劳强度为疲劳极限 $S_{\max} = S_{e}$（或称条件疲劳强度）；在耐久极限区，S-N 曲线在对数坐标系上几乎是一条直线。近几年，人们通过试验发现在 10^8 甚至 10^9 次循环后，仍然可能会发生疲劳破坏，疲劳源常出现在毗邻表面的内部，且通常起始于夹杂。

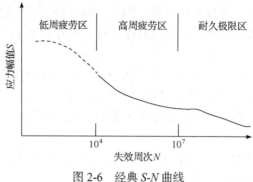

图 2-6 经典 S-N 曲线

1. 低周疲劳

低周疲劳的定义包含了两方面，一方面是每次循环都会产生塑性变形；另一方面是寿命较短，一般不超过 10^4 次循环。

应变-寿命曲线描述了材料的应变与寿命之间的关系。根据描述应变-寿命曲线的控制参数的不同，可将其分为 $\Delta\varepsilon$-N 曲线和 ε_{eq}-N 曲线。$\Delta\varepsilon$-N 曲线以应变比 $R_\varepsilon = -1$ 时的应变幅为参数来描述材料的寿命特性，当 $R_\varepsilon \neq -1$ 时再对 $\Delta\varepsilon$-N 进行平均应力修正；ε_{eq}-N 曲线则先寻找一个能反映不同应变比 R_ε 的统一参数 ε_{eq}，再用 ε_{eq}-N 描述材料的疲劳寿命特征。

在所有的 $\Delta\varepsilon$-N 曲线中，Manson-Coffin 公式使用最为广泛，表达式为

$$\varepsilon_a = \varepsilon_{ea} + \varepsilon_{pa} = \frac{\sigma'_f}{E}(2N)^b + \varepsilon'_f(2N)^c \tag{2-36}$$

式中，σ'_f 为疲劳强度系数；ε'_f 为疲劳延性系数；b 为疲劳强度指数；c 为疲劳延性指数。疲劳寿命 N 与弹性应变分量 ε_{ea}、塑性应变分量 ε_{pa} 和总应变 ε_a 的关系如图 2-7 所示。

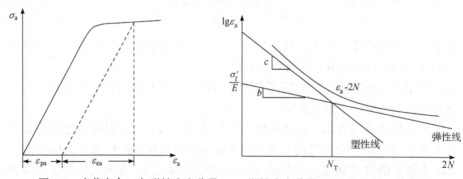

图 2-7 疲劳寿命 N 与弹性应变分量 ε_{ea}、塑性应变分量 ε_{pa} 和总应变 ε_a 的关系

弹性线和塑性线有一交叉点 N_T。在寿命 $N<N_T$ 时，塑性应变起主要作用；在寿命 $N>N_T$ 时弹性应变起主要作用，N_T 称为过渡疲劳寿命。Manson-Coffin 公式不存在水平极值线，但实际上所有材料均存在疲劳极限，所以该式只适用于描述较短疲劳寿命区（如 $N=10\sim10^5$）的 $\Delta\varepsilon$-N 曲线。

低周疲劳有其独有的失效机理，金属承受恒定应变范围循环加载时，循环开始的应力-应变滞后回线是不封闭的，只有经过一定周次后才形成封闭滞后回线。金属材料由循环开

始状态变为稳定状态的过程与其在循环应变作用下的形变抗力变化有关。这种变化有两种情况，即循环硬化和循环软化。若金属材料在恒定应变范围循环作用下，随循环周次增加其应力（形变抗力）不断增加，即为循环硬化，如图 2-8（a）所示；若在循环过程中，应力逐渐减小，则为循环软化[图 2-8（b）]。

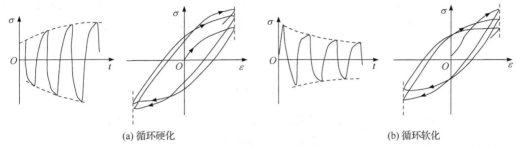

　　　　　　　(a) 循环硬化　　　　　　　　　　　　　　　　　　　(b) 循环软化

图 2-8　低周疲劳滞后回线

　　无论是产生循环硬化的材料，还是产生循环软化的材料，应力-应变滞后回线只有在应力循环周次达到一定值后才是闭合的，即达到循环稳定状态。将不同应变范围的稳定滞后回线的顶点连接起来，便得到一条如图 2-9 所示的循环应力-应变曲线。图中还用虚线画出 40CrNiMo 钢的单次应力-应变曲线。比较循环应力-应变曲线与单次应力-应变曲线，可以判断循环应变对材料性能的影响。循环应力-应变曲线低于它的单次应力-应变曲线，表明这种钢具有循环软化现象；反之，若材料的循环应力-应变曲线高于它的单次应力-应变曲线，则表明该材料具有循环硬化现象。

　　金属材料产生循环硬化还是循环软化取决于材料的初始状态、结构特性以及应变幅和温度等。退火状态的塑性材料往往表现为循环硬化，而加工硬化的材料则往往是循环软化。试验发现，循环应变对材料性能的影响与它的屈强比 σ_b/σ_s 数值有关。材料的 $\sigma_b/\sigma_s > 1.4$ 时，表现为循环硬化；而 $\sigma_b/\sigma_s < 1.2$ 时，则表现为循环软化；σ_b/σ_s 值为 1.2～1.4 的材料倾向

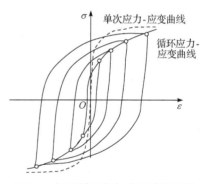

图 2-9　钢的循环应力-应变曲线和单次应力-应变曲线

不定，但这类材料一般比较稳定，没有明显的循环硬化和软化现象。也可用应变硬化指数 n 来判断循环应变对材料性能的影响，当 $n < 0.1$ 时，材料表现为循环软化；当 $n > 0.1$ 时，材料表现为循环硬化或循环稳定。

　　循环硬化和循环软化现象与位错循环运动有关。在一些退火软金属中，在恒应变幅的循环载荷下，由于位错往复运动和交互作用，产生了阻碍位错继续运动的阻力，从而产生循环硬化。在冷加工后的金属中，充满位错缠结和障碍，这些障碍在循环加载中被破坏；或在一些沉淀强化不稳定的合金中，沉淀结构在循环加载中被破坏均可导致循环软化。

　　影响低周疲劳性能的主要因素包括：

　　（1）材料组织。材料疲劳强度是用小试样测定的疲劳断裂强度，主要反映疲劳裂纹的

萌生性能。从前面讲过的疲劳裂纹萌生的机理来看，它们与材料的组织结构密切相关，所以疲劳强度也是对材料组织结构敏感的力学性能。

（2）合金成分。合金成分是决定材料组织结构的基本要素。在各类结构工程材料中，结构钢的疲劳强度最高，所以应用十分广泛。这类钢中的碳是影响疲劳强度的重要元素，因为它既可间隙固溶强化基体，又可形成弥散碳化物进行弥散强化，提高材料的形变抗力，阻止循环滑移带的形成和开裂，从而阻止疲劳裂纹的萌生和提高疲劳强度。

（3）晶粒尺寸。晶粒大小影响疲劳强度，有研究人员对低碳钢和钛合金进行研究，发现晶粒大小对疲劳强度的影响也存在 Hall-Petch 关系：

$$\sigma_{-1} = \sigma_i + kd^{-1/2} \tag{2-37}$$

式中，σ_i 为位错在晶格中的运动摩擦阻力；k 为材料常数；d 为晶粒平均直径。

因此，用细化晶粒的方法，可以提高材料的疲劳强度。但是，也有研究者在中高强度低合金钢研究中发现，当晶粒度由 2 级细化至 8 级时，其疲劳极限 σ_{-1} 只提高 10%左右，不符合式（2-37）关系，这可能与这类材料的复杂组织干扰有关。细化晶粒既阻止疲劳裂纹在晶界处萌生，又因晶界阻止疲劳裂纹的扩展，故能提高疲劳强度。

2. 高周疲劳

描述 S-N 曲线在高周疲劳区的这一段直线或高周疲劳区及以后范围的 S-N 曲线的经验方程如下。

（1）指数函数公式

$$N \cdot e^{aS} = C \tag{2-38}$$

式中，a 和 C 为材料常数。对式（2-38）两边取对数可得

$$\ln N = b - aS \tag{2-39}$$

式中，a 和 b（$b = \ln C$）为材料常数。由此可见，指数函数的 S-N 经验公式在半对数坐标图上为一直线。

（2）幂函数公式

$$S^a N = C \tag{2-40}$$

式中，a 和 C 为材料常数。对式（2-40）两边取对数，并整理后得

$$\ln N = b - a \ln S \tag{2-41}$$

式中，a 和 b（$b = \ln C$）为材料常数。由此可见，幂函数的 S-N 经验公式在双对数坐标图中为一条直线。

（3）Basquin 公式

$$S_a = \sigma_f' (2N)^b \tag{2-42}$$

式中，σ_f' 为疲劳强度系数；b 为试验常数。

疲劳过程包括疲劳裂纹萌生、裂纹亚稳扩展及最后的失稳扩展三个阶段，其疲劳寿命由疲劳裂纹萌生阶段和裂纹亚稳扩展阶段组成。宏观疲劳裂纹是由微观裂纹萌生长大连接

而成的。关于疲劳裂纹萌生阶段，目前没有统一的裂纹尺寸标准，有人说将小于0.1mm的裂纹定位为疲劳裂纹形核，并以此区分裂纹萌生阶段和扩展阶段。另外，还有疲劳短裂纹的定义，也并不明确，此处不作赘述。

1）疲劳裂纹萌生机理

大量研究表明，疲劳微观裂纹都是不均匀的局部滑移和显微开裂引起的，主要方式有表面滑移带开裂，第二相、夹杂物或界面开裂，晶界或亚晶界开裂等。

金属在循环应力长期作用下，即使其应力低于屈服应力，也会发生循环滑移，并形成循环滑移带。与静载荷时的均匀滑移带相比，循环滑移不均匀且总是集中分布于局部薄弱区域。用电解抛光的方法也很难将已产生的表面循环滑移带去除，即使能去除，重新循环加载时又会在原处再现。这种滑移带称为驻留滑移带，具有持久驻留性，一般只在表面形成，深度较浅。随着加载循环次数的增加，循环滑移带会不断地加宽，当加宽至一定程度时，由于位错的塞积和交割作用，在驻留滑移带处形成微裂纹。

驻留滑移带在加宽过程中，还会出现挤出脊和侵入沟，于是此处就会产生应力集中和空洞，经过一定循环后也会产生微裂纹。挤出和侵入的现象在很多实验中曾经观察到，而且看到了由它形成的裂纹。关于挤出和侵入是怎样形成的这一问题，可以用Cottrell和Hull提出的交叉滑移模型来说明。

在拉应力的半周期内，在取向最有利的滑移面上位错源S_1先被激活，当它增殖的位错滑动到表面时，便在P处留下一个滑移台阶，如图2-10（a）所示。在同一半周期内，随着拉应力增大，在另一个滑移面上的位错源S_2也被激活，当它增殖的位错滑动到表面时，在Q处留下一个滑移台阶；与此同时，后一个滑移面上的位错运动使第一个滑移面错开，造成位错源S_1与滑移台阶P不再处于同一个平面内，如图2-10（b）所示。在压应力的半周期内，位错源S_1又被激活，位错向反方向滑动，在晶体表面留下一个反向滑移台阶P，于是P处形成一个侵入沟；与此同时也造成位错源S_2与滑移台阶Q不再处于一个平面内，如图2-10（c）所示。同一半周期内，随着压应力增加，位错源S_2又被激活，位错沿相反方向运动，滑出表面后留下一个反向的滑移台阶Q'，于是在此处形成一个挤出脊，如图2-10（d）所示；与此同时又将位错源S_1带回原位置，与滑移台阶P处于一个平面内。若应力如此不断循环下去，挤出脊高度和侵入沟深度将不断增加，而宽度不变。

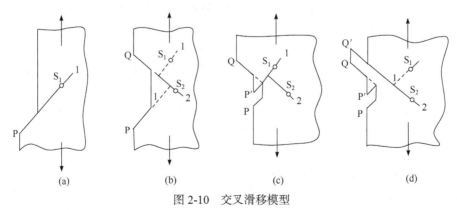

图2-10 交叉滑移模型

这一模型从几何和能量上看是可能的，但它所产生的挤出脊和侵入沟分别出现在两个滑移系统中，而实验中看到的挤出脊和侵入沟常常在同一滑移系统的相邻部位上。从以上疲劳裂纹的形成机理来看，只要能提高材料的滑移抗力（如采用固溶强化、细晶强化等手段），均可以起到阻止疲劳裂纹萌生、提高疲劳强度的作用。

2）疲劳裂纹扩展机理

疲劳微裂纹萌生后即进入裂纹扩展阶段。根据裂纹扩展方向，裂纹扩展可分为两个阶段，如图 2-11 所示。第一阶段是表面个别侵入沟（或挤出脊）先形成微裂纹，随后裂纹主要沿主滑移系方向（最大切应力方向），以纯剪切方式向内扩展。在扩展过程中，多数微裂纹成为不扩展裂纹，只有少数微裂纹会扩展 2～3 个晶粒范围。在此阶段，裂纹扩展速率很低，每一应力循环大约只有 0.1μm 的扩展量。在许多铁合金、铝合金、钛合金中都曾观察到裂纹第一阶段扩展；但在缺口试样中，第一阶段可能不出现。

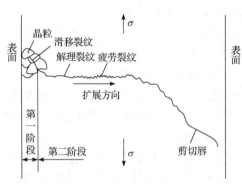

图 2-11　裂纹扩展过程示意图

由于第一阶段的裂纹扩展速率很低，且总占比较小，所以该阶段的断口很难分析，常常看不到形貌特征。但在一些强化材料中，有时可看到周期解理或准解理花样，甚至还有沿晶开裂的冰糖状花样。

在第一阶段裂纹扩展时，由于晶界的不断阻碍作用，裂纹扩展逐渐转向垂直于拉应力的方向，进入第二阶段扩展。在室温及无腐蚀条件下疲劳裂纹扩展是穿晶的。这个阶段的大部分循环周期内，裂纹扩展速率为 $10^{-5}\sim10^{-2}$mm/周次。第二阶段应是疲劳裂纹亚稳扩展的主要部分。

3）断口特征

电子显微镜断口分析表明，第二阶段的断口特征是具有略呈弯曲并相互平行的沟槽花样，称为疲劳条带（疲劳条纹、疲劳辉纹）。它是裂纹扩展时留下的微观痕迹，每一条带可以视作一次应力循环的扩展痕迹，裂纹的扩展方向与条带垂直。

疲劳条带是疲劳断口最典型的微观特征，在失效分析中，常利用疲劳条带间宽与 ΔK 的关系来分析疲劳破坏。但是在实际观察不同材料的疲劳断口时，并不一定都能看到清晰的疲劳条带。一般滑移系多的面心立方金属，其疲劳条带比较明显，如铝合金、铜合金和不锈钢；而滑移系较少或组织状态比较复杂的钢铁材料，其疲劳条带往往短窄而紊乱，甚至还看不到。应该指出，这里所指的疲劳条带和疲劳断口的贝纹线不同，条带是疲劳断口的微观特征，贝纹线是疲劳断口的宏观特征，在相邻贝纹线之间可能有成千上万个疲劳条带。在断口上二者可以同时出现，也可同时不出现。为了说明第二阶段疲劳裂纹扩展的物理过程，解释疲劳条带的形成原因，研究人员曾提出不少裂纹扩展模型，其中比较公认的是塑性钝化模型。

Laird 和 Smith 在研究铝、镍金属疲劳时，发现高塑性的铝、镍材料在交变循环应力作用下，因裂纹尖端的塑性张开钝化和闭合锐化，会使裂纹向前扩展。扩展过程如图 2-12 所示，（a）～（e）曲线的实线段表示交变应力的变化，右侧为疲劳扩展第二阶段中疲劳裂纹的剖面示意图。图 2-12（a）表示交变应力为零时，右侧裂纹呈闭合状态；图 2-12（b）表示受拉应力时裂纹张开，裂纹尖端由于应力集中，沿与拉应力方向呈 45°方向发生滑移；图 2-12（c）表示拉应力达到最大值时，滑移区扩大，裂纹尖端变为半圆形，裂纹停止扩展。这种塑性变形使裂纹尖端的应力集中减小，滑移停止，裂纹不再扩展的过程称为"钝化"。图 2-12（c）中两个同向箭头表示滑移方向，两箭头之间距离表示滑移的宽度；图 2-12（d）表示交变应力为压应力时，滑移沿相反方向进行，原裂纹与新扩展的裂纹表面被压近，裂纹尖端被弯折成一对耳状切口，为沿 45°方向滑移准备了应力集中条件；图 2-12（e）表示压应力达到最大值时，裂纹表面被压合，裂纹尖端又由钝变锐，形成一对尖角。由此可见，应力循环一周期，在断口上便留下一条疲劳条带，裂纹向前扩展一个条带的距离。如此反复进行不断形成新的条带，疲劳裂纹也就不断向前扩展。因此，疲劳裂纹扩展的第二阶段就是在应力循环下，裂纹尖端钝化、锐化反复交替进行的过程。显然，这种

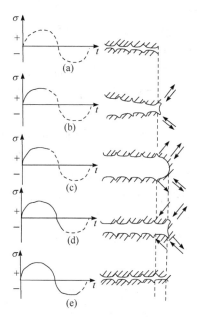

图 2-12　Laird 疲劳裂纹扩展模型

模型对于说明塑性材料的疲劳扩展过程、韧性疲劳条带的形成很成功。材料强度越低，裂纹扩展越快，疲劳条带越宽。

影响高周疲劳性能的主要因素包括：表面状态（包括应力集中和表面粗糙度）、残余应力和表面强化。试件表面的缺口应力集中往往是引起疲劳破坏的主要原因。一般用 K_T 表示应力集中程度。材料疲劳缺口系数 K_T 越大，越易在缺口处产生疲劳裂纹，疲劳强度越低。在循环载荷作用下，金属的不均匀滑移主要集中在金属表面，疲劳裂纹也常产生在表面，所以机件的表面粗糙度对疲劳强度影响很大。表面的细小缺口都能引起应力集中，使疲劳极限降低。表面加工方法不同，得到的表面粗糙度不同，因而同一种材料的疲劳极限也不同。图 2-13 说明了各种加工方法对弯曲疲劳极限影响的情况。可见，抗拉强度越高的材料，加工方法对其疲劳极限的影响越大，这是高强度材料疲劳极限应力集中敏感度大所

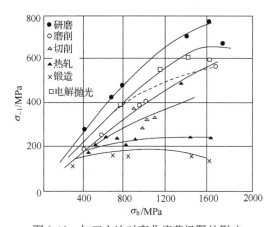

图 2-13　加工方法对弯曲疲劳极限的影响

致。表面粗糙不仅降低疲劳极限，而且使疲劳曲线左移，即减小过载持久值，缩短有限疲劳寿命。影响疲劳寿命的因素还有很多，应力比 R 越大，疲劳寿命越长；平均应力 S_m 越大，疲劳寿命越长。

残余应力可以与外加工作应力叠加，合成总应力，因此机件表面残余应力状态对疲劳强度（主要是低应力高周疲劳强度）有显著影响：残余压应力提高疲劳强度，残余拉应力则降低疲劳强度。

残余压应力的有利影响与外加应力的应力状态有关：机件承受弯曲疲劳时，残余压应力的效果比扭转疲劳大；承受拉压疲劳时，影响较小。这是不同应力状态下，机件表面层的应力梯度不同导致的。残余压应力显著提高缺口试样或机件的疲劳强度，这是因为残余压应力也可在缺口处集中，能更有效地降低缺口根部的拉应力峰值。残余压应力有利效果取决于其数值、深度、分布和松弛情况。表面强化处理可产生有利的残余压应力，提高表面强度和硬度，从而增强疲劳强度。图 2-14 说明了表面强化提高疲劳极限的作用机理。

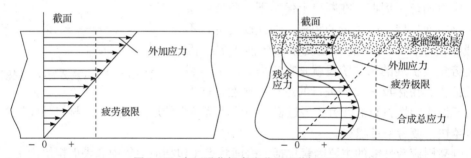

图 2-14　表面强化提高疲劳极限作用机理

3. 超高周疲劳

超高周疲劳除了疲劳周次大于 10^7，且疲劳强度逐渐降低这一明显特点外，其 $S\text{-}N$ 曲线趋势发生了变化，且具有独特的疲劳裂纹萌生和初始扩展特征。

一些对于高强钢的研究表明，$S\text{-}N$ 曲线为出现两个拐点的双线形，即"双重 $S\text{-}N$ 曲线"，如图 2-15 所示。在 10^6 周次之前，裂纹于表面萌生，即传统的疲劳行为，而在第二个拐点之后，即 $10^6 \sim 10^9$ 周次区间主要为亚表面萌生的"鱼眼"特征。

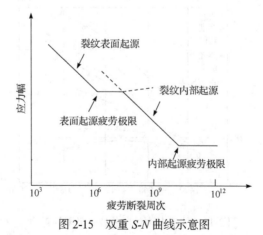

图 2-15　双重 $S\text{-}N$ 曲线示意图

而裂纹源区呈现的鱼眼特征，已有研究将其分成了数个区域，如图 2-16 所示。起源中心处在高倍显微镜下显示为尺度为几十微米的亮区，并称为细颗粒区。鱼眼区为裂纹萌生阶段形成的特征区域，其中细颗粒区断面相对粗糙，细颗粒区之外的鱼眼区断面相对平整。鱼眼区之外为裂纹稳态扩展区，裂纹面粗糙度较大。

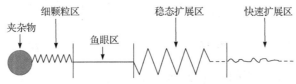

图 2-16　高强钢超高周疲劳裂纹内部示意图

　　钛合金超高周疲劳的研究表现出类似的结果，其同样拥有超高周疲劳特有的鱼眼特性。钛合金中基本不存在夹杂物和孔洞，但其 α 相的脆性特征明显，超高周疲劳裂纹往往以 α 相并呈现小解理面的方式起源。裂纹萌生区由若干小解理面汇合而成，形成相对粗糙的断面，称为粗糙区。粗糙区之后是鱼眼区，然后裂纹进入稳态扩展区，如图 2-17 所示。判断不同区域主要是根据粗糙度，已有研究表明，粗糙区的粗糙度比鱼眼区大 1 个数量级。

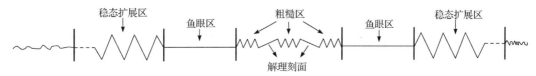

图 2-17　钛合金超高周疲劳裂纹内部示意图

　　超高周疲劳失效机理主要包括以下几种：

　　（1）氢元素富集。Murakami 等在 2000 年的研究中在高强钢超高周疲劳试样中检测到非金属夹杂物与基体的界面有氢元素富集，并根据实验结果推测，细颗粒区的形成是非金属夹杂物捕获的氢与疲劳应力共同作用所致。

　　（2）碳化物弥散。Shiozawa 等在实验中发现，细颗粒区对应的应力强度因子与裂纹门槛值基本一致。细颗粒区域的凹凸形貌与细小碳化物的尺寸对应，并通过电子探针显微分析确定细颗粒区为富碳区域。裂纹是因为碳化物与基体分离而萌生的，并通过扩展和汇合，产生宏观裂纹。

　　（3）细晶层形成和分离。Sakai 认为，由于长周次载荷循环，在夹杂物周围裂纹萌生潜在局域由塑性变形导致的微结构多边形化，使得在夹杂物周边形成细晶层，随后细晶层与基体分离形成细颗粒区，当细颗粒区达到临界尺寸后裂纹开始扩展。

　　（4）塑性流动。Shanyavskiy 等提出塑性流动会形成纳米晶薄膜，且晶粒在每一次循环中发生转动，进而使裂纹萌生，形成细颗粒区的粗糙断面。

　　还有很多不同的研究结果，不在此赘述，其中的部分反例不能适用现有的机理，因此对于细颗粒区的形成原因仍没有统一定论。

4. 疲劳裂纹扩展

　　为了预测机械零部件的动态疲劳断裂问题，研究者提出了许多裂纹扩展速率经验模型，用于结构的抗疲劳设计。这些模型一般可分为两类：理论模型和唯象模型。很多模型作了一些近似性假设，以试图解释裂纹扩展的机制。

如图 2-18 所示，材料的疲劳裂纹扩展速率 $\dfrac{\mathrm{d}a}{\mathrm{d}N}$ 不仅与应力水平有关，还与裂纹尺寸有关，将应力 σ 和 a 复合为应力强度因子 K，可建立 $\dfrac{\mathrm{d}a}{\mathrm{d}N}$-$\Delta K$ 曲线，即疲劳裂纹扩展速率曲线（横、纵坐标均用对数表示）。曲线分为 Ⅰ、Ⅱ、Ⅲ三个区域。在 Ⅰ、Ⅲ区域，ΔK 对 $\dfrac{\mathrm{d}a}{\mathrm{d}N}$ 影响较大；在 Ⅱ区域，两者之间呈幂函数关系。

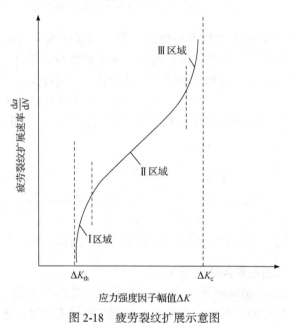

图 2-18　疲劳裂纹扩展示意图

Ⅰ区域是疲劳裂纹扩展初始阶段，$\dfrac{\mathrm{d}a}{\mathrm{d}N}$ 值很小，为 $10^6 \sim 10^8$mm/周次。在 $\Delta K < \Delta K_{\mathrm{th}}$ 时，裂纹不会快速扩展，所占寿命不长。其中，ΔK_{th} 即为 $\dfrac{\mathrm{d}a}{\mathrm{d}N} = 0$ 时的 ΔK，称为疲劳裂纹扩展门槛值。

Ⅱ区域是疲劳裂纹扩展主要阶段，占亚稳扩展绝大部分，也是决定疲劳裂纹扩展寿命主要部分。因此，可以通过对 Ⅱ区域的裂纹扩展剩余寿命进行预测来估算整体的寿命。

Ⅲ区域是疲劳裂纹扩展的最后阶段，$\dfrac{\mathrm{d}a}{\mathrm{d}N}$ 随着 ΔK 的增加而很快增大，裂纹迅速失稳。

1963 年，Paris 和 Erdogan 提出了裂纹扩展速率公式，对 Ⅱ区域的裂纹扩展进行了定量描述，即 Paris 公式：

$$\frac{\mathrm{d}a}{\mathrm{d}N} = C\Delta K^n \tag{2-43}$$

式中，C、n 为材料常数，根据 $\lg \dfrac{\mathrm{d}a}{\mathrm{d}N}$-$\lg \Delta K$ 试验曲线的截距、斜率可以得到。

影响疲劳裂纹扩展的主要因素包括：

（1）应力比 R（或者平均应力 σ_m）。平均应力 σ_m 可用应力比 R 和应力幅 σ_a 表示，$\sigma_m = (1+R)\sigma_a/(1-R)$，在 σ_a 一定的条件下 σ_m 随 R 增大而增大，因此平均应力和应力比的影响具有等效性。应力比影响裂纹扩展速率曲线，随着 R 增加，曲线向左上方移动，使 $\dfrac{\mathrm{d}a}{\mathrm{d}N}$ 升高。

R 的影响在Ⅰ、Ⅲ区域比在Ⅱ区域的大。在Ⅰ区域，R 增加还降低疲劳裂纹门槛值 ΔK_{th}，其规律为（$R>0$）

$$\Delta K_{th} = \Delta K_{th0} \left(\frac{1-R}{1+R} \right)^{1/2} \tag{2-44}$$

式中，ΔK_{th0} 为脉动循环（$R=0$）下的疲劳裂纹门槛值。

（2）残余应力。当机件内部存在残余应力时，因与外部循环应力叠加将改变实际应力比，所以也会影响裂纹扩展速率。压应力减小应力比，而拉应力使应力比增大，因此生产过程中常常会使用喷丸、滚压等表面强化处理工艺。试验表明，当表面的残余压应力层的厚度达到裂纹长度的 3～5 倍时，效果最好。

（3）过载。实际机件在工作时很难一直是恒载荷，偶尔会有过载的情况。这种偶然过载的情况会使疲劳寿命降低，但是过载适当的时候，偶尔也是有益的。试验表明，恒载荷裂纹扩展时，适当的过载会使裂纹扩展减慢或停滞，并延长疲劳寿命。

（4）材料组织。在疲劳裂纹扩展过程中，材料组织对Ⅰ、Ⅲ区域的影响比较明显，而对Ⅱ区域的影响不太明显。一般来说，近门槛Ⅰ区域的裂纹扩展对疲劳安全性更为重要，通常晶粒越粗大，应力强度因子 K 值越高。此规律正好与晶粒对屈服强度的影响规律相反，因此选用材料、控制晶粒度时，提高疲劳裂纹萌生抗力和提高疲劳裂纹扩展抗力存在不同的途径。

2.2　疲劳与断裂评价基本原理

2.2.1　断裂评价基本理论与判据

1. K 判据

K_{Ic} 和 K_c 分别为平面应变和平面应力下的断裂韧度，表示在平面应变和平面应力条件下材料抵抗裂纹失稳扩展的能力。K_c 值与试样厚度有关。当试样厚度增加，使裂纹尖端达到平面应变状态时，断裂韧度趋于稳定的最低值，即为 K_{Ic}，其与试样厚度无关，是材料常数。在临界状态下对应的平均应力称为断裂应力或裂纹体断裂强度，记作 σ_c；对应的裂纹尺寸称为临界裂纹尺寸，记作 a_c。三者的关系为

$$K_{Ic} = Y\sigma_c\sqrt{a_c} \tag{2-45}$$

可见，材料的 K_{Ic} 越高，裂纹体的断裂应力或临界裂纹尺寸就越大，表明材料难以断裂。因此，K_{Ic} 表示材料抵抗断裂的能力。

K_{Ic} 或 K_c 的量纲及单位和 K_I 相同，常用的单位为 $\mathrm{MPa \cdot \sqrt{m}}$ 或 $\mathrm{MN/m^{1.5}}$。根据应力场强度因子和断裂韧度的相对大小，可以建立裂纹失稳扩展脆性断裂的 K 判据，由于平面应变断裂最危险，通常以 K_{Ic} 为标准建立，裂纹体在受力时，只要满足 $Y\sigma\sqrt{a} \geqslant K_{Ic}$，就会发生脆性断裂。

K 判据是工程上很有用的关系式，它将材料断裂韧度与机件（或构件）的工作应力及裂纹尺寸的关系定量地联系起来了，因此可以直接用于设计计算，如用于估算裂纹体的最大承载能力、允许的裂纹尺寸，以及用于正确选择机件材料、优化工艺等。

2. G 判据

由于 G_I 是以能量释放率表示的力学参量，是裂纹扩展的动力，因此也可由 G_I 建立失稳扩展的力学条件。当 σ 和 a 增加时，G_I 会增大。当 G_I 增大到某一临界值时，G_I 能克服裂纹失稳扩展的阻力，裂纹失稳扩展断裂。将 G_I 的临界值称为 G_{Ic}，也称断裂韧度，表示材料阻碍裂纹失稳扩展时单位面积消耗的能量，其单位与 G_I 相同。在 G_{Ic} 下对应的平均应力为断裂应力 σ_c，对应的临界裂纹尺寸为 a_c，它们之间的关系为

$$G_{Ic} = \frac{\left(1-v^2\right)\pi\sigma_c^2 a_c}{E} \tag{2-46}$$

这样，就给出了断裂韧度 G_{Ic} 与断裂应力 σ_c 及临界裂纹尺寸 a_c 的定量关系。

同样，在平面应力条件下的断裂韧度为 G_c。当 $G_I \geqslant G_{Ic}$，裂纹失稳扩展，也称 G 判据。

与 K_I 和 K_{Ic} 的区别相似，G_{Ic} 是材料的性能指标，只与材料成分、组织结构有关；而 G_I 是力学参量，主要取决于应力和裂纹尺寸。

G_{Ic} 和 K_{Ic} 都是应力和裂纹尺寸的复合力学参量，其间互有联系。例如，具有穿透裂纹的无限大板，其 K_I 和 G_I 可分别表示为

$$K_I = Y\sigma\sqrt{a} \tag{2-47}$$

$$G_I = \frac{\left(1-v^2\right)\pi\sigma^2 a}{E} \tag{2-48}$$

比较两式，可得平面应变条件下 G_I 和 K_I 的关系为

$$G_I = \frac{1-v^2}{E}K_I^2 \tag{2-49}$$

$$G_{Ic} = \frac{1-v^2}{E}K_{Ic}^2 \tag{2-50}$$

由于 G_I 和 K_I 之间存在上述关系，所以 K_I 不仅可以度量裂纹尖端区域应力场强度，也可以得到裂纹扩展时系统势能的释放率。这种关系不仅适用于无限大板，也适用于其他条件。由此，在线弹性范围内，由能量分析建立的脆性断裂判据和由应力分析建立的脆性断裂判据是等效的。

3. J 判据

在平面应变的条件下，J 积分的临界值 J_{Ic} 也称断裂韧度，表示裂纹抵抗开始扩展的能力，其单位与 G_{Ic} 相同，也是 MPa·m（MN/m）或 MJ/m²。

根据 J_I 和 J_{Ic} 的相互关系，可以建立断裂 J 判据：

$$J_I \geqslant J_{Ic} \tag{2-51}$$

只要满足式（2-51），构件开裂。

由试验测得的 J_{Ic} 可以换算得到 K_{Ic}，再使用 K 判据去解决很多大型件的断裂问题。一般来说，两者的换算关系为

$$K_{Ic} = \sqrt{\frac{E}{1-\nu^2}} \sqrt{J_{Ic}} \tag{2-52}$$

4. δ 判据

同样地，δ_c 也可以建立判据。大量试验表明，只有选择开裂点作为临界点所测出的 δ_c 才是与试样几何尺寸无关的材料性能，并可以根据 δ 和 δ_c 的相对大小关系，建立断裂 δ 判据：

$$\delta \geqslant \delta_c \tag{2-53}$$

δ 和 δ_c 的量纲为[长度]，单位为 mm。一般钢材的 δ_c 为零点几到几毫米。δ 判据和 J 判据一样，都是裂纹开始扩展的断裂判据，而不是裂纹失稳扩展的断裂判据。

2.2.2 疲劳评价基本理论与寿命预测方程

1. 平均应力修正

在实际工程中，结构往往承受着非对称循环载荷，载荷幅值和平均应力共同决定其疲劳寿命。平均应力的交替变化控制着微裂纹的打开和闭合状态，微裂纹的打开状态促进裂纹扩展，微裂纹的闭合状态阻碍裂纹扩展。因此，对于大多数金属材料，拉伸平均应力是有害的，压缩平均应力是有益的。循环载荷的幅值、平均应力和应力比可表示为

$$\left. \begin{array}{l} \sigma_a = (\sigma_{min} - \sigma_{max})/2 = \sigma_{max}(1-R)/2 \\ \sigma_m = (\sigma_{min} + \sigma_{max})/2 = \sigma_{max}(1+R)/2 \\ R = \sigma_{min}/\sigma_{max} \end{array} \right\} \tag{2-54}$$

式中，σ_{min} 和 σ_{max} 分别为最小应力和最大应力。

工程上比较常用的平均应力修正模型有 Goodman、Gerber、Soderberg、Morrow 等模型。Soderberg 模型的预测结果最为保守，Gerber 模型对韧性材料适用性较好，Goodman 模型对脆性材料适用性较好；当真实断裂强度可估算或可直接获得时，Morrow 模型预测精度较高。图 2-19 为几种模型之间的关系。

2. 低周疲劳寿命预测公式

总应变和寿命之间的函数关系可用 Manson-Coffin 公式来表达：

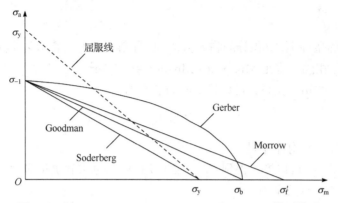

图 2-19 Goodman、Gerber、Soderberg 和 Morrow 模型关系

$$\varepsilon_a = \frac{\Delta \varepsilon_e}{2} + \frac{\Delta \varepsilon_p}{2} = \frac{\sigma_f'}{E}(2N_f)^b + \varepsilon_f'(2N_f)^c \qquad (2-55)$$

式中，N_f 为疲劳寿命；ε_a 为弹性应变范围；E 为弹性模量；b 为疲劳强度指数；c 为疲劳延性指数；σ_f' 为疲劳强度系数；ε_f' 为疲劳延性系数。

Manson-Coffin 公式中包含四个疲劳参数 σ_f'、ε_f'、b、c，这四个参数一般可通过大量试验数据拟合得到，其中最常用的方式是根据试样的疲劳试验数据，建立相关物理模型估算这些疲劳参数。

3. 高周疲劳寿命预测公式

除了前文介绍的基础的指数函数公式、幂函数公式和 Basquin 公式以外，再介绍一些较为常用的预测公式。

Findley 通过调研大量试验数据，认为法向应力和剪切应力共同影响疲劳失效，建立了特定平面法向应力 σ_n 和剪切应力幅 $\Delta \tau$ 的线性函数，定义函数最大值所在平面为临界面，函数表达式如下：

$$\left(\frac{\Delta \tau}{2} + k_0 \sigma_n \right)_{max} = f(N_f) \qquad (2-56)$$

式中，k_0 为材料参数。此方法对于弯曲扭转模式下的高周疲劳寿命具有较高的预测精度。McDiarmid 通过分析大量高周疲劳数据，在 Findley 模型的基础上定义最大剪切应力幅平面为临界面，提出一个考虑两种裂纹的疲劳模型：

$$\frac{\Delta \tau_{max}}{2} + \left(\frac{t_{A,B}}{2\sigma_b} \right) \sigma_{n,max} = f(N_f) \qquad (2-57)$$

式中，$t_{A,B}$ 为反向扭转疲劳强度，大小取决于失效裂纹是 A 型还是 B 型。其中 A 型裂纹沿着表面扩展，B 型裂纹从表面向内部扩展。

Kandil 等认为循环剪切应变促使裂纹成核，法向应变促使裂纹扩展，他们提出临界面主要由法向应变和剪切应变的组合来决定，建立了一个基于应变的疲劳模型，称为 KBM 模型：

$$\frac{\Delta\gamma_{max}}{2} + s_0\Delta\varepsilon_n = A\frac{\sigma_f'}{E}(2N_f)^b + B\varepsilon_f'(2N_f)^c$$
$$A = 1 + \nu_e + s_0(1-\nu_e)$$
$$B = 1 + \nu_p + s_0(1-\nu_p)$$

（2-58）

式中，ν_e 和 ν_p 分别为弹性和塑性泊松比（当缺乏数据时，两者可视为相等）；$\Delta\gamma_{max}$ 和 $\Delta\varepsilon_n$ 分别为临界面上的最大剪切应变范围和法向应变范围；s_0 为材料参数，代表了法向应变对裂纹扩展的影响程度，可由单轴和扭转试验数据计算得到，即

$$s_0 = \frac{\dfrac{\tau_f'}{G}(2N_f)^{b_1} + \gamma_f'(2N_f)^{c_1} - (1+\nu_e)\dfrac{\sigma_f'}{E}(2N_f)^b - (1+\nu_p)\varepsilon_f'(2N_f)^c}{(1+\nu_e)\dfrac{\sigma_f'}{E}(2N_f)^b + (1+\nu_p)\varepsilon_f'(2N_f)^c}$$

（2-59）

式中，τ_f' 和 b_1 分别为剪切疲劳强度系数和指数；γ_f' 和 c_1 分别为剪切疲劳延性系数和指数；G 为剪切模量，$G = E/2(1+\nu_e)$。

4. 超高周疲劳寿命预测公式

超高周疲劳预测公式主要从缺陷对寿命的影响入手，最有影响力的公式是 Murakami 等开发的模型，该模型认为材料内部的缺陷均可看成小裂纹，从而得到公式：

$$\sigma_\omega = \frac{C(HV+120)}{(\sqrt{A})^{1/6}}\left(\frac{1-R}{2}\right)^\alpha$$

（2-60）

式中，HV 为材料的硬度；A 为缺陷在最大主应力垂直方向上的投影面积；σ_ω 为疲劳极限；系数 $C=1.43$ 对应表面夹杂或缺陷，$C=1.56$ 对应内部夹杂或缺陷；R 为应力比；$\alpha = 0.226 + HV \times 10^{-4}$。

5. 疲劳损伤理论

疲劳损伤理论包括线性和非线性两种。其中线性的 Miner 模型假设：①每个加载循环中，累积损伤保持不变，与载荷交互作用无关；②只有加载应力高于疲劳极限时，才会产生累积损伤，即小载荷不产生损伤；③提取循环周期按数量级升序排列，不考虑其出现的顺序，即累积损伤与载荷次序无关。当损伤值 D 达到 1 时，则认为材料发生破坏。

Miner 模型在多级载荷下的一般表达式为

$$D = \sum_{i=1}^{j}\frac{n_i}{N_{fi}}$$

（2-61）

式中，N_{fi} 为总循环周次；n_i 为第 i 次加载的损伤。

由于线性公式的假设存在一些局限性，因此延伸出许多非线性理论模型，在此介绍 Chaboche 模型。它的假设为：①裂纹存在萌生和扩展阶段；②两级或多级循环加载具有非线性累积效应；③累积损伤会造成疲劳极限降低；④平均应力会对 S-N 曲线或疲劳极限产生影响。

$$dD = \left[1-(1-D)^{\beta+1}\right]^{\alpha(\sigma_{\max},\sigma_{\mathrm{m}})} \left|\frac{\sigma_{\mathrm{a}}}{M_0(1-b'\sigma_{\mathrm{m}})(1-D)}\right|^{\beta} dN \qquad (2\text{-}62)$$

式中，β、b'和M_0为材料常数；$\alpha(\sigma_{\max},\sigma_{\mathrm{m}})$为关于最大应力和平均应力的函数。

6. 基于三维断裂的疲劳裂纹扩展预测模型

疲劳裂纹扩展的预测影响因素众多，尽管疲劳裂纹扩展性能试验可以确定等幅载荷下每个循环裂纹扩展速率 da/dN 随应力强度因子幅值 ΔK 的变化曲线，但由于裂纹闭合，仅有裂纹张开部分的有效应力强度因子幅值 $\Delta K_{\mathrm{eff}} = U\Delta K$ 才对疲劳裂纹扩展有实际贡献，如何确定不同厚度板中不同应力比下的疲劳裂纹闭合系统 U 也是一个难题。郭万林院士建立了三维疲劳裂纹扩展厚度敏感区的概念和确定方法，把平面应力条带屈服模型推广到有限厚度的情况，给出了有限厚度板中的塑性约束系数。进而把平面应力下理想塑性常幅疲劳裂纹闭合的条带屈服模型解析解推广到有限厚度和应变硬化材料情况，实现了应力比和厚度效应无关的材料常幅疲劳裂纹扩展基准曲线的归一化。在三维条带屈服模型基础上，发展了考虑三维塑性约束和厚度效应的谱载疲劳裂纹扩展寿命计算模型，能够准确预测谱载条件下疲劳裂纹扩展寿命的厚度效应，建立起有限厚度损伤容限结构设计和评定的三维疲劳断裂准则。基于上述成果成功开发出三维疲劳裂纹扩展寿命预测软件 C-GRO。

2.3　疲劳与断裂评价及模拟方法

2.3.1　抗疲劳与断裂设计方法

目前的抗疲劳设计方法主要有无限寿命设计、安全寿命设计和损伤容限设计三种，具体如下。

1. 无限寿命设计

对于受到循环载荷作用的无裂纹构件，控制循环应力幅 σ_{a}，使其小于材料的疲劳极限 σ_{f}，则疲劳裂纹就不会萌生，从而实现无限寿命的设计目的，即无限寿命的设计条件为

$$\sigma_{\mathrm{a}} < \sigma_{\mathrm{f}} \qquad (2\text{-}63)$$

对于长期频繁运行又需要经历无限次载荷循环（$>10^7$）的构件，无限寿命设计仍是最简单且合理的方法。

20 世纪 60 年代，关于疲劳裂纹扩展的研究表明，裂纹扩展的应力强度因子存在一个门槛值。对于含裂纹构件，控制其应力强度因子范围 ΔK，使其小于门槛值 ΔK_{th}，裂纹不会扩展，从而实现无限寿命的设计目的。在这种情况下，无限寿命的设计条件为

$$\Delta K < \Delta K_{\mathrm{th}} \qquad (2\text{-}64)$$

2. 安全寿命设计

无限寿命设计会将工作应力控制在较低水平，而对于不需要经受太多次循环应力的构

件，根据 S-N 曲线，可获得与目标寿命 N 对应的疲劳强度 σ_N。此时，循环应力幅需满足

$$\sigma_a < \sigma_N \qquad\qquad (2\text{-}65)$$

这种确保构件在目标寿命内不发生疲劳破坏的设计称为安全寿命设计。

借助 Palmgren 和 Miner 的线性损伤积累理论，还可以开展在变幅载荷或随机载荷下的构件安全寿命设计。

3. 损伤容限设计

由于材料在生产和加工过程中不可避免地存在缺陷，安全寿命设计仍不能完全适用。1957 年，针对含裂纹的试样，Irwin 提出了作为裂纹尖端场控制参量的应力强度因子，为线弹性断裂力学和疲劳裂纹扩展规律的研究奠定基础。1963 年，Paris 提出了应力强度因子的概念，为疲劳裂纹扩展寿命研究提供了方法。

损伤容限设计思路是：假定构件中存在裂纹，利用断裂力学分析、疲劳裂纹扩展分析等手段进行验证，证明裂纹不会扩展至破坏。其中，断裂判据和疲劳裂纹扩展速率方程是损伤容限设计的基础。

疲劳问题涉及因素众多，情况复杂，重要构件的抗疲劳设计必须进行充分的试验验证。仅依据分析时，应采用最保守的分析方法。而采用损伤容限设计时，要保证足够高的缺陷检出率。

2.3.2　断裂模拟

材料的断裂损伤至今仍是世界难题，试验方面动态断裂研究很难获得材料裂纹扩展的清晰图像。此外，断裂都是破坏性的，所以通过试验积累数据需要耗费大量的人力和物力。通过数值模拟、机器学习等方法，对断裂进行评价，成为辅助以及验证试验的重要手段。断裂模拟的方式从宏观到介观再到微观有很多种，下面选取几种详细介绍。

1. 有限元模拟

目前裂纹扩展问题的数值模拟方法主要可以分为两类：一类是裂纹基于网格扩展的几何描述方法，如单元删除法、界面单元法等，这类方法中裂纹只能在网格上或者网格边界上扩展；另一类是非几何描述方法，如扩展有限元模拟和相场模拟等，该类方法中裂纹可以脱离网格，在网格内部扩展。

2. 相场模拟

相场模拟的核心思想是利用弥散的相边界描述实际上较为尖锐的边界，通过引入序参量，便可用连续函数描述断裂模型，并通过相场控制方程控制序参量的演化，使在模拟时不用显式地追踪裂纹面，而是通过序参量的自动演化获取裂纹路径及位置。

相场断裂方法的研究路线可分为物理领域和力学领域，二者的理论和技术背景有较大差别。物理领域基于 Ginzburg-Laudau 理论，代表模型如 Hakim 和 Karma 提出的模型。Pons 和 Karmal 于 2010 年成功模拟了 I 型混合模式产生的锯齿状裂纹，标志着物理领域相

场断裂模型的成功。力学领域基于 Frankfurt 和 Marigo 提出的断裂变分原理，变分原理认为裂纹的扩展都应使自由能取极小值并遵循不可逆条件。该原理从传统的 Griffith 理论发展而来，表达式及各参数都有各自的物理意义，是对传统断裂理论的继承和发展。

3. 分子动力学模拟

材料的微观结构决定宏观服役性能，但是由于实验和可视化技术的限制，仅通过试验确定材料在纳米尺度下的变形过程是十分困难的。原子尺度模拟是研究材料微观变形和失效的有力工具之一。需要注意的是，原子尺度模拟通常选用经验势函数，但裂尖的原子结构严重畸变偏离平衡态，因此一些经验势函数并不能准确描述断裂行为，需要采用更精确的势函数。另外，原子尺度模拟和实验在样本尺寸、加载速率方面存在着巨大差异，在解释模拟结果时需要较为谨慎。近年来，人工智能的兴起给原子尺度模拟带来了革命性的工具与方法。张助华等结合机器学习与量子力学计算，发展了全新的机器学习势函数，该方法兼顾第一性原理的精度与传统经验势函数的速度，可实现千万级原子模型的大尺度动力学模拟，该类方法也将是势函数未来很长一段时间的重要发展方向。原子尺度模拟揭示的现象和规律，如裂尖的变形行为、裂纹扩展的韧脆转变现象、材料构型在循环过程中的稳定性、断裂强度随影响因素的变化规律等，能够和实验吻合得很好，这是因为材料力学行为和内在变形机理在很大的应变率跨度范围内都保持一致。

2.3.3 疲劳模拟

1. 有限元模拟

有限元模拟中低周疲劳与高周疲劳的主要区别在于，高周疲劳基于 $S\text{-}N$ 曲线进行模拟，而低周疲劳大部分基于 $\varepsilon\text{-}N$ 曲线，其他的研究思路相近。

在 Abaqus 中使用具有节点释放技术的四节点四边形单元，估算承受疲劳载荷的四点弯曲试样中裂纹的张开和闭合应力强度因子。利用 Abaqus 的表面接触边界条件模拟了裂纹侧面的接触。García-Collado 等说明了使用基于物理的内聚单元技术获得的结果与使用节点释放技术获得的成果之间的一些差异，如裂纹尖端周围塑性应变场的差异。

扩展有限元模拟是最常用的方法，很多学者将其与其他方法相结合，得到适用于不同工程场景的模型。扩展有限元模拟在模拟裂纹扩展时网格与几何求解域相互独立，适合求解不连续问题。由于其强大的实用性，改进局部富集、提高精度的高阶扩展有限元、修正扩展有限元模拟等已陆续被提出。同时也有与各自领域耦合的方法出现，包括扩展有限元-内聚力法（XFEM-CZM）、扩展有限元-遗传算法（XFEM-GA）和扩展有限元-蜂群（XFEM-BC）等。

2. 分子动力学模拟

分子动力学可以模拟加、卸载过程，在常温下通过 NVE 系综将裂纹模型弛豫至稳定状态，随后在 NVT 系综下进行循环加载，使用 Nose-Hoover 热浴方法控制系统温度。采用势函数描述原子相互作用，基于牛顿力学模拟裂纹扩展。但是，分子动力学模拟的时间尺度和空间尺度与实际疲劳问题有数量级差异，该模拟方法目前仅能进行一些定性的研究。

基于分子动力学、扩展有限元模型和代表性体积元技术的综合运用可以建立疲劳断裂机理模型。以存储应变能准则为基本关系，综合模拟疲劳裂纹在外表面形成和沿滑移系统传播的三维模型。此外，还可以建立微尺度存储应变能损伤方程，以微观结构分形和三维 X 射线计算机断层扫描作为模型验证，模拟复杂疲劳裂纹扩展方向和伴随主裂纹的次级裂纹的断裂行为。

2.4　疲劳与断裂评价案例分析

2.4.1　基于经典模型的疲劳寿命预测

目前已有的经典模型包括应力疲劳寿命模型、应变疲劳模型、能量模型、断裂力学模型、损伤力学模型、应力场强模型等。

基于经典模型的疲劳寿命预测步骤如下：①明确研究具体材料的类型、形状、尺寸及服役工况，如载荷类型和环境条件；②收集基础数据，包括材料的物理和力学性能数据，以及通过疲劳试验获得的不同应力水平下的疲劳寿命数据；③选择合适的理论模型；④利用实验数据对所选模型的参数进行标定，以确保模型的准确性和适用性；⑤根据选定的模型和标定后的参数，构建具体的疲劳寿命预测模型；⑥通过新的实验数据或实际应用中的数据对模型进行验证，必要时重新标定参数或选择其他模型，直至达到满意的精度；⑦将最终确认的疲劳寿命预测模型应用于实际工程设计或维护决策中，评估材料或结构的疲劳寿命。

荆甫雷等利用不同试验条件下 DD6 标准试件的低周疲劳和蠕变-疲劳试验结果，结合基于滑移系的黏塑性应力-应变分析，分别研究了晶体取向、应变范围、平均应变以及保载时间等对 DD6 单晶高温疲劳损伤的影响机制。具体而言，通过分析不同条件下的试验数据，发现晶体取向和应变范围等因素显著影响材料的疲劳损伤行为。进一步地，采用滑移剪应变最大的滑移系作为临界滑移系，选取临界滑移系上的最大 Schmid 应力、最大滑移剪应变率、循环 Schmid 应力比以及滑移剪应变范围等细观参量作为损伤参量，建立了基于临界平面的循环损伤累积模型。该模型能够更准确地反映材料在高温下的疲劳损伤过程，对 DD6 高温疲劳寿命预测的精度基本在 3 倍分散带内，表现出较高的预测准确性。

2.4.2　加速疲劳寿命预测

加速疲劳寿命预测方法是基于 Miner 线性累积损伤准则设计的，在各个相互独立的应力作用下发生疲劳损伤。在循环载荷下，疲劳损伤可以线性累积，当累积损伤达到一定数值时，构件就会发生疲劳破坏。加速疲劳寿命预测方法有线性强化载荷谱法、删小量法、等损伤折算法、非线性强化载荷谱法和提高试验加载频率法等。

线性强化载荷谱法通过乘以一个强化系数来增加设计载荷谱中不同频次的载荷幅值，同时保持各载荷对应的频次比例不变。在强化系数"接近 1"的条件下该方法对加速疲劳试验进程效果显著，强化试验载荷谱与设计载荷谱能够较好地满足相对 Miner 法则的相似性载荷条件。因此，可以依据强化试验载荷谱所得的疲劳试验寿命可靠地推断设计载荷谱下的疲劳寿命值。当强化系数取值过大时，将导致失效机理发生改变，不再满足 Nelson 假设，从而不能运用该方法外推疲劳寿命。

删小量法主要是通过简化载荷谱，删除无损伤或小损伤载荷对应的时间历程实现载荷谱的加速。目前小载荷的删除还没有具体标准，使用最普遍的小载荷删除方法有两种：①按载荷-时间历程中最大载荷幅值的百分比舍去小载荷；②按材料疲劳极限的百分比舍去小载荷。

等损伤折算法大致为设置损伤比 γ 的门槛值 γ_{ac}，若该载荷级满足 $\gamma > \gamma_{ac}$，则进行保留；反之进行折算。并引入块谱形状因子，以减少简化谱改变谱型对疲劳损伤及疲劳寿命分散性带来的影响。

非线性强化载荷谱法是保持载荷谱中的最大载荷幅值不变而增加其他载荷的频次的方法。设计载荷谱与非线性强化载荷需满足以下条件：①主要峰、谷值顺序相同或相近，以保证具有相似的载荷次序特征；②主要峰、谷值大小成比例或近似成比例，且在是否具有低周疲劳循环载荷及低周疲劳载荷循环数量上具有相似性。

董积福取强化系数为 1.5 编制减速器的加速载荷，通过 200h 的试验完成了减速器的加速寿命试验，比预期的 1000h 额定载荷试验时间缩短了 4/5。在 Fe-safe 上进行疲劳寿命分析发现，在加速载荷谱下锥齿轮的疲劳寿命急剧缩短，约等于正常寿命的 1/4。张海英等提出了一种将峰谷值同时等比例放大的载荷谱加重方法，进行了 LY12CZ 中心裂纹板及典型机身壁板裂纹扩展试验，结果表明该方法可以有效缩短疲劳裂纹扩展试验周期而不改变结构破坏模式，且预测的裂纹扩展寿命满足工程精度要求。

Xiong 等提出了一种加速试验载荷谱生成的方法：删除较大比例的小幅载波循环，合并一定数量的二次循环，并保持主循环和主、次循环之间的顺序。为了验证载荷循环识别准则，对 LY12 铝合金试件进行了原始载荷历程和加速载荷历程的疲劳对比试验。其加速试验的平均寿命与原载荷试验的相对偏差约为 3.15%，每个试件平均节省试验时间为 193.4min。使用加速测试数据的新方法给出的结果与工程应用的实际测试方案非常吻合，验证了该方法的有效性。

2.4.3 高通量试验

疲劳失效是评价工程构件的重要指标，但是大量长期测试需要耗费极大的人力、物力。张广平等提出了一种材料疲劳性能高通量、快速评价的思想，通过对多个微小试样进行对称弯曲疲劳加载，实现了模拟标准规定的升降法测定疲劳极限，甚至可以一次性获得 S-N 曲线。基于经典的 Tanaka-Mura 模型建立该测试技术所获得的材料疲劳极限与标准试样疲劳极限间转换因子的理论预测模型。

周一帆等开发了一种能够同时检测 1000 个试验样品，并通过自动处理图像来检测断裂，从而识别单个样品的断裂情况的模型。通过极值统计来分析数据，编写软件来分析实验视频以识别单个样品的破裂。结论为：以狭窄的高置信度区间来预测罕见事件的统计数据需要大型数据集。

2.4.4 机器学习

机器学习具有强大的非线性预测以及可研究多变量之间相互关系的优点，因此在疲劳与断裂问题预测方面颇有前途。机器学习技术可用于确定材料的疲劳与断裂参数。目前在疲劳问题上应用的机器学习算法主要有两类，监督学习和无监督学习。几乎所有适用于函数逼近的方法都归为监督学习组，包括线性回归、支持向量回归、集成方法、决策树等。人工神经网络（ANN）在小样本预测和非线性回归分析方面具有更高的计算精度和效率，并且因为能够拟合非线性多变量之间的关系而广泛应用于各个领域。支持向量机（SVM）是一种基于结构风险最小化原则的监督学习算法。可以使用该函数将输入映射到高维特征空间，从而提高非线性分类和回归分析的效率。

1. 断裂领域的应用

高华健等提出了一类基于机器学习模型获取材料断裂韧性的方法，该方法包含四个基本步骤。

（1）问题定义：开发数学描述并理解涉及的物理量，利用量纲分析识别相关无量纲参数，明确变量间的关系。

（2）数据集准备：将无量纲量分为输入变量和目标变量，定义参数空间覆盖感兴趣区域，确保数据集质量以提高解的准确性，依赖可靠实验和数值数据。

（3）模型选择与训练：根据数据集和问题类型选择适当的机器学习模型，通过评估准确性和简洁性来优化模型。

（4）部署应用：将最佳模型以开放标准格式分享，便于工程师通过集成机器计算平台或通过网络应用程序快速获取结果。

2. 疲劳裂纹扩展领域的应用

疲劳裂纹扩展的行为十分复杂，目前基于双参数驱动力概念的 UniGrow 模型可以用于预测长裂纹状态下的疲劳裂纹扩展问题。各种不同的模型通过考虑应力强度因子范围、应力比和最大应力强度因子等来表征疲劳裂纹扩展的行为。但仍需研究疲劳损伤机理的多长度、尺度特征，以解释长裂纹和短裂纹的不同疲劳裂纹扩展行为，最终达到量化疲劳裂纹扩展速率的目的。

刘旭等利用随机森林算法对多参数特征之间映射关系出色的拟合能力，从实验数据中挖掘学习 TiAl 合金多尺度特征与相应的疲劳裂纹扩展速率之间的映射关系，并以此建立 TiAl 合金疲劳裂纹扩展速率预测模型。模型可以考虑材料的片层团尺寸、片层间距、等轴 γ 相含量、γ 相晶粒尺寸、屈服强度等材料多尺度特征对疲劳裂纹扩展速率的影响，与传统的经验参数拟合相比，更接近材料疲劳行为的本质，且预测误差较小，预测速度快，方便使用，节省大量成本。图 2-20 展示了通过随机森林算法考虑多尺度特征对三种 TiAl 合金（XD 近片层、MD 全片层和 G7 粗片层）疲劳裂纹扩展速率的预测结果。预测曲线与试验测试结果非常接近，这表明了机器学习方法在疲劳裂纹扩展预测领域的有效性。

3. 疲劳寿命预测领域的应用

近年来，利用机器学习模型预测金属材料疲劳寿命，可快速给出不同金属材料 *S-N* 曲线的预测。Bao 等利用 SVM 模型对 Ti-6Al-4V 合金的关键几何缺陷特征进行训练，并采取交叉验证的网络搜索方法对参数进行拟合预测疲劳寿命与试验疲劳寿命之间的决定系数可达 0.99，表明 SVM 模型对于金属材料疲劳寿命具有较强的预测能力。

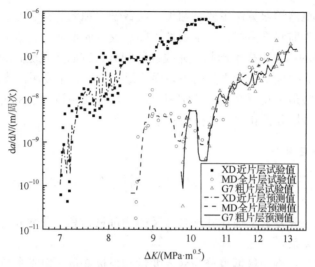

图 2-20　多尺度特征的 TiAl 合金的疲劳裂纹扩展速率预测曲线

　　针对疲劳寿命半经验公式的局限性，Lei 等提出了两种机器学习模型用于优化疲劳寿命与输入特征之间的映射关系，与半经验公式的预测性能[$R^2 \leqslant 0.847$，均方误差（MSE）$\geqslant 0.237$]相比，机器学习模型预测精度（$R^2 \geqslant 0.922$，MSE $\leqslant 0.116$）表现出优异的预测能力，表明机器学习预测疲劳寿命具有可行性。

　　杨旭辉等利用共生迁移学习对非线性数据强大拟合能力以及对小样本数据优秀的泛化能力，在数据量较大的源域数据集和数据量较小的目标域数据集中进行相互学习，挖掘 TiAl 合金成分、工况与其疲劳寿命的映射关系，建立了 TiAl 合金疲劳寿命预测模型。模型实现了充分挖掘源域的"通用知识"与目标域的"专有知识"，兼顾域间共有信息，通过交替迭代学习来更好地实现领域间知识的迁移，最终获得泛化性能较好、预测精度更高的预测模型。其中源域数据集包括钛合金、铝合金、镍基高温合金等 10 余种常用金属材料的成分、工况与其对应疲劳寿命，目标域数据集为 TiAl 合金成分、工况以及对应疲劳寿命。图 2-21 为对（a）TNM 和（b）Ti-47.2at%（原子分数）Al-2.1at%Mn+2wt%（质量分数）TiB$_2$ 合金进行疲劳寿命预测与试验值的对比结果，预测疲劳寿命与试验疲劳寿命吻合度较高。

　　He 等采用一种基于合金特征和化学成分的机器学习方法，对不锈钢 AISI 304、AISI 310、AISI 316 和 AISI 316FR 等的疲劳寿命进行了研究。在输入合金特征和化学成分的条件下，比较了八种不同算法的精度，其中支持向量回归（SVR）和 ANN 表现最佳。基于合金特征和化学成分的机器学习流程如图 2-22 所示，包括数据采集、合金特征构建、特征筛选和模型训练/测试四个步骤。首先利用化学成分、静态力学性能和试验条件建立疲劳寿命评估模型。然后总结输入变量与目标变量的关联重要性程度。可以看出不同变量与疲劳寿命的关系程度。基于合金特征，展示了通过 SVR 算法构建的疲劳寿命预测结果。训练和测试数据集的均方根误差（RMSE）分别为 0.10 和 0.13，证明该模型具有良好的预测精度。ANN 模型的训练数据集和测试数据集的均方根误差分别为 0.14 和 0.17，分别比 SVR 模型的均方根误差高 40% 和 31%。

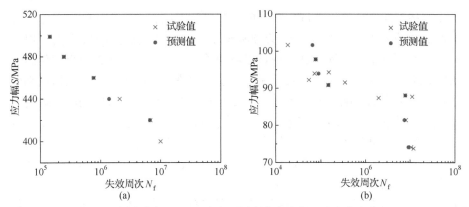

图 2-21　不同应力幅下 TiAl 合金预测疲劳寿命与试验疲劳寿命对比图

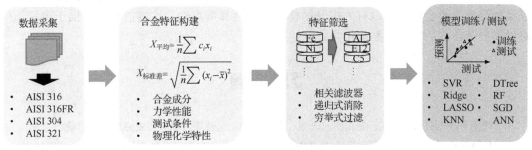

图 2-22　基于合金特征和化学成分的机器学习流程

2.5　总结与展望

目前，疲劳与断裂领域仍有很多问题亟待解决。首先是预测精度不足，尽管已经有了各种理论模型用于预测材料的疲劳寿命，但这些模型通常基于理想化的假设条件，忽略了实际使用环境中材料的复杂性。材料不均匀性和环境因素是材料研究领域的普遍难题，且其对于疲劳与断裂领域的影响难以忽略。其次是检测技术存在限制，疲劳损伤的检测尤为困难，如微小裂纹的识别和内部缺陷的检测。微小裂纹在初期不易被发现，但一旦形成，会迅速扩展导致结构失效。而某些材料内部的缺陷，如气孔、夹杂物等，需要预先进行无损探伤。最后材料性能也有很大的不确定性，材料性能受多种因素影响。即使是同一种材料，不同批次之间也可能存在性能差异。材料的制造与加工过程（如热处理、冷加工等）对其疲劳性能有重要影响，但这些工艺参数的控制并不总是十分精确的。还有复杂载荷条件下的疲劳行为研究不足，现实中的结构常常承受复杂的动态载荷，如飞机的机身在飞行过程中会受到多种方向和不同大小的力的作用。然而，目前大部分疲劳研究集中在简单的周期性载荷条件下，这大大限制了模型对实际使用情况的理解和预测能力。

目前常用的一些增强材料抗疲劳能力的方法包括合金成分设计、改善加工工艺和表面处理三种方法。其中合金成分设计是通过调整合金成分和熔炼工艺，减少内部缺陷和硬脆相；改善加工工艺即改善其表面完整性，减少加工缺陷；表面改性主要包括表面喷丸、喷砂等表面硬化方法。若以上三种条件都难以改变，则在特定工况下，需要提升缺陷检测水平和寿命预测能力。

针对预测精度问题，可以发展更精确的预测模型。结合力学、热学、电化学等多个物理场的影响，建立更为全面的材料疲劳预测模型。通过数值模拟和试验验证相结合的方法，提高模型的预测精度。针对试验中难以避免的误差，可以部署大量小型传感器，实时监测材料的疲劳状态和损伤进展，对潜在的风险及时预警。超声检测与无损探伤可以提高对微小裂纹和其他内部缺陷的检测灵敏度。若已有数据基础，则可以利用大数据分析和机器学习算法，从大量实验数据中挖掘出更深层次的规律，构建自适应的疲劳寿命预测模型。这种方法能够根据具体的应用环境和材料特性进行个性化调整。计算机视觉技术则可以通过高分辨率相机和图像处理技术，自动识别材料表面的微小裂纹和其他损伤迹象，提高检测效率和准确性。

　　综上，疲劳与断裂问题的研究和解决需要多方面的努力和技术进步。通过发展更精确的预测模型、改进检测技术、增强材料设计能力、深入理解复杂载荷条件下的疲劳行为，以及加强跨学科合作，可以有效提升结构的安全性和可靠性。这些措施将有助于更好地应对材料疲劳带来的挑战，推动相关领域的发展。

习　　题

　　1. 试述不同机械加工方式，如切削、研磨、表面硬化、电镀等对于材料疲劳寿命的影响。

　　2. 某种钢有以下性能：屈服强度为700MPa，断裂韧性为165MPa·$m^{0.5}$。含有单边裂纹的这种钢板在$\Delta\sigma = 140$MPa，$R=0.5$，$a_0 = 2$mm 的条件下进行疲劳试验。试验中观察到这种钢的裂纹扩展可以用 Paris 关系描述为

$$\mathrm{d}a/\mathrm{d}N（\mathrm{m/周次}）=0.8 \times 10^{-8}(\Delta K)^2$$

式中，ΔK 的单位为 MPa·$m^{0.5}$。

　　（1）在σ_{max}下的临界裂纹尺寸 a_c 是多少？

　　（2）计算这种钢的疲劳寿命。

　　3. 某种钢经受±300MPa 和±500MPa 两种疲劳试验，在这两级应力水平下，失效分别发生在10^5 周次和10^3 周次。这种钢制备的零件已经在±350MPa 下循环了10^4 周次，试做出合理假设，估算在±400MPa 载荷下的疲劳寿命。

　　4. 试述金属循环硬化和循环软化现象及产生的条件。

　　5. 试述加速疲劳寿命预测方法。

参 考 文 献

丁彬, 高源, 陈玉丽, 等. 2024. 原子尺度断裂模拟进展[J]. 力学学报, 56(2): 347-364.

束德林. 2016. 工程材料力学性能[M]. 3 版. 北京：机械工业出版社.

杨新华, 陈传尧. 2018. 疲劳与断裂[M]. 2 版. 武汉：华中科技大学出版社.

Marc M, Krishan C. 2017. 材料力学行为[M]. 2 版. 张哲峰, 卢磊, 等译. 北京：高等教育出版社.

Aguilar E A A, Fellows N A, Durodola J F, et al. 2017. Development of numerical model for the determination of crack opening and closure loads, for long cracks[J]. Fatigue Fract Eng Mater Struct, 40(4): 571-585.

Bao H, Wu S, Wu Z, et al. 2021. A machine-learning fatigue life prediction approach of additively manufactured metals[J]. Eng Fract Mech, 242: 107508.

Chang T, Guo W. 1999. A model for the through-thickness fatigue crack closure[J]. Eng Fract Mech, 64(1): 59-65.

Chang T, Guo W. 1999. Effects of strain hardening and stress state on fatigue crack closure[J]. Int J Fatigue, 21(9): 881-888.

Davidson D L, Lankford J. 1992. Fatigue crack growth in metals and alloys: Mechanisms and micromechanics[J]. Intl Mater Rev, 37: 45-76.

Farhad T, Mohammad H, Farhad H A. 2021. An XFEM-VCCT coupled approach for modeling mode Ⅰ fatigue delamination in composite laminates under high cycle loading[J]. Eng Fract Mech, 249:107760.

García-Collado A, Vasco-Olmo J M, Díaz F. 2017. A Numerical analysis of plasticity induced crack closure based on an irreversible cohesive zone model[J]. Theor Appl Fract Mech, 89: 52-62.

Guo W. 1993. Elastoplastic three dimensional crack border field— Ⅰ. Singular structure of the field[J]. Eng Fract Mech, 46(1): 93-104.

Guo W. 1993. Three dimensional crack border field—Ⅱ. Asymptotic solution for the field[J]. Eng Fract Mech, 46(1): 105-113.

Guo W. 1994. Fatigue crack closure under triaxial stress constraint— Ⅰ. Experimental Investigation[J]. Eng Fract Mech, 49(2): 265-275.

Guo W. 1999. Three-dimensional analyses of plastic constraint for through-thickness cracked bodies[J]. Eng Fract Mech, 62(4-5): 383-407.

Liu X, Athanasiou C E, Padture N P, et al. 2020. A machine learning approach to fracture mechanics problems[J]. Acta Mater, 190: 105-112.

Ma L, Huang J, Guo J. 2018. Atomic simulation of fatigue crack propagation in metals of different structures[J]. Mater Sci, 8(12): 1129-1134.

Murakami Y, Nomoto T, Ueda T, et al. 2000. On the mechanism of fatigue failure in the superlong life regime ($N > 10^7$ cycles). Part Ⅰ : Influence of hydrogen trapped by inclusions[J]. Fatigue Fract Eng M, 23(11): 893-902.

Murakami Y, Nomoto T, Ueda T, et al. 2000. On the mechanism of fatigue failure in the superlong life regime ($N>10^7$cycles). Part Ⅱ : A fractographic investigation[J]. Fatigue Fract Eng M, 23(11): 903-910.

Oguma H, Nakamura T. 2013. Fatigue crack propagation properties of Ti-6Al-4V in vacuum environments[J]. Int J Fatigue, 50: 89-93.

Ritchie R O. 1988. Mechanisms of fatigue crack propagation in metals, ceramics and composites: Role of crack tip shielding[J]. Mater Sci Eng, 103: 15-28.

Shanyavskiy A A. 2013. Mechanisms and modeling of subsurface fatigue cracking in metals[J]. Eng Fract Mech, 110: 350-363.

Song K, Wang K, Zhang L, et al. 2022. Insights on low cycle fatigue crack formation and propagation mechanism: A microstructurally-sensitive modeling[J]. Int J Plast, 154: 103295.

Zhao Z, Guo W, Zhang Z. 2024. A general-purpose neural network potential for Ti-Al-Nb alloys towards large-scale molecular dynamics with *ab initio* accuracy[J]. Phys Rev B, 110(18): 184115.

第 3 章

蠕 变

3.1 蠕变的基本概念

3.1.1 蠕变的定义

固体材料在保持应力不变的条件下，应变随时间延长而增加的现象称为蠕变。蠕变需要大量的试验研究其本质，根据不同角度，分别从广义和狭义两个方面对蠕变进行定义。

1. 广义蠕变

广义蠕变是指固体受到外力作用时，其变形随时间增加的现象。蠕变现象并不是在任何情况下都会发生的。发生蠕变现象的首要条件是温度。在低温下，一般材料的蠕变现象并不明显，其导致的塑性变形需要很长时间才能达到设计允许值，通常超过了零部件的使用寿命，因此不需要过多关注。只有当材料处于一定温度以上时，蠕变现象才变得不可忽视，成为材料失效的主要因素。研究表明，金属材料产生蠕变的温度一般为 $0.3T_m$（T_m 为材料的熔点）以上。不同金属材料具有不同的熔点，因此它们的蠕变温度也各不相同。产生蠕变的另一必要条件是要有应力作用。一般情况下应力均小于材料的抗拉强度、大于材料的弹性极限。而当温度较高时，产生蠕变所需的应力可能会小于屈服强度。

2. 狭义蠕变

狭义蠕变指在恒定温度和恒定负荷作用下，材料随时间产生变形的现象。广义蠕变的定义形象描述了金属蠕变的现象，但没有确定温度和载荷的必要条件，无法进行相关试验研究。因此，在广义蠕变的基础上，给出了狭义蠕变的定义，便于试验研究蠕变现象的本质，是蠕变试验研究的理论基础。

3.1.2 蠕变曲线

将试样加热到一定温度后加载，在该温度和应力下记录试样应变 ε 随时间 t 的变化，得到如图 3-1 所示的应变-时间关系曲线，即蠕变曲线。

图 3-1 中，OA 线段是试样加载后引起的瞬时应变 ε_0，也称起始应变。如果施加的应力超过金属材料在该温度下的弹性极限，则 ε_0 包括弹性应变和塑性应变两部分，起始应变不属于蠕变。从 A 点开始随时间增加而产生的应变属于蠕变，包括随时间变化的塑性应变和随时间变化的弹性应变两部分。图 3-1 中 $ABCD$ 曲线即为蠕变曲线。

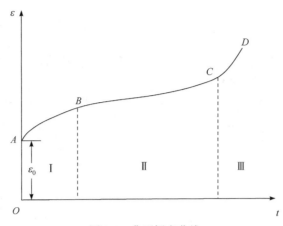

图 3-1　典型蠕变曲线

按照蠕变速率的变化情况，可将蠕变过程分成三个阶段：

AB 为蠕变第 Ⅰ 阶段，也称减速蠕变阶段。这一阶段蠕变速率随着时间的增长不断降低，也称不稳定蠕变阶段。

BC 为蠕变第 Ⅱ 阶段，是恒速蠕变阶段。这一阶段蠕变速率随着时间的增长几乎保持不变，也称稳定蠕变阶段。材料在此阶段的最小蠕变速率被认为是评估其蠕变性能的重要指标。

CD 为蠕变第 Ⅲ 阶段，是加速蠕变阶段。这一阶段蠕变速率随着时间的增长逐渐增大，直至 *D* 点产生蠕变断裂。

3.1.3　蠕变变形和断裂机制

在工程领域中，蠕变速率通常为 $10^{-6} \sim 10^{-3}/h$，而拉伸变形速率为 $10^{-1} \sim 10/h$，热加工锻造的蠕变速率为 $10^{6}/h$。相比之下，蠕变变形速率很低，但在高温低应力的长期作用下，同样会导致材料组织结构变化，如滑移带的形成、回复和再结晶，以及微裂纹的形成和扩展，而正是这些组织结构变化导致了蠕变变形和断裂。

1. 蠕变变形机制

蠕变变形由扩散蠕变、位错蠕变、位错滑移和晶界滑动四种机制来实现。

1）扩散蠕变

当外加应力与剪切模量的比值 $\sigma/G \leqslant 10^{-4}$ 时，倾向于发生扩散蠕变，在扩散蠕变范围内，有两种机制被认为是重要的。Nabarro 和 Herring 提出的机制如图 3-2（a）所示，这一机制涉及晶粒中空位的通量。空位以这样的方式移动，使沿外加（拉伸）应力方向产生晶粒长度的增大。因此，空位从图中的顶部和底部区域向晶粒的两侧区域移动，其垂直（或接近垂直）于加载方向的界面不断扩张成为空位源，而平行于加载方向的晶界则起尾闾的作用。

Nabarro 和 Herring 发展了一个将空位通量与应变率相关联的数学表达式。他们开始假定源晶界空位浓度等于 $C_0 + \Delta C$，而尾闾晶界的浓度为 C_0。他们假设

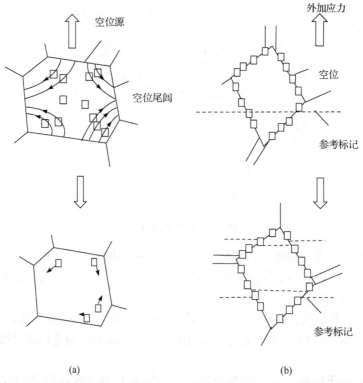

(a)　　　　　　　　　　　　　　　(b)

图 3-2　分别基于(a)Nabarro-Herring 机制和(b)Coble 机制的空位流动，其结果导致试样长度增大

$$\Delta C = \frac{C_0 \sigma}{kT} \tag{3-1}$$

式中，σ 为外加应力；k 是玻尔兹曼常量；T 是热力学温度；C_0 为平衡空位浓度，由此给出空位通量 J 为

$$J = k'D_1 \left(\frac{\Delta C}{x} \right) = k''D_1 \left(\frac{\Delta C}{d} \right) \tag{3-2}$$

式中，x 为扩散距离；它是晶粒尺寸的函数（约等于 $d/2$）；D_1 为晶格扩散系数；d 为晶粒直径；k' 和 k'' 为比例常数（$k''=2k'$）。应变率 $\dot{\varepsilon}$ 与外加应力方向上晶粒尺寸 d 的增大有关：

$$\dot{\varepsilon} = \frac{1}{d} \frac{\mathrm{d}d}{\mathrm{d}t} \tag{3-3}$$

晶粒长度的变化 $\mathrm{d}d/\mathrm{d}t$ 可由空位通量获得，每个空位有一个体积 Ω：

$$\frac{\mathrm{d}d}{\mathrm{d}t} = J\Omega \tag{3-4}$$

由此可以得到下面的蠕变速率方程：

$$\dot{\varepsilon}_{NH} = k'' \frac{\Omega D_1 C_0 \sigma}{d^2 kT} \tag{3-5}$$

式中，$\dot{\varepsilon}_{NH}$ 为蠕变速率，NH 指 Nabarro-Herring。采用 Mukherjee-Bird-Dorn 方程式[式（3-6）]形式（使 $\Omega=0.7b^3$）来表示上述等式，可以得到式（3-7）：

$$\dot{\varepsilon}_s = \frac{ADGb}{kT} \left(\frac{b}{d} \right)^p \left(\frac{\sigma}{G} \right)^n \tag{3-6}$$

$$\dot{\varepsilon}_{\mathrm{NH}} = A_{\mathrm{NH}} \frac{D_{1}Gb}{kT} \left(\frac{b}{d}\right)^{2} \left(\frac{\sigma}{G}\right) \tag{3-7}$$

式中，$\dot{\varepsilon}_{\mathrm{s}}$ 为最小蠕变速率；A_{NH} 为方程的系数，通常等于 10～15；A 是常数；D 是扩散系数；G 是剪切模量；b 是伯格斯矢量。

Coble 提出了第二个机制解释扩散蠕变，它基于晶界扩散，而不基于体积扩散。这种扩散导致晶界滑动，因此如果蠕变试验前在试样的表面做出基准划痕，且 Coble 蠕变起作用，试验后该划痕将表现为一系列不连续的点（在晶界处）。

图 3-2（b）用图解的方式展示了空位沿边界是如何产生剪切的。需要注意的是，还需要有额外的协调扩散。Coble 蠕变导致了以下关系：

$$\dot{\varepsilon}_{\mathrm{C}} = A_{\mathrm{C}} D_{\mathrm{gb}} \frac{Gb}{kT} \left(\frac{\delta}{b}\right) \left(\frac{b}{d}\right)^{3} \left(\frac{\sigma}{G}\right) \tag{3-8}$$

式中，A_{C} 通常等于 30～50；δ 为晶界的有效扩散宽度；D_{gb} 为晶界扩散系数。

需要注意的是，在式（3-7）和式（3-8）中，应变率与应力成正比，即 n=1。此外，对于 Nabarro-Herring 蠕变，应变率与 d^{-2} 成正比，而对于 Coble 蠕变来说，应变率与 d^{-3} 成正比。这使研究人员必须区分这两种机制：他们建立了不同晶粒尺寸试样的蠕变速率，并发现了晶粒直径指数。要想获得较高抗 Nabarro-Herring 蠕变或 Coble 蠕变的合金，一种实用的方法是增大晶粒尺寸，此方法已用于高温合金。已经发展出一种称为定向凝固的制备技术，实际上可以消除所有垂直或倾斜于拉伸轴的晶界。

Harper 和 Dorn 在铝中观察到另一种类型的扩散蠕变，它发生在高温低应力下，蠕变速率超过 Nabarro-Herring 机制预测值的 1000 倍（另外，也观察到少量 Coble 蠕变）。两位研究人员得出的结论是，蠕变完全由位错攀移引起。

位错攀移如图 3-3 所示，在压应力下，空位被吸引到位错线上，如图 3-3（a）所示。一旦有一排空位加入位错线中，位错线将有效地向上迁移。因此，攀移过程中，位错的运动方向与伯格斯矢量垂直。在拉应力下，情况正好相反：空位离开位错线，位错有效地向下移动，如图 3-3（b）所示。

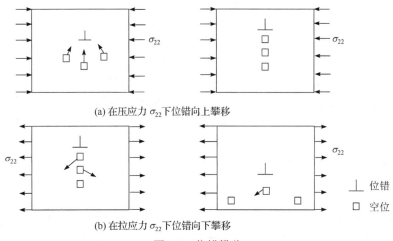

(a) 在压应力 σ_{22} 下位错向上攀移

(b) 在拉应力 σ_{22} 下位错向下攀移

图 3-3　位错攀移

Harper-Dorn 蠕变用如下形式的方程控制，即

$$\dot{\varepsilon}_{\text{HD}} = A_{\text{HD}} \frac{D_1 G b}{kT} \left(\frac{\sigma}{G} \right) \tag{3-9}$$

参数 A_{HD} 通常等于 10^{-11}。由于在这种蠕变过程中不涉及晶界迁移，晶粒尺寸并未出现在公式中。为了使 Harper-Dorn 蠕变有重要贡献，材料的晶粒尺寸必须要大（>400μm），否则 Nabarro-Herring 蠕变和 Coble 蠕变将起主导作用。

2）位错（或幂次律）蠕变

在应力范围 $10^{-4} < \sigma/G < 10^{-2}$ 内，蠕变往往由位错滑移引起，而空位扩散有助于这种滑动（当克服障碍时），这就是位错蠕变。不应将这种机制与仅依赖于位错攀移的 Harper-Dorn 蠕变相混淆。Orowan 提出蠕变是加工硬化（塑性应变引起）和回复（受到高温所致）之间的一种平衡。因此，在恒温下应力的增量为

$$d\sigma = \left(\frac{\partial \sigma}{\partial \varepsilon} \right) d\varepsilon + \left(\frac{\partial \sigma}{\partial t} \right) dt \tag{3-10}$$

式中，$(\partial\sigma/\partial\varepsilon)$ 为硬化速率；$(\partial\sigma/\partial t)$ 为材料的回复速率。应变率 $\dot{\varepsilon}$ 可表示为回复速率与硬化速率之比。

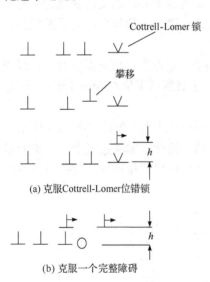

(a) 克服Cottrell-Lomer位错锁

(b) 克服一个完整障碍

图 3-4　基于 Weertman 理论的位错通过攀移克服障碍

20 世纪 50 年代中期，基于位错攀移为速率控制过程，Weertman 发展了两个最小蠕变速率理论。在他的第一个理论中，Weertman 提出把 Cottrell-Lomer 锁作为塑性变形的障碍；他的第二个理论适用于密排六方（HCP）金属，这类金属中不存在上述障碍。因此，他根据材料假定了不同的障碍。图 3-4 系统展示了基于 Cottrell-Lomer 锁的蠕变机制是如何起作用的。位错被障碍物钉扎住，但通过攀移克服了障碍，原子间隙或空位的产生或湮灭都有助于攀移的实现。假定障碍为 Cottrell-Lomer 锁，它们由位错的相互交割和反应形成。图 3-4 表示被锁钉扎的位错和位错通过攀移越过锁。需要注意的是，Frank-Read 位错源在水平面上不断产生新的位错，那些克服障碍的位错源又被其他位错取代。要想计算蠕变速率，必须得到位错逃离位错锁的速率。位错为了通过位错锁必须攀移的高度 h 是这样一个位置，在该位置处由于其他塞积位错作用于该位错上的应力等于由位错锁的应力场引起的斥力。

由塞积效应引起的应力 σ^* 为

$$\sigma^* = \tilde{n}\sigma \tag{3-11}$$

式中，$\tilde{n}$ 为塞积的位错数目（在这里使用 $\tilde{n}$，以避免与幂次律蠕变指数 n 相混淆）；σ 为作用在一个位错上的应力。现在，把位错周围的应力场取作距离的函数，并令其等于式（3-11），得到下面等式：

$$h = \frac{Gb}{\tilde{n}\sigma 6\pi(1-\nu)} \tag{3-12}$$

式中，ν 为泊松比。攀移速率由空位到达或离开位错的速率决定（Weertman 推导的是空位而不是间隙原子）。根据空位的浓度梯度，Weertman 得到当 $\tilde{n}\sigma b^3/kT < 1$ 时的攀移速率 r 为

$$r = \frac{N_0 D_1 \tilde{n}\sigma b^5}{kT} \tag{3-13}$$

式中，N_0 为空位的平衡浓度；D_1 为试验温度 T 时的扩散系数。如果知道攀移高度和速率，便可计算得到蠕变速率。

$$\dot{\varepsilon} = \frac{r}{h} LL'M = \frac{6\pi(1-\nu)\tilde{n}^2 b^4 N_0 LL'MD_1\sigma^2}{kGT} \tag{3-14}$$

式中，M 为单位体积内激活的 Frank-Read 位错源的数目；L 为位错环的刃型部分离开障碍后的运动距离；L' 为螺形部分运动的距离。

3）位错滑移

当 $\sigma/G > 10^{-2}$ 时，位错滑移发生。在一定的应力水平下，幂次律失效。通过透射电子显微镜分析表明，在高应力下，位错滑移取代位错攀移，位错滑移与扩散无关。因此，当 $\dot{\varepsilon}_s/D > 10^9$ 时，热激活位错滑移是速率控制阶段，这与室温下的传统变形方式一致。Kestenbach 等观察发现，当应力达到某一临界值时，亚结构从等轴亚晶粒变为位错缠结和拉长的亚晶结构。当温度下降，应力保持恒定时，可以观察到类似效应。

4）晶界滑动

晶界滑动在初始蠕变或第二阶段蠕变中通常并不起主要作用。然而，在第三阶段蠕变中，它却有助于晶间裂纹的萌生和扩展。它有重要贡献的另一种变形过程是超塑性，通常认为超塑性成形中的大部分变形是由晶界滑动引起的。

晶界滑动速率由滑动表面偏离理想平面的协调过程控制。显然，不可能存在由不同晶粒之间的晶界决定的理想平面，不能孤立地研究具有公共界面的两个紧邻晶粒之间的滑动。应变相容性要求必须用正弦曲线模拟界面，如图 3-5（a）所示。外加应力 τ_a 可使晶面产生滑动，但要求其与扩散流动相耦合，把材料（或空位）输送到最大距离 λ，λ 为不规则波长。图 3-5（b）表示出了多晶体中同样的作用，单个晶界在外加应力下的移动是滑动和扩散流动共同作用的结果。

2. 蠕变断裂机制

蠕变断裂主要是沿晶界断裂。在裂纹成核和扩展过程中，晶界滑动引起的应力集中与空位扩散起着重要作用。由于应力和温度不同，裂纹成核有以下两种类型。

1）裂纹成核于三晶粒交会处

在高应力和较低温度下，晶粒交会处会由于晶界滑动造成应力集中而产生裂纹。图 3-6 为几种晶界滑动方式对应的晶界交会处产生裂纹的示意图。这种由晶界滑动造成的应力集中，若能被晶内变形（如在滑动晶界相对的晶粒内引起形变带）或晶界迁移能以畸变回复的方式使其松弛，则裂纹不易形成，或产生后也不易扩展至断裂。

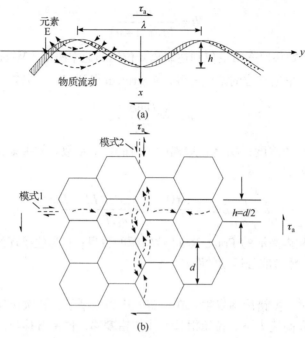

图 3-5　(a) 具有扩散协调性的稳态晶界滑动；(b) 理想多晶体中与(a)同样的过程
虚线表示空位流动

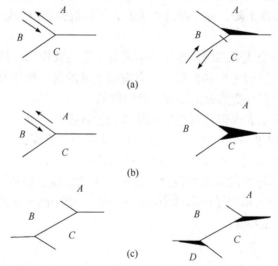

图 3-6　晶界滑动方式对应的晶界交会处产生裂纹示意图

2）裂纹成核分散于晶界上

在较低应力和较高温度下，蠕变裂纹常分散在晶界各处，特别容易产生在垂直于拉应力方向的晶界上。裂纹在晶界形成的原因如下：①由于晶界滑动在晶界的台阶（如第二相质点或滑移带的交截）处受阻而形成孔洞；②由于位错运动和交割产生的大量空位，为减小其表面能而向拉伸应力作用的晶界上迁移。当晶界上有孔洞时，孔洞便吸收空位而长大，形成裂纹。

3.1.4　影响蠕变性能的主要因素

蠕变作为反映材料性能的重要表征参量，受到金属内部组织结构、工艺因素和试验因素等多方面的影响。

1. 金属内部组织结构的影响

多晶体的强度取决于晶粒强度、晶界强度以及第二相的强度。

1）晶粒强度

晶粒或基体的强度取决于原子间结合力，而提高原子间结合力、使基体强化的方法之一是合金化。

（1）加入合金含量越接近饱和度，晶体点阵的畸变程度越大，其强度越高，这和淬火得到过饱和固溶体提高强度是同一道理。但不能太靠近饱和线，否则合金在高温下长期工作易析出第二相，如出现针状 σ 相使强度降低，且加入量过大时固相线将随之下降，使合金熔点降低，相对增大了原子的扩散速度，降低了再结晶温度，使性能下降。

（2）溶质原子和溶剂原子半径相差越大，晶体点阵的畸变程度也越大，强度越高。

（3）加入耐熔、扩散困难的溶质原子，使高温下原子结合力能保持稳定。

（4）加入多元合金，实践证明加入多元少量的合金元素比加入同量的同一合金元素能更显著地提高耐热性。这点可从位错的观点来考虑。在位错周围存在应力场，改变了这个体积内的溶解度，吸引溶质原子，在其周围形成科氏（Cottrell）气团，这种气团对位错运动起阻碍作用，使热强度提高，但阻碍位错运动的程度取决于溶质原子的扩散速度。若溶质原子的扩散速度远大于位错的移动速度，则科氏气团不起作用；若位错的移动速度远大于气团的移动速度，则位错可以挣脱气团的包围而移动，使气团无法起阻碍作用。只有当位错的移动速度稍大于溶质原子的扩散速度时，位错拖着气团前进，气团才能妨碍位错的移动而提高高温强度。

总之，多元合金中有多种溶质原子同时存在，它们具有不同的扩散速度。因此，在蠕变的各个阶段，固溶体中至少有一种溶质原子能够阻碍位错移动，使合金始终得到强化。

2）晶界强度

提高晶界强度的方法主要有以下几种：

（1）用纯净的炉料与变质剂，减少有害杂质，或形成高熔点化合物去除有害杂质的影响（因为有害杂质如硫、磷、砷等熔点低，且分布在晶界，使晶界强度降低）。目前铸造高温合金用真空冶炼，就是为了减少有害杂质。

（2）加入使晶界原子扩散速度降低的合金元素。

（3）用热处理办法使晶粒粗化。

在较低温度时，晶粒强度比晶界强度低，晶界将干扰位错的移动，蠕变只能在晶粒内部以滑移方式进行，断裂的形式是穿晶界断裂；但在高温时，晶界强度变得比晶粒强度弱，晶界呈黏滞性，断裂的方式是沿晶断裂。这时粗晶粒比细晶粒有更高的蠕变抗力。

细晶粒材料在高温时的蠕变抗力比粗晶粒低，因为细晶材料中有许多大角度及结构很不规则的晶界，这些晶界的能量高，在高温和应力下空穴在其中的扩散速度快，故蠕变速率大。当经高温热处理使晶粒粗化后，这些高能量的晶界大多在晶粒长大过程中消失，剩下来的是低能量的晶界，空穴在其中扩散较慢。另外，粗晶粒结晶中心小，强化相聚集和再结晶倾向小。但晶粒不宜过分粗大，一般不超过 1 级，否则会损害其他性能，如晶间腐蚀、热脆倾向增大、高温疲劳性能降低等。

3）第二相的强度

第二相对蠕变、持久强度有强烈影响。因此，对第二相一般有下列要求：

（1）高度弥散而且均匀分布在晶粒内部，以及与基体共格的，点阵常数与基体相差很大的第二相，其强化效果最大，因为第二相会阻碍位错的移动。当位错通过第二相或逼近第二相时开始弯曲，迂回并在第二相周围留下一部分位错。位错通过越多，第二相影响的范围越大。最后位错将被锁住而不能通过。

（2）扩散能力小，聚集能力差，成分稳定，结构复杂，在高温下长期工作而不起变化的第二相效果最好。例如，镍基合金中，Ni(TiAl)化合物稳定、聚集困难而且结构复杂，故能显著提高镍基合金的高温强度。

（3）第二相与固溶体没有相互转化反应，与固溶体间有结晶上的近似关系的第二相有着高的强化性。若第二相与固溶体基体无结晶上的结合关系，就像铸铁中的石墨相夹杂一样，破坏了基体的连续性，造成应力集中，不但不能提高强度，反而会降低强度。

（4）第二相不应该只是一种而是两种以上，如果其中之一由于不稳定发生了聚集，结束初阶段的强化，还可依靠成分变复杂或更稳定的其他第二相进行强化。

2. 工艺因素的影响

1）热处理工艺的影响

具备高耐热性能的微观组织要经过热处理才能得到，所以热处理对蠕变的影响是显著的。例如，эи437 镍基合金加热至 1080℃后，以 160℃/h 的冷却速度冷却至 600℃后淬火，再在 700℃下时效 16h，得到的合金耐热性最高。从 1080℃较慢冷却，$Ni_3(AlTi)$化合物在最有利的条件下沉淀，使合金获得相当好的强化，再在 700℃下时效，形成 K 状态，使合金得到进一步强化。经过这样的热处理后，合金的耐热性达到最高。因此，工作温度较低时，回复和沉淀过程均不会产生。此时，最好的热处理是获得抗拉强度最高的组织状态，其蠕变抗力也高；工作温度较高时，可能有回复和再结晶、相变和沉淀硬化过程的产生，此时热处理可获得稳定的组织状态。

2）冶炼工艺的影响

冶炼质量对强度的影响很大，如钢冶炼质量不好，非金属夹杂增多，将产生裂纹、疏松、龟裂等问题，均影响强度。

耐热合金中冶炼质量对强度影响更显著，对杂质元素和气体含量的要求更严格。常有的杂质除 S、P 外，还有 Pb、Sn、As、Sb、Bi 等，其含量即使只有十万分之几，也使其热强性能大大降低。

3. 试验温度的影响

温度对蠕变和持久强度有很大影响。蠕变本身是一个热激活的过程，可根据阿伦尼乌斯方程得

$$\dot{\varepsilon} = A\exp(-Q_c/RT) \tag{3-15}$$

式中，$\dot{\varepsilon}$ 为蠕变速率；A 为常数；Q_c 为蠕变表观激活能；R 为摩尔气体常量；T 为热力学温度。

3.2 蠕变评价的基本研究方法

3.2.1 常规蠕变试验

常规蠕变试验一般依据以下组织制定的标准进行，如美国材料试验协会（ASTM）、英国标准学会（BSI）和国际标准化组织（ISO）。这些标准的相同之处有：施加的荷载精度都是 ±1%，试验温度都是（20±2）℃，试样的宽度一般都为 200mm，标准的蠕变曲线是应变随时间变化的曲线。目前国内采用的蠕变试验方法主要参考 GB/T 2039—2024、HB 5151—1996，可以根据不同的测试要求选择相应的试验方法。

1. 蠕变试验的目的与用途

进行蠕变试验主要有两个目的：一个是通过试验确定已选定材料在被用来制作零件的工作条件下的蠕变抗力；另一个是对一种新材料的蠕变特性做全面鉴定，即温度和应力在一定范围内波动，求得蠕变抗力与这些条件的关系。在实际试验中，一般通过测定材料在恒定温度和恒定拉伸负荷作用下达到规定应变的时间或将规定时间的应变不超过规定值的最大应力作为选材和高温机械设计的重要指标之一。

2. 测试方法与要点

（1）试验前准备工作：试验开始前，要检查试样加工合格证，填写试验原始记录表，选择试验夹具及热电偶。检查试验设备机械系统运转是否正常，检查机器温度控制系统、温度测量系统和变形测量系统是否正常；确认设备完好，在有效检定期内进行试验测试。

（2）尺寸测量：测量试样的长度和宽度应使用精度不低于 0.02mm 的量具，测量试样的直径和厚度应使用精度不低于 0.01mm 的量具。在原计算长度上测量的试样尺寸不少于 3 处（两端和中间），对于圆形试样，应在每处相互垂直方向上测量，用测得的最小平均尺寸计算其横截面积。对于矩形试样，用测得的横截面积最小值作为横截面积。

（3）试样装夹：装夹试样前，一般先根据试验条件和试样规格选择试验机、夹具和引伸计。装夹时，先将高温炉推向最高位置，将上、下夹具置于炉体之外；然后将试样装夹于下拉杆夹具，套上引伸计杆，根据试样标距长度选择相应数量的热电偶绑于试样标距范围内套上上引伸计杆；再将试样装入上拉杆夹具，安装紧固弹簧稳定引伸计，调整上、下引伸计杆与试样和拉杆夹具的平行度；最后查看引伸计的装夹，确保引伸计装夹不受力，保证试验数据采集的精确度。

（4）同轴度测量与校正：蠕变试验要求试样在加热炉内不受非轴向力的作用。蠕变引伸计是测量试样变形的引伸仪器，试样和引伸计的装夹质量会对蠕变变形的采集产生一定的影响，为了减少由于试样和引伸计的装夹对试验采集数据准确性的影响，蠕变试验要求在试验前进行装夹同轴度检查，一般采用分级加载的方式，分 4～6 级载荷逐级加载，测量两支变形测量传感器的变形值来计算同轴度。

（5）温度测量与控制：蠕变试验高温炉的控温方式有直接控温和间接控温两种方式。

3.2.2 蠕变基本方程

1. 蠕变曲线方程

根据蠕变试验，可以得到材料在恒温下不同应力水平的蠕变曲线，Andrade 曾提出恒温恒载下的蠕变方程为

$$\varepsilon = \left(1 + \beta t^{g}\right)\mathrm{e}^{kt} - 1 \tag{3-16}$$

当 $kt < 1$ 时，e^{kt} 按级数展开，此方程可近似写为

$$\varepsilon = \beta t^{g} + kt \tag{3-17}$$

方程中右边的第一项表示第一阶段的蠕变特征，第二项表示第二阶段的蠕变特征，常数 β、g、k 与材料、应力和温度有关，其中 g 值恒小于 1。

上述方程在一定程度上反映了蠕变变形的特征，但是这些方程都是在特定的条件下得到的，不能描述变温变应力条件下的应力-应变规律。

由实验资料可知，蠕变变量 ε、蠕变速率 $\dot{\varepsilon}_{s}$、时间 t、应力 σ 和温度 T 之间存在复杂的关系。因为影响蠕变的因素很多，蠕变机理复杂，并且不同材料、不同温度和应力等条件下符合的情况也不同，所以要得到统一的蠕变公式很困难，人们为此提出某些假设理论，以最少的变量反映蠕变的主要因素，建立蠕变理论。

2. 蠕变速率与温度、应力的经验关系

材料的蠕变性能一般用稳态蠕变速率表示。稳态蠕变速率与材料本身的特性、温度、应力有关。

应力不变，改变试验温度可得到稳态蠕变速率与温度的关系，如图 3-7 所示。稳态蠕变速率的对数与热力学温度的倒数 $1/T$ 呈线性关系，因此最小蠕变速率 $\dot{\varepsilon}_{s}$ 与 T 的关系可写成 Arrhenius 关系式：

$$\dot{\varepsilon}_{s} = A_{1}\exp\left(-\frac{Q_{c}}{RT}\right) \tag{3-18}$$

式中，A_{1} 为与材料特性和应力有关的常数；R 为摩尔气体常量；T 为热力学温度；Q_{c} 为蠕变表观激活能。

表 3-1 中列出了实验测得的各种金属的蠕变表观激活能 Q_{c} 和金属自扩散激活能 Q_{sd} 值。可以看出，蠕变表观激活能与金属自扩散激活能非常接近，说明蠕变和扩散过程紧密相关。

表 3-1　各种金属的 Q_{c} 和 Q_{sd} 值

材料	Q_{c}/eV	Q_{sd}/eV	材料	Q_{c}/eV	Q_{sd}/eV
Al	1.55	1.5	Cu	2.1	2.1
β-Ti	1.4	1.35~1.52	Nb	4.26	4.1~4.6
γ-Fe	3~3.2	2.8~3.2	Mo	4.2~4.6	4~5
β-Co	2.9	2.7~2.9	W	6.1	5.2~6.7
Ni	≥2.74	2.9~3.1	Au	1.8	1.7~1.95

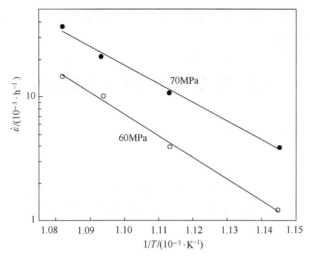

图 3-7　Fe-24Cr-4Al 合金稳态蠕变速率与温度的关系

大量实验表明，在较低的应力下 $\lg\dot\varepsilon_s$ 与 $\lg\sigma$ 呈线性关系，因此 $\dot\varepsilon_s$ 与 σ 的关系为

$$\dot\varepsilon_s = A_2\sigma^n \tag{3-19}$$

式中，A_2 为与材料特性和温度有关的常数；n 为稳态蠕变速率的应力指数。

由于式（3-19）中蠕变速率是应力的幂函数，所以符合公式的蠕变称为幂律蠕变。

当应力增加到一定程度后，$\lg\dot\varepsilon_s$ 与 $\lg\sigma$ 的关系偏离线性，这种现象称为幂律失效。高应力下的蠕变速率与应力的关系可用指数函数表示：

$$\dot\varepsilon_s = A_2'\exp(B\sigma) \tag{3-20}$$

式中，A_2'、B 为常数。

将式（3-18）和式（3-19）合并，得到蠕变速率与应力、温度关系的蠕变方程为

$$\dot\varepsilon_s = A_3\sigma^n\exp\left(-\frac{Q_c}{RT}\right) \tag{3-21}$$

式中，A_3 为与材料特性有关的常数。为了使 A_3 具有简单的量纲，有时用弹性模量归一化应力表示蠕变方程，即

$$\dot\varepsilon_s = A_4\left(\frac{\sigma}{E}\right)^n\exp\left(-\frac{Q_c}{RT}\right) \tag{3-22}$$

Mukherjee 指出扩散控制的位错蠕变模型必然会导出 $\sigma b^3/kT$ 项，因此建议用下面方程代替式（3-22）：

$$\dot\varepsilon_s = A_5\left(\frac{\sigma}{G}\right)^{n-1}\frac{\sigma b^3}{kT}\exp\left(-\frac{Q_c}{RT}\right) \tag{3-23}$$

也可以用量纲一致的形式

$$\frac{\dot\varepsilon_s kT}{DGb} = A_6\left(\frac{\sigma}{G}\right)^n \tag{3-24}$$

式中，k 为玻尔兹曼常量；G 为剪切模量；b 为位错的柏氏矢量；A_4、A_5、A_6 为常数；E 为弹性横量；D 为扩散系数。

3.3 蠕变高效评价与模拟方法

3.3.1 基于持久试验的理论外推法

1. 等温线外推法

这种方法认为材料在一定温度下，应力与断裂时间在对数坐标上呈直线关系。它是用较高应力下的短时试验数据外推较低应力下的长时性能，也就是说用应力换取时间。常用的经验公式为

$$t_r = A\sigma^{-B} \tag{3-25}$$

式中，t_r 为试样断裂时间（h）；σ 为试验应力（MPa）；A、B 为与材料和试验温度有关的常数。

将方程两边取对数，即可得到

$$\lg t_r = \lg A - B\lg\sigma \tag{3-26}$$

设 $\lg t_r = x$，$\lg\sigma = y$，$\lg A/B = a$，$-1/B = b$，则式（3-26）可转化成典型的直线方程：

$$y = a + bx \tag{3-27}$$

根据这一关系式，可获得直线（图 3-8）。然后根据要求取某一时间（如 10^4h 或 10^5h）的应力值，即为其对应的持久强度值。

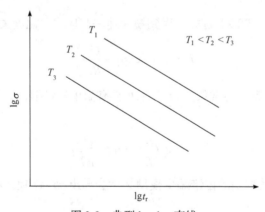

图 3-8　典型 $\lg\sigma$-$\lg t_r$ 直线

该方法目前最常应用于试验过程中的应力设置与试验时间控制。利用一定温度下应力与断裂时间在对数坐标上呈直线关系的特点，在同一温度下可由少量短时试验数据在双对数坐标下获得该直线，并获得任意所需断裂时间对应的应力水平进行试验，避免由于应力设置过低（高）导致寿命过长（短）而获得不符合寿命要求的试验结果，浪费大量的时间和经费；同时，也可有依据地进行应力设置，尽量保证试样寿命均匀分布于双对数坐标的寿命直线上，为数据拟合提供更科学的试验数据。需要指出的是，目前该方法未被列为供

设计使用的预测寿命的标准方法。

2. 时间-温度参数法

时间-温度参数法用提高试验温度的方法缩短时间，即认为时间和温度在蠕变过程中有等效关系，将时间、温度表示为复合参数，作为应力的函数 $f(T, t_r) = P(\sigma)$，由于金属材料种类众多，不同类型的材料，其表达参数也不相同，基于短期试验的结果，发展的参数法已经超过 30 种，其中最常见的 4 种是 Larson-Miller（L-M）参数法、Manson-Haferd（M-H）参数法、Orr-Sherby-Dorn（O-S-D）参数法和 Wilshire 方程。下面介绍这 4 种常用的时间-温度参数法的计算公式。

1）L-M 参数法

L-M 参数法因其计算简单、试验数据容易获取而在工程应用中备受青睐，其函数关系式如下所示

$$T(C + \lg t_r) = m \tag{3-28}$$

式中，T 为热力学温度（K）；C 为与材料有关的常数；t_r 为试样断裂时间（h）；m 为参数。

由此，如果 C 对于某一种特定合金是已知的，可以通过单次试验得到 m 值，从这一结果出发，只要施加同样的工程应力，就可以得出任何温度下的断裂时间。因此，采用的程序如下：如果想知道某一应力 σ_a 和温度 T_a 下的断裂时间，可以先在应力 σ_a 和更高温度 $T_b > T_a$ 下进行试验，将这些值代入方程后即可得到 m 值。后一试验只需较短的持续时间，这是因为在恒应力下断裂时间随温度升高而减小。图 3-9 为 3 种工程应力水平下温度与断裂时间的直线族。可以看出，C 并不依赖应力值，它是各条线的交点。另外，每条直线有不同的斜率 m，这个值才取决于应力。

2）M-H 参数法

在 Larson 和 Miller 提出他们的参数后不久，Manson 和 Haferd 给出了他们的研究结果，其中与式（3-28）不一致的地方包括：线族的交点不在纵坐标轴上（$1/T = 0$），而是在一个特定点（t_a, T_a）上；如果将结果绘制成 $\lg t_r$-T 关系，而不是 $\lg t_r$-$1/T$ 关系，可以得到一个更好的线性分布。

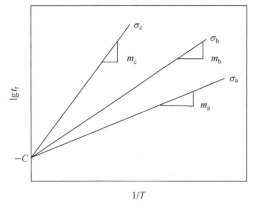

图 3-9　3 种工程应力水平下温度与断裂时间的直线族
采用 L-M 公式得出

M-H 参数法计算公式为

$$(\lg t_r - \lg t_a) / (T - T_a) = m \tag{3-29}$$

M-H 方程对应的直线如图 3-10 所示，外推步骤与 L-M 方法相同，获得不同时间和温度下的断裂时间。对于给定的材料，T_a、t_r 和 m 为待定的参数，T_a 和 t_a 为常数，m 取决于应力。在 3 种工程应力下，得出具有不同斜率的 3 条线，即 $m_c > m_b > m_a$，时间 t_r 和 t_a 通常用

小时表示。

3）O-S-D 参数法

O-S-D 参数法是基于 Sherby、Dorn 及其合作者为更好理解蠕变而进行的基础性研究。O-S-D 参数法公式为

$$\ln t_r - \frac{Q_c}{kT} = m \tag{3-30}$$

式中，Q_c 为蠕变表观激活能；m 为 Sherby-Dorn 参数；t_r 为断裂时间；k 为玻尔兹曼常量。图 3-11 为该参数的图解表示，不同于 L-M 参数法的是，该图中的等应力线相互平行。方程有一定基本合理性，Monkman 和 Grant 以及其他人观察到大量合金的最小蠕变速率 $\dot{\varepsilon}_s$ 与断裂时间 t_r 成反比，即

$$\dot{\varepsilon}_s t_r = k' \tag{3-31}$$

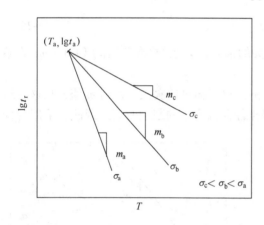

图 3-10   3 种工程应力水平下温度与断裂时间的
关系
采用 M-H 公式得出(其中 $\sigma_a > \sigma_b > \sigma_c$)

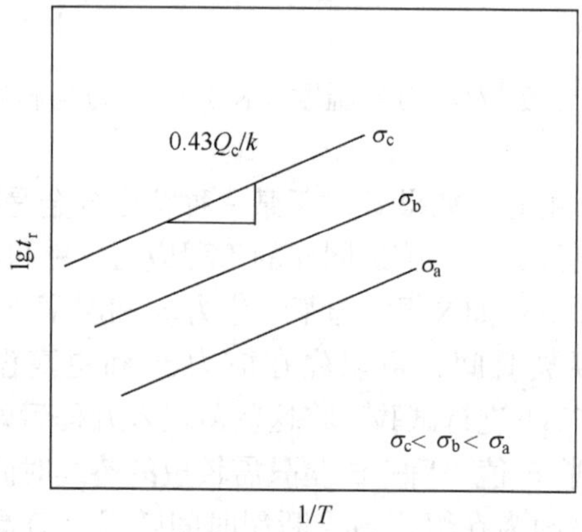

图 3-11   3 种工程应力水平下温度与断裂时间的
关系
采用 O-S-D 公式得出

可根据式（3-18）得

$$t_r = \frac{k'}{A'} \exp(Q_c / kT) \tag{3-32}$$

式中，k' 和 A' 为常数。式（3-32）两边取对数，得

$$\ln t_r - \ln \frac{k'}{A'} = \frac{Q_c}{kT} \tag{3-33}$$

转换为以 10 为底的对数，并设 $\lg(k'/A') = m$，可得

$$\lg t_r - m = 0.43 \frac{Q_c}{kT} \tag{3-34}$$

蠕变表观激活能 Q_c 表述为能量（即焦耳每原子）。如果 Q_c 表述为每摩尔或每克原子时，则应当采用 R（摩尔气体常量），而不是 k_B（玻尔兹曼常量）。R 为 8.314J/(mol·K)。表 3-2 列出了一些工程合金三个方程中参数的估算值。

表 3-2　时间-温度参数中的常数

材料	Sherby-Dorn	Larson-Miller	Manson-Haferd	
	Q/(kJ/mol)	C	T_a/K	lgt_a
各种钢和不锈钢	≈400	≈20	—	—
纯铝和低合金	≈150	—	—	—
S-590 合金(铁基)	350	17	172	20
A-286 不锈钢	380	20	367	16
Nimonic 81A(镍基)	380	18	311	16
1%Cr-1%Mo-0.25%V 钢	460	22	311	18

4）Wilshire 方程

Wilshire 提出了一种预测精度高、预测范围广的新模型法。该方法也是源于阿伦尼乌斯方程：

$$1/t_r \propto \dot{\varepsilon} = A\sigma^n \exp(-Q_c/RT) \tag{3-35}$$

式中，A 为材料常数；n 为应力指数；R 为摩尔气体常量；Q_c 为蠕变表观激活能，Q_c 的值是随温和应力变化的。Wilshire 将不同温度和应力条件下的蠕变断裂数据通过抗拉强度进行合理化，建立的模型表达式如下：

$$\frac{\sigma}{\sigma_{TS}} = \exp\left\{-k\left[t_r \exp\left(-Q_c^*/RT\right)\right]^v\right\} \tag{3-36}$$

式中，σ_{TS} 为材料在不同温度下的抗拉强度；k、v 为参数；Q_c^* 为蠕变断裂激活能。

3.3.2　基于蠕变曲线的寿命外推法

该类方法以完整的蠕变曲线为基础建立蠕变参数唯象方程实现寿命预测，它与时间-温度参数法忽略大量的蠕变信息不同。基于蠕变曲线的寿命外推法需要依靠试验获取记录大量蠕变信息的完整蠕变曲线。根据蠕变曲线提供的信息，建立起蠕变应变 ε 与蠕变时间 t 之间的模型关系，模型参数通过曲线拟合获得后，便可确定模型参数与温度 T 和应力 σ 的函数关系。常用的外推精度较高的该类方法有 θ 投影法、修正的 θ 投影法等。

1. θ 投影法

Wilshire 等于 1982 年提出了一种新的蠕变数据外推方法：θ 投影法。该方法用一个比较简单的函数式表示包括第三阶段的整个蠕变曲线，并根据高应力短时蠕变曲线外推得到低应力长时蠕变曲线。

θ 投影法利用模型来描述蠕变变形量与时间、温度和应力的关系，进而实现蠕变寿命预测。采用 θ 投影法蠕变曲线，蠕变应变 ε 可以表示为

$$\varepsilon = \theta_1[1 - \exp(-\theta_2 t)] + \theta_3[\exp(\theta_4 t) - 1] \tag{3-37}$$

式中，ε 为蠕变应变量；t 为蠕变时间。等式右边第一项相当于蠕变第一阶段，是因加工硬化使蠕变速率随时间减小的过程；第二项相当于蠕变的第三阶段，是因回复软化使蠕变速

率随时间增加的过程。

另外，θ_i 是与温度和应力有关的多元函数，函数关系式如下所示：

$$\lg\theta_i = a_i + b_i\sigma + c_iT + d_iT\sigma (i = 1, 2, 3, 4)\tag{3-38}$$

式中，a_i、b_i、c_i、d_i 为材料常数（i=1, 2, 3, 4）。利用上述方程可以进行非线性回归分析确定 a_i、b_i、c_i、d_i 的值。

2. 修正的 θ 投影法

加速蠕变试验数据一般是在恒应力条件下获得的，恒应力条件下的蠕变曲线第一阶段很短，第二阶段相对很长。因此，采用下述由蠕变第二、第三阶段构成的修正 θ 投影法，修正投影法方程为

$$\varepsilon = \theta_1 t + \theta_2(\mathrm{e}^{\theta_3 t} - 1)\tag{3-39}$$

等式右边第一项相当于蠕变第二阶段，第二项相当于蠕变的第三阶段，θ_i 同样适用于式（3-38）。

3.3.3　基于人工智能的蠕变评价方法

1. 有限元模拟

随着计算机技术的不断发展，有限元模拟技术为预测蠕变寿命提供了便利。利用有限元模拟技术进行蠕变问题的模拟，可以大大节约试验时间和成本，甚至可以完成现有条件和技术无法完成的实验。因此，有限元模拟自从问世就受到了国内外的广泛关注，并逐步得到了广泛应用。

自从 Kachanov 提出损伤的概念以来，已经有很多学者利用损伤模型进行蠕变的有限元模拟。例如，Ansys Workbench 高温蠕变计算是静力结构和传热分析模块的组合，可以实现对蠕变断裂、蠕变变形、蠕变疲劳的校核。

2. 分子动力学模拟

分子动力学模拟是一种根据牛顿提出的经典力学建立的原子尺度模拟方法。它通过求解牛顿的运动方程来解决粒子的受力问题，追踪微观粒子的运动轨迹来模拟系统的演化。

蠕变是一个与时间相关的现象，实验观察蠕变一般需要较长的时间。分子动力学模拟的时间尺度较短，一般是皮秒量级。但模拟的应变率极高，因此分子动力学模拟的时间尺度虽然较短，但依旧能观察到材料比较明显的蠕变现象。同时，分子动力学模拟可以提供材料在不同条件下的蠕变微结构演化图案，许多学者都将分子动力学模拟作为研究蠕变行为的有效工具，研究各种材料的蠕变变形机制。

3. 机器学习

随着计算机算力的提升，机器学习和人工智能已经广泛应用于各行各业及各个研究领域。机器学习作为计算科学和数理统计交叉的技术，可通过高效的算法实现数据的低成本处理，为材料科学的应用提供了新的契机。

利用机器学习方法，对合金蠕变寿命数据进行特征提取、模型训练以后，可以得到合金的蠕变寿命预测模型。只需要给定输入条件如成分、工艺参数与对应的宏观性能等，就可以借助较为合理的预测模型，得到合金的蠕变寿命预测值。这种方法目前已经被大量应用于高温合金的蠕变寿命预测。

3.4　蠕变高效评价与模拟案例分析

3.4.1　基于高通量实验的多尺度表征

为加快新材料的研发速度并降低制造成本，美国于 2011 年率先启动了材料基因组计划，该计划以计算工具、实验工具和数据库为核心，旨在加速新材料的开发。我国科学技术部于 2016 年启动了"材料基因工程关键技术与支撑平台"重点专项，目标是通过融合高通量计算（理论）、高通量实验（制备和表征）、专用数据库三大技术，推进我国材料基因工程的发展，加速新材料开发并降低成本。在此过程中，开发材料的高通量表征技术，实现对材料基因的集成高效表征与测定是重要研究任务之一。

基于材料最终性能与材料原始位置上组织结构与成分分布信息的相关性，王海舟院士提出了高通量统计映射表征技术。该技术通过分析和表征样品材料较大面积范围内的信息，快速获取材料中原始位置上成分、组织结构、性能参量的海量信息，从而完整地反映材料不同部位的性能特性。

Ju 等通过使用单束高通量 SEM，收集大面积的二次电子和背散射电子信号，结合机器学习模型，对给高温合金蠕变行为带来显著影响的几种不同影响因素进行了大面积多尺度分析。这些影响因素包括碳化物的具体类型、位置、成分和尺寸等。这种方式能够以纳米分辨率收集每个样品的全景图谱，提供样本尺度的定量统计数据。并以一种以前不可能的方式精确地揭示碳化物在高温合金中的作用。

Xu 等通过高通量实验、大规模高分辨率表征和高通量定量分析技术，建立了一种有效的方法研究镍基单晶 SX 高温合金在高温蠕变过程中的微观结构演变。采用 Altlas 模块的高分辨率 SEM 快速表征了整个通用应力尺度下的大规模微观结构。建立镍基单晶 SX 高温合金微观结构演变与蠕变条件之间的定量相关性，这在镍基单晶 SX 超合金的使用安全评估中表现出巨大的潜力和意义。

3.4.2　基于有限元方法的蠕变研究

1. 蠕变损伤

损伤理论最早由苏联学者 Kachanov 提出，并由 Rabotnov 在此基础上继续发展，从而使连续损伤力学在蠕变损伤的研究中得到了应用。连续损伤力学系统研究了损伤对材料蠕变性能以及损伤本身后续发展的影响。这种方法的优点是能够相对容易地在模拟材料损伤发展的过程中嵌入有限元软件，同时再现损伤区域的局部应力及应变场的变化过程。基于Kachanov-Rabotnov（K-R）的研究，研究者将大量的精力投入蠕变损伤的模型研究中。

Becker 等用单轴和缺口杆蠕变试验数据建立了两种不同强度 P91 钢的材料行为模型，在研究中使用了单状态变量和三状态变量蠕变损伤本构模型，并且还简要介绍了两组方程中确定材料性能的方法。在获得了管道的失效寿命的基础上，对使用两组不同的本构方程在蠕变损伤条件下预测高温部件的失效进行初步评估。分析发现基于幂律蠕变的单变量方程外推能力较差，如果使用的应力/载荷远低于测试范围，可能会高估部件的失效寿命。

2. 蠕变裂纹扩展

蠕变裂纹扩展通常是由蠕变损伤引起的楔形微裂纹、穿晶型裂纹以及微空洞的形核、长大以及相互连接过程而产生的。对材料的蠕变裂纹扩展性能进行表征时通常利用裂纹尖端的断裂参量与裂纹扩展速率进行关联；蠕变脆性材料或韧性材料在小范围屈服条件下时，通常利用应力强度因子 K 与裂纹扩展速率进行关联；大范围蠕变条件下，通常利用裂纹扩展动力参量 C^* 进行关联。

有限元模拟利用连续损伤力学对材料的蠕变损伤进行模拟，从而利用材料的损伤实现裂纹的扩展。其基本过程是将合适的蠕变损伤模型嵌入有限元软件中进行数值模拟。当前的有限元软件如 Abaqus、Ansys 等能够利用其提供的 Creep 模块实现蠕变裂纹扩展的分析。有限元分析的优点是在建模及分析过程中能够自动考虑结构的拘束效应，同时能够直接获得蠕变裂纹扩展随时间的变化关系，无需进行裂纹扩展参量的关联便可获得裂纹扩展的速率及结构的使用寿命，计算的成本也大大降低。缺点是其可行性需要通过一定的试验进行验证。蠕变损伤最终导致了材料中裂纹的出现及扩展，当前的有限元模拟技术中，主要有三种技术可以实现裂纹的扩展：节点释放技术、单元失效技术、自适应网格技术。

节点释放技术是首先设定一个裂纹的扩展路径，将扩展路径两边的单元通过边界条件约束在一起。当裂纹尖端的高斯积分点上的损伤值达到规定的临界值后，裂纹尖端中节点的边界条件便自动释放，两个单元分开，同时，与该释放节点相邻的前一节点成为新的裂纹尖端继续进行相应的数值计算。往复循环的计算和节点的不断释放实现了裂纹的扩展。该方法能够较好的模拟裂纹的扩展过程，但需要提前设置裂纹扩展的路径，无法模拟实际设备组件的裂纹扩展过程，从而限制了该方法的广泛应用。

单元失效技术引入了损伤的概念，将裂纹视作完全损伤区。当某个特定的判据在某个单元中得到满足后，将该单元的材料性质（如弹性模量等）设置成很小的量，使其失去承载能力，或者将其删除，以此来表征裂纹的扩展。应用此技术，Chang 等对 550℃下 316H 不锈钢多种穿透裂纹试样的蠕变裂纹扩展进行了预测，提出了一种基于蠕变延性耗尽的概念。研究者利用有限元损伤分析模拟蠕变裂纹萌生和扩展的方法，发现了增量蠕变损伤为增量蠕变应变与多轴蠕变断裂应变之比的定义，该比值取决于三轴应力。当使用简单线性损伤求和规则的累积损伤统一时，单元应力降至零，可模拟渐进裂纹扩展。并且提出的模型没有任何参数，因此不需要校准并与实验结果进行了比较，预测结果误差较小。

自适应网格技术目前用于模拟蠕变裂纹扩展主要是通过有限元软件 Abaqus 和 Zencrack 实现的。其基本原理是利用 Zencrack 自动进行有限元网格的划分并提交给 Abaqus 进行有限元过程的模拟计算，在模拟过程中根据裂纹扩展速率公式和最大能量释放率分别获得裂纹的扩展量和扩展方向。当裂纹发生扩展时，围绕裂纹前沿重新进行网格的划分，然后不断地重复上述过程，直至达到所限定的条件。该种方法不需要预先设置裂纹扩展的路径，有效地实现了裂纹的动态扩展。

3. 蠕变时效成形技术

蠕变时效成形技术是一种将成形工艺和时效热处理相结合的新型成形工艺，材料在温度和弹性应力耦合作用下发生应力松弛，部分弹性变形行为转化为永久性的塑性变形行为。该成形过程中，材料内部既发生了蠕变又发生了应力松弛现象。

蠕变时效成形过程是金属或合金材料在热-力耦合作用下的变形，该成形技术与传统时效处理的最大区别在于外加应力因素的影响。经该技术处理后的材料内部组织形态也发生变化，组织结构的晶体半共格和共格的第二相析出，在析出的过程中致使弹性畸变场受到第二相粒子与基体之间的相互错配影响。共格第二相粒子通过应力场和应变畸变场的交互作用导致了弹性应变能的变化，最终影响第二相的析出结果。

图 3-12 为蠕变时效成形工艺示意图，蠕变时效成形工艺过程主要包括以下三个阶段：首先，对预处理试件施加一定载荷，使试件在载荷下或者模具约束下与模具分型面紧密贴合，此时的试件发生弹性变形；其次，将已和模具贴合的试件加热至一定温度，在保温炉中保温一定时间，在此环境下，试件发生蠕变、应力松弛和塑性变形，试件的微观组织结构及性能也发生了改变；最后，保温结束后卸载，试件无法还原初始形状，保持和模具分型面形状相似状态。

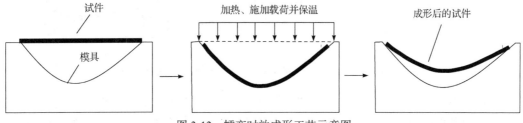

图 3-12　蠕变时效成形工艺示意图

Guines 等对带筋条单曲率 6056 铝合金板材的蠕变时效成形过程进行了有限元模拟分析，载荷加载阶段应用 Zerilli 金属流变本构关系模型，在保温蠕变时效阶段应用经典 Bailey-Norton 应变硬化本构关系模型，研究结果表明压边力能够直接影响板材的回弹效果，并且蠕变时效成形工艺已经开发出来用于制造复杂形状的面板以提高性能并降低制造成本。此研究将该技术应用于整体加筋结构的制造，发现在形成的这种结构中遇到了两个主要问题，第一个问题涉及成形极限（极限曲率为了避免塑性失稳），第二个是加强筋的回弹纸张。为了更好地评估该技术，有限元模拟建模考虑了铝合金的热弹黏塑性行为和应力松弛现象。

3.4.3　基于机器学习的蠕变寿命预测

蠕变是金属材料在高温环境下最重要的性能之一。然而，高成本的蠕变测试限制了用传统方法开发新合金的效率。此外，蠕变机理的复杂性和影响因素的多样性极大增加了物理建模和仿真设计的难度。随着计算机技术和人工智能理论的发展，数据驱动的研究模式逐渐成为解决传统研究方法无能为力局面的新途径。机器学习就是其中一种被广泛应用的人工智能方法，利用机器学习对合金蠕变寿命数据进行特征提取、模型训练后，可以得到合金的蠕变寿命预测模型，只需要给定输入条件如成分、工艺参数与对应的宏观性能等，就可以借助较为合理的预测模型，得到合金的蠕变寿命预测值。

Wang 等提出了一种提高蠕变寿命的合金设计框架，该框架由蠕变寿命预测和高通量设计两个模块组成。在第一个模块中，通过比较各种机器学习策略，得出最佳的机器学习蠕变寿命预测模型。通过这种方式，部分消除了复杂蠕变机制的局限性，建立了一个准确、通用的模型。在第二个模块中，采用带滤波的遗传算法，在证明了该设计框架和相关设计结果的合理性后，使用地图设计来指导不同蠕变条件下的新合金开发，在特定蠕变条件下获得了具有最优成分和工艺参数的新合金方案。图 3-13 展示了蠕变寿命预测模块和高通量设计模块的基本流程，首先根据材料特性和环境因素进行输入，然后利用标准化后的蠕变数据集训练不同的机器学习模型，最后利用滤波器获得不同蠕变温度和应力下的最优解。

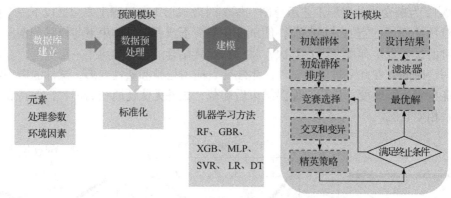

图 3-13　蠕变寿命预测模块和高通量设计模块的基本流程

Liu 等利用多种机器学习方法，开发了一种分而治之的自适应（DCSA）学习方法，建立了基于镍基单晶高温合金的合金成分、热处理制度、晶格常数、层错能、蠕变测试温度和压力等 27 个材料描述符的聚类模型和蠕变寿命预测模型，对 266 个镍基单晶高温合金数据样本进行聚类分析，并引入了与蠕变过程相关的五个微观结构参数，包括层错能、晶格参数、相摩尔分数、扩散系数和剪切模量，据此揭示微观结构对蠕变性能的影响。最后开展了不同模型的训练与评估，结果显示聚类模型可以很好地区分数据，蠕变寿命预测模型的预测值与实验测定值之间的误差在合理范围内，最优模型的均方根误差（RMSE）、平均绝对百分比误差（MAPE）和 R^2 分别为 0.3839、0.0003 和 0.9176。

3.5　总结与展望

蠕变是指材料在恒定载荷或高温条件下随时间逐渐发生的塑性变形现象。这种现象在工程设计和材料科学中尤为重要，尤其是在高温环境和长期服役的结构中。蠕变行为的研究对于确保结构和组件在长时间使用中的安全性和可靠性至关重要。在工程设计和材料科学领域，蠕变分析已成为一个不可或缺的部分。

通常认为蠕变现象可分为三个阶段：蠕变初始阶段、稳态阶段和加速阶段。在初始阶段，蠕变速率随着时间的增长不断降低，但并不稳定；在稳态阶段，蠕变速率几乎保持不变，这一阶段的长期低变形速率是评估蠕变性能的重要指标；在加速阶段，蠕变速率随着时间的增长逐渐增大，蠕变在此阶段逐渐加速并最终导致材料断裂。

由于蠕变损伤在破坏前的外部征兆并不明显，损伤的监测与控制就更为不易。对于服役时间较长的结构件，需要更精确的预测方法和长期的监测手段。例如，核电站中的压力容器和管道等关键部件，其使用寿命长达几十年甚至上百年。需要通过长期监测和先进的预测模型，确保其在服役期间的安全性和可靠性。

高温结构的传统寿命预测方法，如 L-M 参数法和 M-H 参数法，可基于材料短时试验数据推算材料长时蠕变寿命，在工程中得到了较为广泛的应用。然而，科学家和工程师逐渐认识到这些传统寿命预测方法的准确性与实际寿命存在较大误差。主要原因之一在于实验室试样与实际结构的应力状态极为不同。实验室试样大多处于单轴应力作用下的蠕变变形，而实际高温服役件则处于多轴应力作用下的蠕变。另一个重要原因是传统高温设计方法的研究对象是不含缺陷的材料或结构。然而，在实际应用中，由于制造和服役过程的影响，结构件中不可避免地会产生裂纹或类似的缺陷，这使传统方法难以准确预测材料的蠕变行为。

近年来，随着大数据和人工智能技术的发展，数据驱动的方法（如机器学习和深度学习）有望成为蠕变分析的新工具。通过大量实验数据和历史数据，可以训练出更准确的预测模型，提高预测的准确性和效率。此外，数据驱动方法还可以帮助识别潜在的失效模式和优化设计方案。例如，基于机器学习与多尺度分析的方法已得到广泛应用，将实验室生成的大量实验数据用于建模和评估。与传统方法相比，机器学习模型的预测精度和效能显著提升，并且机器学习型蠕变模型将极大降低依赖实验室蠕变实验所带来的时间与经济成本。

综上所述，蠕变研究在工程和材料科学领域具有重要意义，并且在未来仍有广阔的发展前景。通过不断改进模型、试验方法和计算工具，可以更好地理解和预测材料在长期服役条件下的行为，为材料的安全使用和性能优化提供有力支持。

习　　题

1. 简述金属蠕变的定义、典型蠕变曲线以及数学表达式。

2. 简述蠕变的四种变形机制以及这四种变形机制对蠕变变形的贡献。

3. 简述影响蠕变性能的因素及原因。

4. 如果 1%Cr-1%Mo-0.25%V 钢在 100MPa 的应力、750℃的温度下进行拉伸试验时的断裂时间为 20h，$C = 22$，试根据 L-M 法计算该合金钢在 650℃、100MPa 下的断裂时间。

5. 分析等温线外推法、时间-温度参数法、人工智能三种方法是如何通过短时寿命预测长时寿命的，并仔细说明在进行蠕变寿命预测时各自的优缺点。

参 考 文 献

郭广平, 丁传富. 2018. 航空材料力学性能检测[M]. 北京：机械工业出版社.

胡赓祥, 蔡珣, 戎咏华. 2010. 材料科学基础[M]. 3 版. 上海：上海交通大学出版社.

穆霞英. 2023. 蠕变力学[M]. 西安：西安交通大学出版社.

张俊善. 2014. 材料强度学[M]. 哈尔滨：哈尔滨工业大学出版社.

Marc M, Krishan C. 2017. 材料力学行为[M]. 2 版. 张哲峰, 卢磊, 等译. 北京：高等教育出版社.

Chokshi A H, Langdon T G. 1991. Characteristics of creep deformation in ceramics[J]. Materials Science and Technology, 7(7): 577-584.

Ichitsubo T, Tane M, Ogi H, et al. 2002. Anisotropic elastic constants of lotus-type porous copper: Measurements and micromechanics modeling[J]. Acta Materialia, 50(16): 4105-4115.

Kashyap B P, Arieli A, Mukherjee A K. 1985. Microstructural aspects of superplasticity[J]. Journal of Materials Science, 20: 2661-2686.

Kelly A J, Nicholson R S. 1971. Strengthening methods in crystals[J]. International Materials Reviews, 17(1): 147.

Larson R F, Miller J. 1952. A time-temperature relationship for rupture and creep stresses[J]. Journal of Fluids Engineering, 74(5): 765-771.

Scharning B W J. 2008. Prediction of long term creep data for forged 1Cr-1Mo-0.25V steel[J]. Materials Science and Technology, 24(1): 1-9.

Weertman J. 1955. Theory of steady-state creep based on dislocation climb[J]. Journal of Applied Physics, 26(10): 1213.

Weertman J. 1957. Steady-state creep through dislocation climb[J]. Journal of Applied Physics, 28(3): 362.

Wilshire B, Battenbough A J. 2007. Creep and creep fracture of polycrystalline copper[J]. Materials Science and Engineering: A, 443(1-2): 156-166.

Wilshire B, Scharning P J. 2008. A new methodology for analysis of creep and creep fracture data for 9-12% chromium steels[J]. International Materials Reviews, 53(2): 91-104.

Wilshire B, Scharning P J. 2008. Extrapolation of creep life data for 1Cr-0.5Mo steel[J]. International Journal of Pressure Vessels and Piping, 85(10): 739-743.

Wilshire B, Whittaker M T. 2009. The role of grain boundaries in creep strain accumulation[J]. Acta Materialia, 57(14): 4115-4124.

第4章

高温氧化

金属在自然界中总是以热力学最稳定状态的氧化物（矿石）形式存在。因为包括贵金属在内，所有金属在常温空气中都是不稳定的，它们与氧发生反应生成表面氧化物膜。在高温环境中金属氧化十分迅速，造成严重的危害，是重要的工程技术问题。在能源、化工、航空航天等传统和高新技术领域，高温氧化导致部件或装置的使用性能下降和服役寿命的极大缩短，对新技术的实施或正常生产构成严重威胁。因此，了解和掌握金属材料高温氧化的规律，运用相关理论知识减少或抑制高温氧化反应，必然会挽回或避免氧化引起的损失，促进各工业领域的发展。本章将阐述高温氧化最基本的概念和理论，提供高温氧化的基本研究方法，涉及氧化膜中的传质、氧化物和金属组元的挥发、多氧化剂的复杂环境中氧化膜的生长、合金的组成、显微组织与氧化之间的重要关系等，讨论防止高温氧化的一些方法。

4.1 高温氧化的基本概念

材料高温氧化是指材料在高温环境下与氧气（或其他含氧物质）发生化学反应，导致材料表面或内部形成一层或多层氧化物层的过程。这个过程通常伴随着材料质量的损失、性能的下降和结构的改变。高温氧化是材料在高温条件下退化的主要原因之一，特别是在航空、航天、能源、冶金等领域中，材料的高温氧化性能直接影响设备的运行安全和寿命。

在高温氧化过程中，材料表面与氧气发生化学反应，生成一层氧化物膜。这层氧化物膜可能具有不同的组成和结构，其性质对材料的进一步氧化速率和氧化机制有重要影响。例如，某些氧化物膜可能具有保护性，能够减缓材料的进一步氧化；而另一些氧化物膜则可能不具有保护性，甚至可能促进材料的进一步氧化。

材料的高温氧化行为受到多种因素的影响，包括材料的化学成分、微观结构、氧化条件（如温度、气氛和压力）等。因此，研究材料的高温氧化行为需要综合考虑这些因素，并通过实验和理论计算等方法揭示其氧化机制和氧化动力学规律。

4.1.1 金属高温氧化的定义

1. 狭义高温氧化

狭义高温氧化是指在高温下金属与氧气反应生成金属氧化物的过程。反之，从金属氧化物中夺走氧为还原，可表达为

$$x\text{M} + \frac{y}{2}\text{O}_2 \underset{\text{还原}}{\overset{\text{氧化}}{\rightleftharpoons}} \text{M}_x\text{O}_y$$

式中，M 为金属，可以是纯金属、合金、金属间化合物基合金等；氧气可以是纯氧或是空气等含氧的干燥气体。在空气中使用的电炉中的加热元件、被加热的金属材料部件、航空发动机的压气机、通过稠密大气层重返地面的卫星和往返式飞船，都经受很高的温度，它们在相关环境中的氧化均属狭义高温氧化。这是最简单也是最基本的氧化过程，对揭示金属高温氧化的机理有十分重要的意义，它为研究更为复杂条件下金属材料的高温氧化奠定了基础。

2. 广义高温氧化

广义高温氧化指高温下组成材料的原子、原子团或离子丢失电子的过程。反之，获得电子为还原，可表达为

$$\text{M}^{n+} + n\text{e}^- \underset{\text{氧化}}{\overset{\text{还原}}{\rightleftharpoons}} \text{M}$$

换言之，即 M 的价态提高为氧化，反之为还原，如下例：

$$\text{M} + \text{X} \rightleftharpoons \text{M}^{n+}\text{X}^{n-}$$

式中，M 为金属原子、原子团、离子；X 为反应性气体，可以是卤族元素、硫、碳、氮等，此例假定 M 与 X 化合价均为 n，符号相反。据此，文献中将广义高温氧化反应生成的产物膜统称为氧化膜。许多工业生产领域中常遇到的是广义高温氧化现象，如图 4-1 所示。

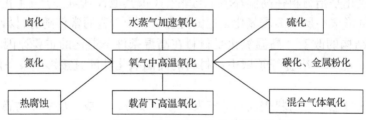

图 4-1　各工业领域常见的广义高温氧化现象

4.1.2　高温氧化的基本原理

1. 高温氧化热力学

氧化过程中，金属与氧发生反应的速率相对于动力学生长速度往往要快得多，体系多处于热力学平衡状态。热力学分析是研究氧化的重要步骤。实际应用时，所建立的各种相图提供了方便简洁的分析工具。为了说明高温氧化热力学基本原理，首先阐述热力学基本概念，描述高温氧化过程中经常用到的热力学相图的构件与应用。

1）基本概念

焓（enthalpy），又称热焓，符号为 H，是表示体系内部能量和由系统包含的压力-体积功所组成的热力学状态函数。焓的单位为焦耳（J）或千卡（kcal）。它可以表示为

$$H = U + pV \tag{4-1}$$

式中，U 为体系的内部能量；p 为体系所受的压力；V 为体系的体积。

　　焓的变化量 ΔH 等于体系进行过程中的吸热量或放热量，其符号与吸热或放热的符号相同。在恒压条件下，焓变等于热量的变化。$\Delta H > 0$ 为吸热反应，$\Delta H < 0$ 为放热反应。

　　熵（entropy），符号为 S，是表示体系的无序程度的度量。熵越高，体系的无序程度越高。熵的单位为焦耳/开尔文（J/K）或摩尔·焦耳/开尔文（mol·J/K）。它可以表示为

$$S = k_B \ln \Omega \qquad (4\text{-}2)$$

式中，k_B 为玻尔兹曼常量；Ω 为体系的微观状态数。

　　熵的变化量 ΔS 等于体系进行过程中的熵增或熵减，其符号与熵增或熵减的符号相同。熵增原理表明自发过程总是朝着熵增加的方向进行。$\Delta S > 0$ 时系统变得更加无序，$\Delta S < 0$ 时系统变得更加有序。

　　吉布斯自由能（Gibbs free energy），符号为 G，表示体系在恒温恒压条件下进行化学反应或物理变化时能对外界所做的最大有用功。G 的单位为焦耳（J）或千卡（kcal）。它可以表示为

$$G = H - TS \qquad (4\text{-}3)$$

式中，H 为体系的焓；T 为体系的温度；S 为体系的熵。吉布斯自由能变（ΔG）为化学反应或物理过程中的吉布斯自由能变化量，用于判断过程的自发性。$\Delta G < 0$ 时反应自发进行；$\Delta G > 0$ 时反应不自发进行；$\Delta G = 0$ 时反应处于平衡状态。

　　平衡常数（equilibrium constant），符号为 K，是表示化学反应达到平衡状态时，生成物的浓度以反应方程式中化学计量数为指数的幂的乘积与反应物的浓度以反应方程式中化学计量数为指数的幂的乘积之比。平衡常数是无单位量。对于反应 $aA + bB \rightleftharpoons cC + dD$，平衡常数 K 表示为

$$K = \frac{[C]^c [D]^d}{[A]^a [B]^b} \qquad (4\text{-}4)$$

式中，[A]、[B]、[C]、[D]分别为反应物和产物的平衡浓度；a、b、c、d 为反应的计量系数。平衡常数的大小反映了反应的平衡位置。$K > 1$ 时产物在平衡混合物中占主导地位，$K < 1$ 时反应物在平衡混合物中占主导地位。

　　活度系数（activity coefficient），符号为γ，是用来描述非理想溶液中溶质实际浓度与名义浓度之间偏差的量度。活度系数是无单位量。

　　对于溶质 A，其活度表示为

$$a_A = \gamma_A [A] \qquad (4\text{-}5)$$

式中，a_A 为活度；γ_A 为活度系数；[A]为溶质的实际浓度。如果$\gamma = 1$，则溶液是理想溶液；如果$\gamma > 1$，则溶液是正偏差溶液；如果$\gamma < 1$，则溶液是负偏差溶液。

　　2）热力学相图的构建和应用

　　热力学相图是用于描述不同物质在不同条件下的相平衡状态的图示工具，广泛应用于材料科学、冶金学、化学工程等领域。二元相图、三元相图、压力-温度相图、浓度-温度相图都是一些常见的热力学相图类型。而热力学相图通常包括以下几个方面。

相区：体系中存在的某一相的温度和压力范围。相区用不同的颜色或图案表示。

相界线：体系中两种相共存的温度和压力条件。相界线通常用线段表示。

三相点：体系中三种相共存的温度和压力条件。三相点通常用点表示。

共晶点：液体和两种固体相共存的温度和压力条件。共晶点通常用共晶符号表示。

共析点：两种固体相共存并分解为液体的温度和压力条件。共析点通常用共析符号表示。

要全面理解热力学相图，需要了解相图内部的一些参数。

气氛氧分压（partial pressure of oxygen）：系统中氧气的分压，是影响氧化还原反应的重要因素。

临界氧分压（critical oxygen partial pressure）：材料在特定温度下开始发生氧化或还原反应的氧分压。

实验室条件下，可以通过控制实验气氛中的氧气浓度来调节气氛氧分压；通过实验测量不同氧分压下材料的氧化还原行为，确定特定温度下的临界值调节临界氧分压。

埃林厄姆图（Ellingham diagram）是由英国冶金学家 Ellingham 在 20 世纪 40 年代提出的。Ellingham 在研究高温冶金过程中，发现了金属氧化物分解反应的吉布斯自由能变化与温度之间的关系，并将这些关系绘制成图表，用于比较不同金属氧化物的热力学稳定性，如图 4-2 所示。埃林厄姆图最初的形式仅包括了简单的金属-氧气系统，但随着科学技术的发展和应用需求的增加，图中的反应类型逐渐扩展，包括硫化物、碳化物和氮化物等。此外，现代技术如计算热力学进一步丰富了图的内容和精度，使其更加适用于复杂的冶金和材料科学过程。

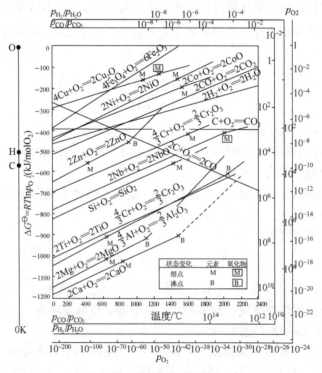

图 4-2　埃林厄姆图

埃林厄姆图是绘制金属氧化还原反应标准吉布斯自由能变化（$\Delta G^{\ominus}$）与温度（T）关系的图示工具。图中的每条线代表一种金属氧化反应，其斜率和截距反映了反应的热力学特性：

$$\Delta G^{\ominus} = \Delta H^{\ominus} - T\Delta S^{\ominus} \tag{4-6}$$

式中，$\Delta H^{\ominus}$ 为标准焓变；$\Delta S^{\ominus}$ 为标准熵变；T 为热力学温度。

位于较低位置（$\Delta G^{\ominus}$ 较负）的金属更容易被氧化，表明金属氧化物较稳定。斜率较大（负值更大）的反应，熵变更大，温度变化对反应影响更显著。在埃林厄姆图上，若两个反应曲线相交，则交点温度为两个反应的平衡温度。交点下方，自由能较低的反应优先发生。例如，碳还原铁氧化物的反应曲线与铁氧化物的曲线交点确定了碳作为还原剂的有效温度范围。根据金属与其氧化物反应的 $\Delta G^{\ominus}$，可以确定在特定温度下维持金属稳定所需的氧分压。例如，通过查阅图表，可以确定在高温下防止金属氧化的临界氧分压。

2. 高温氧化动力学

研究高温氧化可采取多种方法。人们通常关注氧化过程动力学，同时也想了解氧化过程的本质即氧化机理。为了研究反应过程的动力学，将氧化动力学概念进行分类。

1）基本概念

活化能是指化学反应开始所需的最小能量。对于高温氧化过程，激活能是氧化反应从开始到发生的能量障碍。这个能量通常由温度提供，温度越高，反应的速率越快。活化能通常通过 Arrhenius 方程描述：

$$k = Ae^{-\frac{E_a}{RT}} \tag{4-7}$$

式中，k 为反应速率常数；A 为频率因子；E_a 为活化能；R 为摩尔气体常量；T 为热力学温度。

扩散是指原子或分子在物质内部的迁移运动。在高温氧化过程中，氧化反应物（如氧气）需要通过扩散才能到达金属表面与金属发生反应。扩散速率越快，氧化反应速率就越快。它包括体扩散和晶界扩散。扩散过程的速率通常用扩散系数 D 描述，扩散系数同样遵循 Arrhenius 关系：

$$D = D_0 e^{-\frac{Q}{RT}} \tag{4-8}$$

式中，D_0 为扩散系数的频率因子；Q 为扩散激活能；R 为摩尔气体常量；T 为热力学温度。

氧化过程的动力学描述了氧化物层生长的速度和机制。常见的氧化动力学模型包括：

（1）线性生长。氧化物层厚度与时间呈线性关系，通常在初始阶段发生，受表面反应控制。

（2）抛物线生长。氧化物层厚度与时间平方根呈线性关系，通常在中期阶段发生，受扩散控制。

（3）对数生长。氧化物层厚度与时间呈对数关系，通常在氧化初期或某些特定条件下发生。

2）氧化机理

高温氧化机理是指材料（主要是金属和合金）在高温下与氧气发生化学反应形成氧

化物层的过程，这一过程涉及复杂的化学反应和物理传输机制。以下是氧化机理中主要机制：化学计量离子传输机制和非化学计量离子传输机制，以及 Wagner 氧化理论的详细介绍。

（1）化学计量离子传输机制。化学计量离子传输机制指的是在高温氧化过程中，离子按照化学计量比迁移，形成与化学计量比一致的氧化物层。在这种机制中，离子的传输和氧化物层的形成严格遵循化学计量关系。在化学计量的氧化物中，金属离子和氧离子通过晶格点阵或空位扩散。反应通常在金属-氧化物界面和氧化物-气相界面进行，形成稳定的氧化物层。如果氧化物层致密且稳定，它可以阻止氧气和其他反应物进一步扩散，从而起到保护作用。这种机制典型的例子包括 Al_2O_3 和 Cr_2O_3 的形成，这些氧化物层通常具有优良的保护性。

（2）非化学计量离子传输机制。非化学计量离子传输机制指的是在高温氧化过程中，离子的传输和氧化物层的形成不完全遵循化学计量关系，导致氧化物具有非化学计量的成分。非化学计量氧化物中存在多种缺陷（如空位、间隙原子），这些缺陷使离子能够更自由地迁移。非化学计量氧化物的成分可以偏离其化学计量比，导致不同的物理和化学性质。氧化物层可能是多孔的或非均匀的。非化学计量的氧化物层可能无法有效阻止氧气和其他反应物的进一步扩散，因此通常不具备良好的保护性。

（3）Wagner 氧化理论。Wagner 氧化理论由 Carl Wagner 提出，用于解释金属在高温下的氧化过程。该理论基于离子的扩散和电化学势能平衡，主要用于解释氧化物层的生长和氧化动力学。在氧化过程中，氧化物层中离子的传导主要包括阳离子（如金属离子）和阴离子（如氧离子）的迁移。除了离子传导，电子的传导也在氧化过程中起重要作用，特别是在非化学计量氧化物中。Wagner 描述了氧化过程中，氧化物层两侧存在电化学势能梯度、驱动离子和电子的迁移。氧化物层的生长主要受扩散控制，离子的迁移速率决定了氧化层的生长速率。金属和氧化物界面以及氧化物和气相界面之间的电动势差驱动离子和电子的迁移。该氧化过程符合抛物线生长规律，在一定条件下，氧化物层的厚度 x 随时间 t 的平方根变化：$x^2=k_p t$，其中 k_p 是抛物线速率常数。

3. 氧化物结构与性质

1）金属和相应氧化物熔点

金属与氧气反应形成金属氧化物，这一过程形成了离子键，而金属本身则是通过金属键结合。离子键比金属键更坚固，需要更多的能量才能断开，因此金属氧化物的熔点更高。表 4-1 为一些常见金属及其氧化物的熔点。

表 4-1　常见金属及其氧化物的熔点

金属	金属熔点/℃	氧化物	氧化物熔点/℃
铝（Al）	660	Al_2O_3	2072
铁（Fe）	1535	Fe_2O_3	1565
铜（Cu）	1085	CuO	1326
镍（Ni）	1455	NiO	1955

续表

金属	金属熔点/℃	氧化物	氧化物熔点/℃
钛（Ti）	1668	TiO_2	1855
锌（Zn）	419	ZnO	1975
镁（Mg）	650	MgO	2852
铬（Cr）	1907	Cr_2O_3	2435

2）氧化物晶体结构类型

金属氧化物晶体是一类由金属离子和氧离子构成的化合物的晶体结构类型，其晶体结构类型主要有以下几类：

（1）NaCl型结构，也称岩盐结构，是一种简单的立方晶体结构。许多氧化物、氯化物和碱金属卤化物都采用这种结构。代表性氧化物有氧化镁、氧化钙。

（2）纤锌矿型结构，是一种六方晶系结构，与闪锌矿结构相关但具有不同的晶格排列。代表性氧化物有氧化锌。

（3）CaF_2型结构，也称萤石结构，是一种立方晶系结构，常见于一些氧化物和氟化物。代表性氧化物有氧化铈、氧化钍。

（4）金红石结构，是一种四方晶系结构，广泛存在于二氧化钛（TiO_2）和一些其他氧化物中。代表性氧化物有二氧化钛、氧化锡。

3）氧化缺陷类型

（1）空位。空位是指晶体结构中某个原本应被原子占据的位置上没有原子存在。空位是最常见的点缺陷类型之一，尤其在高温下更容易形成。空位分为两种，分别是阳离子空位和阴离子空位。空位的形成原因有许多，高温下原子获得更多动能，从而更容易脱离晶格位置，形成空位。高能粒子撞击晶体，引起原子脱离其晶格位置，形成空位。外来原子的引入可能引起原生原子位置的空缺。

（2）间隙。间隙是指原子占据了晶格中的非正常位置，即晶格间隙。间隙原子通常比基体原子小，因此可以嵌入晶格间隙中。间隙也分为两种，阳离子间隙和阴离子间隙。间隙的形成原因主要是辐射可能将原子从其正常位置激发到晶格间隙中。化学反应过程中生成的原子或离子可能嵌入晶格间隙。

（3）位错。位错是指晶体中由于原子平面错位而产生的线性缺陷，位错在塑性变形和晶体生长过程中起重要作用。位错按照类别分为螺型位错、刃型位错和混合位错。

4）自扩散系数

自扩散系数是描述纯物质中，原子或离子在无浓度梯度情况下扩散行为的物理量。在氧化物中，自扩散系数尤为重要，因为它对氧化物的各种物理化学性质，如电导率、机械性能和高温稳定性等有重要影响。自扩散是指同种原子或离子在固体晶格中的迁移。这种迁移在无外界浓度梯度驱动下发生，即原子的随机热运动导致的迁移。自扩散系数 D 描述了这种迁移速率，通常用单位时间内某个原子或离子的平均迁移距离来量化。

影响自扩散系数的因素较多：①温度，自扩散系数随温度升高而增大。高温下，原子的热振动增强，能量分布更有利于原子克服迁移能垒，从而加快扩散速率。②晶体结构，不同晶体结构的氧化物，扩散路径和机制不同，导致自扩散系数差异显著。例如，立方晶系的氧化物通常比六方晶系的氧化物自扩散系数更高。③缺陷浓度，空位和间隙等晶体缺陷对自扩散有显著影响。缺陷浓度越高，自扩散系数越大，因为缺陷提供了更多的迁移路径。④化学成分，掺杂和合金化会改变氧化物的晶格参数和缺陷浓度，从而影响自扩散系数。

自扩散系数可以通过实验测定，测定方法为：①同位素示踪法，通过引入放射性同位素作为示踪原子，测定其在氧化物中的扩散行为，进而计算自扩散系数。②二次离子质谱（SIMS），利用二次离子质谱技术分析扩散前后氧化物中同位素的分布，确定扩散深度和速率。③中子反射法，通过中子反射测量不同深度处的同位素浓度，计算扩散系数。

典型氧化物的自扩散系数：氧化铝的自扩散系数随温度增加显著增大，高温下（如1200℃）自扩散系数为 $10^{-12}\sim10^{-11}$ cm²/s。氧化锌的自扩散系数在高温下（如1000℃）约为 10^{-13} cm²/s。二氧化钛中的自扩散系数在高温下（如1000℃）约为 10^{-14} cm²/s。

4.2　高温氧化研究方法

4.2.1　高温氧化动力学实验

高温氧化动力学实验研究的主要目的是测定材料氧化动力学参数，研究其规律，了解氧化膜的生长与损毁机制以及影响高温抗氧化的关键因素，以期寻找避免或减少高温氧化损失的途径。氧化动力学实验包括恒温氧化实验与温度交变的循环氧化实验，前者确定氧化速率，后者则检验氧化膜与基材之间的黏附性，即膜在温度循环变化情况下抗开裂与剥落的性能。两者均可以时间-增重曲线表示，如图4-3所示。

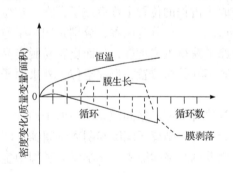

图4-3　恒温与循环氧化动力学曲线
时间-增重曲线

1. 恒温氧化实验

恒温氧化实验主要采用热重技术，包括温度程序控制与记录系统、高灵敏度微量电子天平与自动绘图系统。在给定温度与气氛中，连续测定样品单位面积的质量变化与时间的函数关系，即恒温氧化动力学曲线。实验中应注意样品表面变形层储能的影响以及样品加热速度影响。

2. 循环氧化实验

通常氧化实验是在恒定温度下进行的，称为恒温氧化。金属构件在实际使用过程中有时会经受冷-热循环。由于表面氧化膜与金属的线膨胀系数相差较大，温度变化时，氧化膜受热应力和热疲劳作用，会发生开裂和剥落，新的氧化物就会在贯穿裂纹处或剥落区快速形成。因此，为了评定氧化膜的抗剥落性能以及氧化膜破裂后新的氧化物生长速度，需进行循环氧化动力学测定。循环氧化实验在普通的电阻炉内即可进行。实验时，首先需确定氧化温度、氧化时间、冷却后的温度及冷却速度等实验条件，然后在此条件下进行周期性的氧化-冷却实验。实验期间要称量试样的质量。试样的增重（失重）或氧化膜剥落量随循环周次的变化曲线用以表征循环氧化动力学。

4.2.2 高温氧化动力学测量方法

金属与氧反应生成氧化物的过程中，要消耗金属和氧。氧化速率高时，相同时间内消耗的金属和氧的量就大，生成的氧化物也多。如表面氧化膜完整、稳定，金属试样的质量就会增加。增加的这部分质量应为消耗的全部氧的质量。

因此，金属氧化的速率可选择下面几个参量来表征。

（1）金属的消耗量。通过测量不同时间氧化后样品的失重或者测量氧化后剩余的金属量，就可以知道氧化过程中金属的损耗速度。这种方法需要除去金属表面的氧化产物，从而破坏试样，并要终止反应。通常，金属表面氧化膜不容易被干净地除掉，特别是金属内局部区域发生氧化时，这种内部氧化物更难以除去。这种方法不常用。

（2）氧的消耗量。通过测定试样增重或测定氧的实际消耗量，就可以确定消耗氧的速度。这种方法不需破坏试样，并能进行连续测量。目前的氧化实验主要采用这种方法。

（3）生成的氧化物的量。需要测定氧化物的质量或厚度，才能获知氧化物生成速度。这种方法也需破坏试样，并要终止反应。另外，直接测定氧化物质量或厚度是比较困难的。这种方法也不常用。

上述三个量是可以相互转换的，用它们表征氧化速率是等效的。比较而言，方法（2）优势明显，应用最为广泛。与此相对应，发展的几种测试技术分别介绍如下。

1. 质量法

质量法是最直接、最方便的测定金属氧化速率的方法。为了获得试样质量随时间的变化曲线，有两种质量测定方法，即不连续称重法和连续称重法。

不连续称重在普通的电阻炉内进行。实验之前，测量试样质量和尺寸，然后在高温氧化条件下暴露一定时间后取出，再称重。通过比较试样氧化前后的质量变化，就可以得到单位面积的增重。这种方法有一个明显的优点，就是方法本身和所需设备都非常简单。但这种方法的缺点也十分明显：①一个试样只能获得一个数据点，画一条完整的反应动力学曲线需要多个试样；②由于实验条件的差别，从每个试样上获得的数据可能不是等效的；③各个点之间的过程无法观察。

连续监测的最简单的方法是使用弹簧热天平称量。使用连续自动记录的电子热天平称量的方法是最普遍和最方便的。它可以将试样质量变化的毫克数作为时间或温度的函数连续记录下来。多数热天平可同时附加低压或充气系统，因而除了能在大气中实验外还可在不同氧分压下或腐蚀性不是特别强的混合气体中进行实验。

2. 容量法

容量法是一种在恒定压力下测量消耗反应气体体积的方法。其设计的关键是安装了用来测量反应过程中消耗的气体体积的量气管。量气管与一漏斗相连，向其中注入一种密度较大的液体。反应时消耗氧气，反应管内的压力下降，量气管中的液面上升，此时提升漏斗使其中的液面与量气管中的液面一致，这样可保证反应管中的气体总压力不变。对比量气管在漏斗位置调整后与初始的液面变化，可计算出反应消耗的气体的体积。使用该装置时必须注意：①所使用液体的蒸气压必须很低，且不与反应气体起作用；②最好是在纯氧气氛中进行实验，因为在混合气氛如空气中，随氧化反应的进行，氧的消耗量越来越多，气氛中氧的分压会越来越低，结果导致氧化实验在变化的氧分压下进行。当然这一问题可以通过使用体积比反应期间消耗气体量大得多的反应管来克服。但这样又带来另一困难，那就是必须测量大体积中的小变化，测试的灵敏度降低。另外，这种方法的测量精度受温度影响较大，也不宜用于有挥发性产物生成的体系。

3. 压力法

压力法在原理上比较简单，是在恒定体积下测量氧化过程中反应室内的压力下降。目前，具有不同灵敏度的各种类型的压力计或传感器可供利用。这种方法和容量法相同，适宜纯氧气氛中的实验。实际上，压力法较容量法实用性更低，其原因是：①氧化反应是在不断降低的氧分压下进行的，这和常规的恒氧分压下的氧化过程不同，所得动力学曲线可比性差；②影响测量精度的因素多。很小的温度变化也会导致气体压力的变化，实验过程中必须精确控制温度。从气体压力变化转变成质量变化时，需知道装置的容积和温度。而反应管内除高温炉恒温区外，各处的温度是不同的，装置的容积也不易精确测定。另外，试样表面任何沾污物的挥发或氧化反应过程中挥发性产物生成都会带来实验误差。这些因素一起限制了该方法的普遍应用。

4.2.3　数值模拟技术

尽管高温氧化的理论和实验研究已经比较丰富，但由于氧化问题本身的复杂性，实验环境中的原位表征变得具有挑战性。计算技术的进步使高温氧化的研究发生了革命性的变化。各种计算和模拟方法提供了以成本效益快速获取数据的手段，为传统的实验研究提供了有力的补充。计算机模拟方法能够基于材料有关的基本概念，在计算机虚拟环境下，使用分子动力学模拟、相场模拟、有限元方法等手段，从纳观、微观、介观以及更宏观的各种维度对材料的各种方面展开多层次观察和微观结构探究。

1. 分子动力学模拟

不断发展的量子力学理论，以及薛定谔方程的出现为计算材料学提供了另一种思路。近年来，多种新型势函数的开发使大体系中的化学反应的模拟有了解决方法。分子动力学模拟技术已经成为联系理论与实验的纽带，不仅能够对一些理论进行解释，也能对实验结果进行一定的预测。

由于高温下的氧化过程极快，所以通过实验的手段很难对合金的初始氧化进行观察。分子动力学模拟从原子层面直接展示了材料微结构的变化，有助于进一步解释材料的氧化机理。此外，由于微观构型的多样性，采用分子动力学方法可以有效地分析复杂界面的氧化行为。Song 等使用分子动力学模拟，研究了各种纳米构型的构型熵和表面偏析。研究结果表明，合金溶液增强了裸表面和氧化表面的稳定性，并且氧化驱动了 Fe、Co、Ni 和 Cu

的表面偏析，为高熵合金纳米粒子在高温氧化环境下的行为提供了关键见解，为高稳定性合金的设计提供了启示。

2. 相场模拟

为了改变以试错法为主的传统的材料研究方法，计算材料学的手段被提出，探究材料变化的内在机理与外部条件的关系，能够为实验中无法解释的现象提供理论支撑，为快速实验的参数选择提供参考，大大降低了材料的研发周期和研发费用。其中以相场理论为主的介观模拟方法，越来越受到广泛的重视。相场模拟法是一种以 Ginzburg-Landau 理论为基础的数值方法。相场模拟法通过引入序参量来表征材料的微观结构及组成，通过对序参量的变化形式及空间分布的追踪表示，可以从介观尺度上表征材料的微结构及组成的演化过程和规律，进而帮助学者从微观层次上进行研究。相场模拟采用连续界面模拟的方法，避免了每步计算找寻界面前沿的弊端，大大加快了计算效率和计算精度。

2009 年，Ammar 等开始使用相场模拟法对高温氧化进行研究。引入了基于广义应力概念的相场模型的有限元公式，以研究纯锆表面上一维和二维氧化层的形成。接着，Zaeem 等使用二维相场模型探索了析出相的演变，并继续发展了另一个相场模型来研究热生长氧化物的生长。同时，通过二维相场模型研究了合金和复合材料高温氧化的力学和几何效应。相场模拟法能够合理地表征材料中多种特殊的结构变化过程，并且能够表征演化过程中的各种复杂的界面变化规律，在对高温氧化过程进行模拟研究时具有独特的优势。

3. 有限元方法

对 1000℃以上环境中长时间工作的热障涂层（TBC），最主要的一个失效原因就是高温氧化使热生长氧化物（TGO）持续生长。然而在具体实验的过程中受限于设备、成本等因素，会出现无法观测和计算的情况，尤其是在 1000℃以上的高温实验中难以进行过程检测，大多只能通过最终的实验结果推断实验过程，甚至还会受限于实验的安全性，无法得到理想的结果。因此，很多情况下，针对 TBC 的理论及实验研究有必要通过模拟计算的手段论证能否获得期望结果。因此，基于有限元方法模拟金属高温氧化过程受到了广泛关注。

有限元方法的基本思想是将结构离散化，用有限个简单的单元来表示复杂的对象，单元之间通过有限个节点相互连接，根据平衡和变形协调条件综合求解。由于单元的数目是有限的，节点的数目也是有限的，所以称为有限元法。有限元法是迄今为止最有效的数值计算方法之一，它为科学与工程技术提供了巨大支撑。Evans 等根据涂层内裂纹的萌生与拓展过程，建立平面模型计算耐久性，模拟高温氧化过程中 TGO 在面内生长的残余应力变化。此外，他与 He 等首次采用了 Abaqus 有限元分析软件研究热障涂层失效模式，将热膨胀失配、基体屈服强度和 TGO 生长应力建立联系。

有限元方法发展到今天已经在 TBC 领域的研究中得到了成熟的应用，尤其在实验手段难以开展的问题上更是频繁地利用有限元计算为实验方法提供思路；当实验技术取得突破后，有限元方法又能够为数值计算提供更确切的参数，两者互相促进、相辅相成。基于真实数据和多物理场的耦合计算能够模拟 TBC 各个工作阶段，既补充了实验方法的空白，也为性能优化研究奠定基础，以这些关键点为突破口来提升 TBC 的综合性能并对提升程度做定性分析。

4.3 纯金属与合金的高温氧化与防护

当一种金属在高温下暴露于氧化气氛中，金属会发生氧化，在金属表面形成氧化膜。根据反应形态，可以将金属的氧化分为纯金属的氧化和合金的氧化。

4.3.1 纯金属的高温氧化

纯金属的氧化，是一种看似简单却又极具深意的化学现象。纯金属的氧化主要以金属离子与氧离子之间的晶格扩散为主，金属原子以阳离子和电子的形式通过氧化膜-金属界面向外扩散，当纯金属与氧气发生反应时，会产生相应的氧化物。这些金属氧化物在化学性质和外观上各具特点，但都反映了金属与氧气相互作用的结果。纯金属的氧化过程常常伴随着能量的释放或吸收，这取决于具体的反应条件。金属氧化物的形成也会导致金属原有的性质发生改变，如强度变化等，这对于材料工程和相关领域的研究也具有重要意义。

1. 生成单一氧化膜

镍本身是一种硬而有延展性并具有铁磁性的金属，具有较高的抗腐蚀能力和抗高温氧化能力，是研究金属氧化的一种较为理想的金属。单一氧化膜，如 Ni-NiO 和 Al-Al_2O_3，是指由金属和其对应的氧化物组成的复合材料薄膜。

目前，Ni-NiO 氧化膜的研究主要集中在制备方法、结构特性和在电子器件中的应用等方面。研究人员通过不同的制备技术，如溅射法、离子束沉积、化学气相沉积等，制备出具有不同晶体结构和形貌的 Ni-NiO 氧化膜，并对其微观结构和物理化学性质进行深入研究。此外，研究人员也探索 Ni-NiO 氧化膜在传感器、储能设备、光学涂层等方面的应用，希望能够发掘其在新型功能材料中的潜力。

在镍基单晶高温合金氧化过程中，通常期望生成一层连续的 Al_2O_3，可以明显降低合金的氧化速率。对于镍基单晶高温合金，Al 的含量须限制在 6wt%[①]左右，以保持合适的 γ' 相体积分数。Mo 或 W 含量的增加促进 NiO 和 $NiWO_4$ 与 Ni-Cr 尖晶石组成的多孔混合氧化物层的形成，对抗氧化性有害；Cr 有利于 $NiAl_2O_4$ 保护层的形成，抑制 NiO、$NiWO_4$ 等瞬态氧化物的形成。此外，元素 Ta 可能起到了吸氧剂的作用（类似于 Cr），促进了连续 Al_2O_3 层的形成。

对于 Al-Al_2O_3 氧化膜的研究，主要包括其制备方法、生长机制以及在防腐蚀、光学涂层、陶瓷基复合材料等方面的应用。研究人员致力于寻找高效的制备工艺，以实现对 Al-Al_2O_3 氧化膜的精确控制和优化。同时，针对 Al-Al_2O_3 氧化膜在防腐蚀、耐磨、隔热等方面的应用，相关研究也在持续进行中，希望能够改进材料性能并拓展其应用范围。

2. 生成多层氧化膜

采用扫描隧道显微镜和 X 射线光电子能谱对含有次表层 Fe 的 Pt 表皮结构，即 0.4ML Fe 的 Pt/Fe/Pt（111）表面，在 1.1×10^{-7} kPa 氧气气氛退火过程中的变化进行了研究。结果

---

① wt%为质量分数；vol%为体积分数；at%为原子百分比。

表明，当退火温度为 600K 时，氧气在 Pt/Fe/Pt（111）表面上解离吸附并诱导表面局域结构的重构；750K 时次表层 Fe 可以扩散到表面并被氧化；当升至 850K 时，在样品表面形成单层 FeO，并且 FeO 表面具有周期性的缺陷。这种缺陷是单层 FeO 薄膜的摩尔条纹单胞中 fcc 位上一个或多个氧原子缺失形成的，其中多原子空位被确定为缺失 6 个氧原子所致。FeO 表面缺陷结构的研究为理解 Fe-Pt 催化剂在氧化气氛中的结构稳定性以及构造表面活性位提供了一定的基础。

新型钴基合金中重要的合金元素是 Ni。该组分在不降低熔点温度的情况下提高了 γ′ 相的稳定性。Ni 通过形成杂化(Co, Ni)$_3$(Al, W, Ni) 相和提高溶剂温度而向 γ′ 相析出。然而，过量的 Ni 可能是有害的，因为通过促进 W 从 γ′ 相向 γ 相的分配而析出 χ 相。考虑到 Ni 的高温性能，纯 Ni 比 Co 具有更好的抗氧化性，因此 Ni 的加入是有益的。Weiser 等研究了 Co 与 Ni 对 γ′ 相强化(Co, Ni)-9Al-8W-8Cr（at%）合金的影响。在 900℃ 下进行的氧化实验结果表明，Ni 含量对水垢生长速率有有益的影响。此外，对于镍含量较高的合金，下面的区域被不需要的 Co$_3$W 相耗尽。Gao 等研究了不同 Ni 含量的 Co-Ni-Al-W-Ti-Ta-Mo-Zr-B 合金的氧化行为。在 800℃ 和 900℃ 下进行的氧化试验允许通过增加 Ni 来观察 CoO 的阻碍成核。

3. 生成挥发性氧化物

目前，铬的氧化和硅的氧化在化学领域中都具有重要的研究价值和应用前景。下面将分别介绍铬的氧化和硅的氧化的研究现状。首先是铬的氧化。铬是一种重要的过渡金属元素，其氧化物在材料科学、催化剂和环境领域中具有广泛的应用。研究人员对铬的氧化物的合成方法、结构特性以及在催化等方面的应用进行了深入的研究。例如，关于三氧化二铬（Cr$_2$O$_3$），研究人员通过不同的合成途径制备出具有特定形貌和晶体结构的纳米级三氧化二铬材料，并研究其在催化、光催化和能源存储转化等方面的应用。另外，铬的氧化物也被广泛应用于颜料、防腐蚀涂料等领域。研究人员致力于改进铬氧化物的性能，减少其对环境的影响，并寻求更加环保的替代品。此外，针对铬的氧化物在环境污染控制中的应用，相关研究也在进行中，希望能够利用铬的氧化物有效地处理工业废水和废气中的有害物质。

4. 具有较大氧溶解度的金属氧化

对于纯 Ti 的氧化，Stringer 报道总抛物线速率常数可描述为氧化层 O 溶出层生长的抛物线速率常数之和。这种关系随后在 873～973K 的纯 Ti 中得到证实。类似地，在 α 和 α-β 钛合金中 O 的溶解抛物线速率常数也已被研究过。O 的溶解度受合金成分的影响。然而，α 和 α-β 钛合金中 O 溶解的活化能在 833～923K 是相似的。因此，在 Ti 合金氧化过程中，不同元素在 O 溶解中的作用还不清楚，并且这也受基体中组成相比例的影响。

钛合金的氧化行为取决于合金成分。Al 是高温氧化过程中增强固溶强化和促进金属表面保护性 Al$_2$O$_3$ 形成的关键元素。对 Ti-6Al-4V(Ti-64)、Ti-6Al-2Sn-4Zr-2Mo(Ti-6242)、IMI-834 和其他 Ti 合金中添加 Al 的 α 和 α-β 合金氧化垢的形成进行了广泛的研究。在含铝合金氧化过程中，金属表面形成内层 TiO$_2$ 和外层 α-Al$_2$O$_3$。当氧化层生长到一定程度时，与基体之间产生裂纹。这些裂纹会进一步扩大，并将氧化层从金属表面剥离从而在金属基体上形成新的 TiO₂ 和 Al₂O₃ 氧化物。这种重复过程导致合金基体上形成交替的 TiO₂ 和 Al₂O₃ 层，交替层数随着温度和氧化时间的增加而增加。与 TiO₂ 相比，Al₂O₃ 对阳离子和 O 在氧化物中的固态扩散速率影响更低。在氧化过程中，在表面形成的 Al₂O₃ 起扩散屏障的作用，减缓了氧化物的生长和 O 通过氧化膜渗透到基体中的过程。先前通过金属区的显微硬度测量证明了 O 在金属中的溶解减少。同时，第一性原理研究表明，增加 Al 含量提高了 Ti（0001）表面的 O 结合能，并且金属中 Al 的取代促进了 O 向亚表面的迁移。然而，尽管 Al 在 Al-Ti 合金氧化过程中对氧化生长和 O 溶解中的作用已经有报道，但它们之间的关系和潜在的机制尚未得到充分阐明，部分原因是氧化过程中基体中 O 的高溶解率使它们的行为复杂化。此外，氧化层中形成的 Al₂O₃ 非常薄；因此，由于难以区分 TiO₂ 和 Al₂O₃ 之间的边界，很少有研究报道 Al₂O₃ 的生长行为和厚度。到目前为止还没有对 TiO₂ 和 Al₂O₃ 的生长行为进行系统地模拟或定量地讨论。

4.3.2 合金的高温氧化

合金中各组元氧化物形成自由能不同。根据合金元素数量，将合金简单地分为二元合金和三元及多组元合金。

1. 二元合金氧化

水蒸气能显著加速 Cr 的消耗，缩短涂层的使用时间。这一阶段的开始时间由合金成分、氧化温度和氧化气氛决定。这一阶段的结束时间由合金保护元素 Cr 的含量决定，只要 Cr 含量高于氧化铬形成的临界耗尽水平，合金仍会处于相对稳定的状态。随着暴露时间的延长，Cr 被不断消耗，这主要是 Cr₂O₃ 层的生长和挥发造成的。在这一阶段，合金会形成一些具有一定保护作用的氧化铬层，这个氧化层称为"动态保护层"。当所有的保护元素被消耗时，合金会形成一些非保护氧化物。在这一阶段，合金的氧化速率会加快，加速氧化层的剥落，直至涂层失效。当达到临界 Cr 损耗水平时，保护性 Cr₂O₃ 垢不能再愈合，形成非保护性氧化物，导致分离氧化。Cr 的消耗速率不能简单地用氧化来解释，而 CrO₂(OH)₂ 的挥发对挥发物质的影响也不能忽视。因此，一致的结论是，Cr 损耗可以由 Cr₂O₃ 层形成和 CrO₂(OH)₂ 来解释。

2. 三元及多组元合金的氧化

FeCrAl 系列的合金目前已经广泛应用于许多高温抗氧化性行业，Yamamoto 等开发了用于轻水反应堆（LWR）燃料包壳的 FeCrAl 合金以代替具有耐事故核材料的锆合金，铁素体合金在 1200℃蒸气环境下的高温抗氧化性很大程度上取决于 Cr 和 Al 的含量，通过少量 Y 的添加提高了相比于市售 FeCrAl 合金的拉伸性能。Dabney 等通过冷喷涂获得的 FeCrAl 涂层在高温高压水试验(400℃)和高温空气(1200℃)中表现出良好的耐腐蚀性和抗氧化性。然而，高温下 Fe 从 FeCrAl 涂层快速扩散到 Zr 合金中，形成了由(Fe, Cr)₂Zr、FeZr₃ 和 FeZr₂ 相组成的扩散层。因此，Zr 合金表面的 Fe 基涂层需要在涂层和基体之间形成一层阻挡层，以减轻高温下 Zr-Fe 共晶的形成。Ukai 等研究发现 12Cr6Al(wt%)的共同添加对 FeCrAl 合金具有协同作用，在高温水蒸气的氧化下可以形成稳定的 Al₂O₃ 氧化层，并且可以抑制脆性相 α′相的析出，掺杂 Zr0.4wt%的 FeCrAl-ODS 涂层具有更好的高温抗氧化性和更高的冷却剂损失事故（LOCA）爆裂温度。Zhu 等研究了 ODS-FeCrAl 管在铅铋共晶（LBE）中 550℃的长期腐蚀行为，W 和 Ti 的晶间析出促进了富 Cr 和富 Al 氧化物的形成，且 Zr 的析出有利于 Cr 的富集。

MCrAlY（M=Ni/Co/NiCo）系合金一直被广泛地应用于热障涂层中的黏结层合金中，以保护高温合金在高温下不被氧化和腐蚀，然而，由于在较高温度下界面键合的加速氧化和降解，目前 MCrAlY 的使用被限制在 1100℃左右。为了提高其性能，Pt 掺杂的 MCrAlY 系合金被广泛研究。有研究者发现富 Pt 的镍基合金，外层通过抑制有害的 (Ni, Co)(Cr, Al)$_2$O$_4$ 尖晶石和界面缺陷的形成，提高了 MCrAlY 的抗氧化性。不同的初始 Pt 层厚度导致不同的显微组织。然而，高 Pt 表面改性微观结构的长期性能很难研究，因为 Pt 在涂层中的扩散会使其浓度显著下降。

Yang 等采用电弧离子镀方法对厚度为 5μm 的 Pt 层进行电镀，以鉴定富 Pt 位置上对 Pt 改性 NiCoCrAlY 涂层的微观结构和循环氧化行为的影响。研究发现 Pt 的添加可以有效地改变 NiCoCrAlY 涂层的微观形貌，在 1000℃和 1100℃温度下的循环氧化过程中，Pt 的添加可有效地增强 NiCoCrAlY 涂层的高温抗氧化性，同时，在贵金属元素 Pt 的影响下，涂层与基体之间形成的富 Pt 区可以有效地充当元素扩散屏障，阻止氧元素向内的扩散，进而可以很好地保护基体不被氧化。

有研究者通过电弧离子镀、Pt 电镀和随后的真空退火处理在 N5 上制备了 Pt 改性的 NiCoCrAlY 涂层。为了比较改性和普通 NiCoCrAlY 涂层的性能，在静态空气中评估了无 Pt 和 Pt 改性 NiCoCrAlY 涂层的等温氧化性能。结果表明，Pt 改性 NiCoCrAlY 涂层上的富 Pt 外层表现出优异的抗氧化性及黏附性，其上产生的更薄的 α-Al$_2$O$_3$ 抑制了有害 (Ni, Co)(Cr, Al)$_2$O$_4$ 尖晶石氧化物的形成。此外，Pt 的加入有效地延迟了 Al$_2$O$_3$ 氧化物相从 θ 相到 α 相的相变在早期阶段的显著降低，并显著降低了残余应力水平。

Yanar 等研究了热障涂层系统的循环氧化寿命，通过在 1100℃空气环境下循环氧化的测试，发现含 Pt 的铝化物系统中，在长时间的高温循环后，其氧化层中形成的缺陷也被有效地填充，黏结涂层的表面状况和靠近 TGO 的 TBC 的形态对 TBC 系统的失效具有重要影响。TGO 的特性，如成分、生长速率、黏结涂层和 TBC 的黏附性，以及黏结涂层的特性也对失效有影响。

兰昊等在 CoNCrAlY(Re)合金中添加 3wt%～5wt%Pt，研究了合金的组织、硬度及恒温氧化行为。Pt 的加入促进了 CoNiCrAlY 合金中亚稳态的 θ-Al$_2$O$_3$ 向稳态 α-Al$_2$O$_3$ 的相转变，并促进了氧化过程中合金基体中的 Al 向合金表面的扩散，提高了合金表面形成的 α-Al$_2$O$_3$ 膜的自愈合能力。含 Pt 的合金在氧化过程中能够维持合金/氧化层界面处充足的 Al 供应，有效抑制了 β 相的退化及内氧化的产生。Pt 的添加有利于该合金表面快速形成致密的 α-Al$_2$O$_3$ 层，有效地抑制了 Ni、Co、Cr 元素的外扩散，从而降低了合金的氧化速率。

Zhang 等研究了 Zr 合金表面 3μm 厚的 AlCrMoNbZr 高熵合金涂层在 360℃和 18.7MPa 的高温高压水环境中 30 天的腐蚀行为。由于涂层表面形成了多相氧化物相（Nb$_2$Zr$_6$O$_{17}$、ZrO$_2$ 和 Cr$_2$O$_3$），其抗腐蚀性比 Zr 合金提高了三倍。利用脉冲激光在 Zr 合金表面制备了厚度为 300～800μm 的 NbTiZr 和 NbTaTiZr 高熵涂层，发现涂层均由单一 BCC 相构成，其显微硬度分别达到 360HV 和 430HV。尽管高熵合金有可能用作事故容错燃料包壳材料，但由于可能存在低温共晶，以及高温氧化后形成的复杂氧化层，其作为保护涂层的应用仍具有挑战性。

4.3.3　复杂环境下的高温氧化

1. 纯金属的氧化

大多数金属与其化合物相比，特别是与其卤化物、硫化物以及氧化物相比，在热力学上是不稳定的。本节主要讨论金属在复杂环境下的高温氧化。

1）硫化

金属与硫的反应机理类似于与氧的反应。与氧化物相比，硫化物的化学计量比通常有较大的偏差，组元扩散较快、塑性较好、熔点较低。而低熔点的金属-硫化物共晶物尤为常见。

金属的硫化过程比氧化更快速，可以在更低的温度下和更短的反应时间内进行研究。硫化膜具有较好的塑性但是黏附力较差，这是因为多数硫化膜通过阳离子外扩散生长，因此在硫化膜-金属界面易形成空洞。Rickert 及其合作者利用机械载荷将硫化物与金属压制在一起，深入研究了硫化机理。

硫化物的标准生成自由能与相应的氧化物相比通常为更大的正值，因此金属与其硫化物的平衡硫分压（硫化物的平衡分解压）一般高于相应的氧化物。硫化反应机理，包括硫在硫化膜内孔洞中传输的研究较为容易实现，通过比较，其结果可应用于氧化过程。可以认为，硫化物和氧化物的分解是形成产物膜疏松内层的重要原因，而且这个过程在晶界处比在晶粒表面进行得更快。

与大多数过渡金属相反，难熔金属的硫化物偏离化学计量程度低，其氧化物和硫化物的缺陷为阴离子缺陷。难熔金属低的硫化速率是由于其硫化物的缺陷浓度低。Wagner 提供了用硫化反应验证氧化理论的例子。在假设只有阳离子和电子是可移动粒子的前提下，利用第一性原理推导出抛物线速率常数。由于阴离子的迁移速度很慢，因此可以认为它是不移动的。Wagner 考虑了所有粒子的移动性（阳离子、阴离子和电子），以阳离子和阴离子的自扩散系数表示"理论"速率常数，见式（4-9）：

$$K_r = C \int_{a_x'}^{a_x''} \left(\frac{Z_c}{Z_a} D_M + D_X \right) \mathrm{d} \ln a_x \qquad (4-9)$$

式中，C 为离子浓度；Z_c、Z_a 和 D_M、D_X 分别为阳离子和阴离子的化合价和自扩散系数；a_x 为活度。除了以 K_r 代替 K'，且假设阴离子的迁移可以忽略，a_x' 为常数的情况，可以得到式（4-10）：

$$\frac{\mathrm{d} K_r}{(\mathrm{d} \ln a_x'') a_x'} = 2 \left(\frac{A}{Z_a V} \right)^2 \frac{Z_c}{Z_a} D_M \qquad (4-10)$$

式中，A 为反应的有效表面积；V 为生成物的体积。

可以通过测量不同温度、不同硫活度下的抛物线速率常数，以抛物线速率常数和硫活度的对数作图，由曲率的斜率可得到阳离子扩散系数与硫活度的关系。

2）碳化

碳在不同金属中的溶解度差异很大：在 Ni、Cu、Co 和铁素体中溶解度很小，但在奥氏体铁中却很大。合金的渗碳是构件表面强硬化的常用方法，用于有磨损的服役工况。可以利用多种气体体系进行渗碳处理：

$$CO(g) + H_2(g) = C + H_2O(g)$$

$$2CO(g) = C + CO_2(g)$$

$$CH_4(g) = C + 2H_2(g)$$

上述各种气氛的碳活度可以用反应平衡常数表示，见式（4-11）~式（4-13）：

$$a_C = \frac{p_{CO}p_{H_2}}{p_{H_2O}}\exp\left(\frac{-\Delta G_1^{\ominus}}{RT}\right) \qquad (4\text{-}11)$$

$$a_C = \frac{p_{CO}^2}{p_{CO_2}}\exp\left(\frac{-\Delta G_2^{\ominus}}{RT}\right) \qquad (4\text{-}12)$$

$$a_C = \frac{p_{CH_4}}{p_{H_2}^2}\exp\left(\frac{-\Delta G_3^{\ominus}}{RT}\right) \qquad (4\text{-}13)$$

标准中的相图给出了各种气氛在一定温度范围内的碳活度。渗碳处理时间由碳的扩散控制，取决于所需的表面碳含量、渗碳层厚度、温度和碳的扩散系数。这个过程完全由扩散控制时，其数学解涉及菲克第二定律，在平面坐标、圆柱坐标和球形坐标中的解与样品的尺寸和几何形状相关。

实际的渗碳过程中，反应速率由表面反应和扩散混合控制。然而，钢的渗碳一般很简单，通过热处理形成高碳马氏体硬化，在不锈钢和高温合金中形成 Cr 和其他合金组元的碳化物。过度渗碳会导致保护性组元如铬的贫化，这将降低构件的抗腐蚀性能，尤其在材料的晶界处。

尽管渗碳能够提高一些构件的性能，如石油和碳氢化合物的重整管道，但不锈钢的碳化是有害的。不锈钢中碳化物的形成动力学与内氧化相似。因此，抗渗碳合金主要是通过 Ni 的合金化来降低碳的扩散系数，或者是通过加入 Si 和 Al 在低氧势环境中形成稳定的保护性表面氧化膜。

3）含水气氛

具有高氢/碳比的可再生替代燃料在燃烧时会产生大量水气氛，在高温水气氛环境下水蒸气会与保护性氧化膜反应造成严重的热腐蚀。已经发现，TGO 氧化层在潮湿空气条件下比在干燥空气条件下具有更快的氧化速率，导致更厚的 TGO 层。水蒸气会延长非稳定 γ、δ、θ-Al$_2$O$_3$ 相的存在时间，这些相的暂时稳定促进了 NiO、Cr$_2$O$_3$ 非保护性氧化物和 Ni(Cr, Al)$_2$O$_4$ 尖晶石氧化物的形成，并可能促进裂纹的扩展，此外 TGO 层的增厚，会在陶瓷层和黏结层上产生应力集中，减短涂层的热循环寿命。在高温水气氛下对热障涂层进行了一系列测试，结果表明，Ni(Cr, Al)$_2$O$_4$ 尖晶石会成为裂纹萌生或扩展的敏感区域。TBC 中裂纹扩展是一个渐进的过程，从陶瓷层和黏结层界面应力集中开始。由于陶瓷层与黏结层之间的热膨胀不匹配，涂层会在热循环过程中产生应力集中，残留的应力施加在预先存在的缺陷上，促使 Ni(Cr, Al)$_2$O$_4$ 尖晶石和 NiO、Cr$_2$O$_3$ 非保护性氧化物出现裂纹形核或分层，如图 4-4 所示。在高于 1000℃ 的水蒸气条件下，裂纹起源于 Ni(Cr, Al)$_2$O$_4$ 尖晶石氧化物并可能渗透到 TBC 系统其他部分。

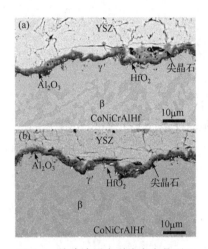

图 4-4　热障涂层中裂纹在尖晶石区域形核扩展 SEM 图

此外高温水蒸气环境也会导致更多和更厚的尖晶石相生成，减少连续性保护氧化膜（α-Al$_2$O$_3$）的生成。这些尖晶石容易形成气孔，削弱氧化膜与合金基体的附着力，导致涂层脱落。Sullivan 等研究证实了高温水蒸气对 TBC 具有不利的影响，TGO 层中尖晶石的含量随着水蒸气百分比的增加而增加，当水蒸气含量达到 15vol%时，黏结层表面被尖晶石完全覆盖（图 4-5）。尖晶石具有较高的脆性，TGO 层中尖晶石的增加导致体积膨胀，从而导致涂层脱落失效。

高温水蒸气环境也会影响氧化铝的稳定性，Al$_2$O$_3$ 在高温水蒸气条件下稳定性会发生改变，氧化铝的不稳定性是由氢氧化铝引起的，反应如下所示：

$$\frac{1}{2}Al_2O_3(s)+\frac{3}{2}H_2O(g)=\!=\!=Al(OH)_3(s)$$

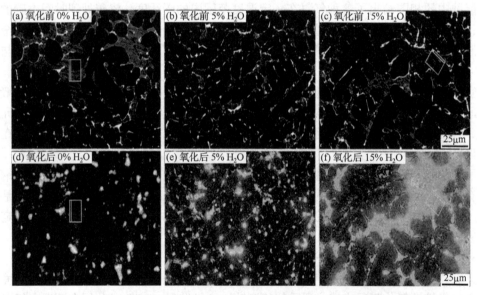

图 4-5　NiCoCrAlY 合金在 1125℃不同水气氛含量氧化前后 TGO 层表面 SEM 形貌

导致涂层失效的主要机制之一是孔洞和裂纹的发展或氧化铝的开裂，高温水蒸气环境下氧化层产生的应力是不均匀的，一旦超过断裂应力，氧化层就会破裂并剥落。

4）热腐蚀

（1）热腐蚀概念。热腐蚀是一种常见且复杂的材料退化现象，发生在高温环境中，材料与环境中的腐蚀性成分（如硫、氯、钒等）发生化学和电化学反应，导致材料性能下降甚至失效。热腐蚀广泛存在于燃气轮机、内燃机、石化设备及其他高温工业装置中，对设备的安全性和使用寿命构成严重威胁。热腐蚀的退化通常主要发生 4 个反应：

① 氧化反应。在高温条件下，金属材料与氧气反应形成氧化物层。某些氧化物（如 Al$_2$O$_3$ 和 Cr$_2$O$_3$）可以提供一定的保护作用，但如果氧化物层变得多孔或剥落，材料将暴露

于更为恶劣的环境中，进一步加速腐蚀。

② 硫化反应。燃料中含有的硫化物在高温下与金属反应生成金属硫化物。这些硫化物层通常较脆弱，容易破裂和脱落，导致金属基体不断暴露并受到持续腐蚀。

③ 氯化反应。氯化物在高温下与金属反应生成金属氯化物，氯化物具有较高的挥发性，会不断挥发并带走金属材料，导致材料的快速损失和退化。

④ 复合反应。高温环境中的材料可能同时受到氧化、硫化和氯化等多种反应的影响，形成复杂的腐蚀产物。这些产物会进一步加速材料的退化过程。

热腐蚀的发生通常伴随着裂纹的萌生。当金属首次暴露于高温环境中时，其表面会迅速形成一层氧化物。这层氧化物在初期能够减缓进一步的氧化反应，但其保护作用是有限的。随着时间的推移，环境中的腐蚀性成分如硫、氯和钒等会逐渐渗透到氧化物层中，与金属基体发生反应，生成硫化物、氯化物等腐蚀产物。热应力和腐蚀反应会导致氧化物层中出现裂纹和孔隙。这些裂纹和孔隙为腐蚀性成分进一步渗透提供了通道，加速腐蚀过程。随着腐蚀反应的进行，腐蚀产物不断积累，导致氧化物层的膨胀和剥落。剥落的氧化物暴露出新的金属表面，使其进一步受到腐蚀，形成恶性循环。

热腐蚀是高温工业环境中不可忽视的材料退化现象。它通过氧化、硫化、氯化等多种反应途径，导致材料的性能下降和结构损坏。通过选择合适的抗腐蚀材料、应用保护涂层、控制环境成分以及实施定期维护，可以有效减缓热腐蚀的影响，保障高温设备的安全性和可靠性。了解热腐蚀的机制和采取相应的预防措施，对于延长设备寿命、提高运行效率具有重要意义。

（2）热腐蚀反应热力学。在高温环境中，合金的热腐蚀涉及复杂的化学和电化学反应。这些反应不仅取决于单一金属成分的热力学性质，还受合金中不同元素之间的相互作用和合金表面生成的保护性氧化物层的影响。对合金热腐蚀反应热力学的研究，可以帮助预测和控制合金在高温环境中的行为，延长设备的使用寿命。

热腐蚀反应的基本热力学参数包括：吉布斯自由能、焓变、熵变和平衡常数等，合金热腐蚀反应热力学的研究有助于理解和预测合金在高温环境中的腐蚀行为。通过分析吉布斯自由能、焓变、熵变和平衡常数，可以确定合金不同成分在特定条件下的腐蚀趋势和产物的稳定性。选择合适的合金成分和保护涂层，结合热力学数据，可以有效控制和减缓热腐蚀过程，提高高温设备的耐用性和可靠性。

（3）热腐蚀机理。合金中的某些成分，如铬和铝，在高温下会形成稳定且致密的氧化物层（如 Al_2O_3 和 Cr_2O_3）。这些氧化物层的生成自由能变化较大，且能有效阻止氧气和其他腐蚀性成分的进一步渗透。合金中各成分的相互作用会影响整体热腐蚀反应的热力学性质。例如，镍基合金中镍、铬、钼等元素的协同作用能够增强合金在高温下的抗腐蚀能力。通过涂覆耐高温腐蚀的保护涂层（如陶瓷涂层、金属涂层）可以在合金表面形成更稳定的防护层。涂层的热力学性质（如吉布斯自由能变、热膨胀系数）需要与基体合金匹配，以确保高温下的稳定性。以 Al-Si 涂层为例，具体讨论氯化钠和硫酸钠的联合作用对镍基合金铝化物涂层的热腐蚀机理。

如图 4-6 热腐蚀机理图所示，NaCl 和 Al_2O_3 发生反应生成的 $AlCl_3$ 受热挥发，生成孔洞和通道。然后 Na_2SO_4 和 Al_2O_3 发生反应生成 $Al_2(SO_4)_3$，$Al_2(SO_4)_3$ 在高温下膨胀产生的涂层和氧化层之间的内应力，通过 $AlCl_3$ 挥发形成的通道得到释放。同时 O_2、S 和 SO_2 通过微裂纹和通道进入样品内部，发生轻微的内氧化和内硫化。在 NaCl 和 Na₂SO₄ 的联合作用下，涂层的抗热腐蚀性能得到提高。孔洞的增加、长大及通道的增大，导致氧化层的抗热腐蚀性能降低，最终造成氧化层脱落。

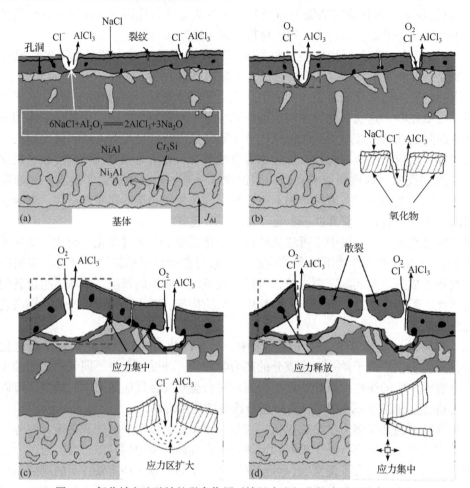

图 4-6　氯化钠和硫酸钠的联合作用对镍基合金铝化物涂层的热腐蚀机理

2. 其他混合气氛对合金氧化的影响

在高温环境中，CO_2 气氛对合金的氧化行为有显著影响。CO_2 不仅作为氧化剂参与反应，还可能与合金和生成的氧化物发生复杂的化学反应，影响氧化层的组成和稳定性。CO_2 在高温下分解产生氧气，直接参与合金氧化反应。高温下，CO_2 可能与合金中的某些金属（如钛、铬）反应，形成碳化物。CO_2 可能与金属氧化物反应，生成金属碳酸盐。

除了 CO_2 对合金的氧化具有影响外，氯化物也对合金的氧化具有作用。在高温环境中，氯化物（如氯气、氯化氢等）气氛对合金的氧化行为有显著影响。氯化物气氛不仅能引起金属和合金的腐蚀，还会影响氧化膜的形成和稳定性。金属和合金在高温下与氯气（Cl_2）或氯化氢（HCl）反应生成金属氯化物。这些氯化物通常具有较高的挥发性，容易在高温下蒸发，导致金属表面的保护性氧化层被破坏。金属氯化物（如 $FeCl_2$、$NiCl_2$）在高温下具有较高的挥发性。蒸发的金属氯化物会导致金属表面不断裸露在腐蚀性气氛中，加速腐蚀过程。通常在氯气气氛下使用的合金需要采用抗氯化物腐蚀措施。使用抗氯化物腐蚀的涂层（如 Al_2O_3、SiO_2 涂层）保护合金表面，防止氯化物的侵蚀。在合金中添加抗氯化物腐蚀的元素（如铝、铬、硅），形成稳定的氧化物层，增强抗腐蚀性能。

理解复杂气氛下合金的氧化行为对于设计抗腐蚀性能优良的合金材料至关重要。CO_2气氛和氯化物气氛对合金的氧化行为有显著的负面影响，通过生成挥发性金属氯化物，破坏保护性氧化层，加快合金的腐蚀过程。通过热力学分析、涂层技术、合金成分优化和环境控制，可以有效提高合金在复杂气氛中的抗腐蚀性能。这些措施的综合应用有助于延长设备的使用寿命，提高高温环境中合金材料的可靠性和稳定性。

4.3.4 高温防护涂层

涂层可以有多种多样的用途，包括为基材赋形、赋予基材刚度和强度等。防护涂层在高温下的用途就是提高金属和合金的抗氧化性能和耐腐蚀性能，从而提高零部件的使用寿命和使用极限。

1. 涂层的系统分类

根据涂层的制备方法不同和使用性能不同，将涂层分为三大类：扩散涂层、包覆涂层和热障涂层。

1）扩散涂层

扩散涂层是一种通过高温热处理使某些元素扩散进入金属基材表面，从而形成具有特定功能的涂层的技术。扩散涂层的目的是提高基材的抗氧化性、耐腐蚀性、耐磨性等。扩散涂层广泛应用于航空航天、能源、化工等领域。扩散涂层的主要分类有以下几种：

（1）渗铝涂层。渗铝涂层是一种通过在高温下使铝原子扩散进入金属基材表面形成涂层的技术，旨在提升基材的抗氧化和抗腐蚀性能。该工艺广泛应用于高温合金材料，尤其是在燃气轮机和航空发动机中的镍基和钴基合金上。渗铝涂层能够形成一层致密的氧化铝保护层，有效阻止氧气的进一步扩散，从而显著提高基材的抗氧化能力，尤其是在高温环境下。渗铝过程中基材表层会形成一种铝化物，增强了材料在腐蚀性环境中的耐受性，如盐雾腐蚀和酸性腐蚀。渗铝涂层在高温下依然保持其保护性能，防止基材发生变形或损坏，使其在极端条件下具有更长的使用寿命。渗铝涂层的应用方法包括包渗法、电镀法、化学气相沉积法等。渗铝涂层技术被广泛应用于航空航天、能源、石化等领域，特别是在要求材料具有高温抗氧化和耐腐蚀性能的场合。例如，燃气轮机叶片、航空发动机部件以及各种高温管道和容器。渗铝涂层技术，可以显著延长设备和部件的使用寿命，降低维护成本，提高安全性和可靠性。

（2）渗铬涂层。渗铬涂层是一种通过在高温下使铬原子扩散进入金属基材表面形成涂层的技术，旨在增强基材的抗氧化和抗腐蚀性能。渗铬涂层广泛应用于各种需要高温和腐蚀防护的工业领域，如石油化工、航空航天和发电设备等。渗铬涂层能够在基材表面形成一层致密的铬氧化物保护层，有效阻止氧气扩散，从而显著提高材料的抗氧化能力，特别是在高温环境中。铬原子的扩散使基材表层形成了富铬区，增强了材料在酸性和碱性环境中的耐受性，特别是在高温腐蚀性气氛下。渗铬涂层在高温下仍能保持其保护作用，防止基材发生变形或损坏，使其在苛刻条件下具备更长的使用寿命。渗铬涂层技术，可以显著延长设备和部件的使用寿命，降低维护成本，并提高系统的安全性和可靠性。

（3）渗硅涂层。渗硅涂层是硅原子在高温下扩散进入金属基材表面形成的保护性涂层。该涂层主要用于提高金属基材的抗氧化性、耐热性和抗腐蚀性能。渗硅涂层的形成过程包括在高温条件下将金属基材与含硅的化合物共同处理，使硅原子渗入基材表面，从而形成一层硅化物保护层。渗硅涂层在高温环境下能够形成致密的二氧化硅保护层，有效防止氧气扩散进入基材。硅化物层在高温下具有良好的稳定性，能够保护基材在极端温度下不被氧化或腐蚀，延长设备的使用寿命。渗硅涂层不仅能够抵抗高温氧化，还能提高基材在酸性和碱性环境中的抗腐蚀性能。硅化物层具有较高的硬度，能够提高基材的耐磨性，适用于需要高硬度和耐磨性的机械零件。

2）包覆涂层

包覆涂层是一种通过在金属基材表面添加一层保护层以增强其性能的技术。这种涂层技术通常涉及将耐腐蚀、耐磨或其他具有优异性能的材料（如金属或合金）机械或化学地附着在基材上。包覆涂层能有效抵抗化学腐蚀，延长基材的使用寿命。通过覆盖耐磨材料，显著提升基材的耐磨性能。包覆涂层与扩散涂层的明显不同是涂层材料在基材表面沉积时只与基材发生能够提高涂层结合力的相互作用。由于基材实际上不参与涂层的形成，因此涂层成分的选择更具多样性。而且，难以添加到扩散涂层中的元素也能够加入包覆涂层中。一个重要的例子就是Cr，如前所述，Cr很难加入扩散渗铝涂层中，但非常容易加入包覆涂层中，Ni-Cr-Al和Co-Cr-Al体系的包覆涂层经常用于高温合金的防护。少量的活性元素（如Y、Hf）也被加入包覆涂层中，而这些元素是很难加入扩散涂层中的。涂层成分选择的多样性也使其力学性能能够满足应用需求。包覆涂层可通过物理的沉积方法制备，最常用的是物理气相沉积，包括蒸发、溅射和离子镀，以及喷涂技术等。

3）热障涂层

为了提高燃气轮机使用寿命、抗疲劳性能以及发动机的工作效率，在燃气轮机热端部件使用合适的涂层防护技术是一种既经济又有效的方式。近20多年来，在燃气轮机热端部件表面涂覆一层绝热陶瓷层与合金黏结层组成的TBC得到了广泛的应用。在燃气涡轮发动机上使用热障涂层，如图4-7（a）所示，可以提高涡轮进口温度，从而提高发动机的工作效率。同时，大幅度降低热端部件的表面温度，提高部件的寿命和可靠性；此外，TBC还起着降低油耗，改善发动机气动力学性能的作用。除了隔热和抗高温氧化腐蚀，TBC还可以提高基体抗冲刷和耐磨损烧蚀的能力。热障涂层技术与气膜冷却技术的引入能显著降低高温合金表面温度（100～300℃），延长热端部件的使用寿命，提高涡轮发动机热效率。

热障涂层主要有双层、多层和梯度三种结构形式，应用最广泛的是双层结构热障涂层。双层结构热障涂层[图4-7（b）]表层为陶瓷层，中间为合金黏结层，底部为高温合金基体。陶瓷层主要起隔热、抗冲刷、抗侵蚀等作用；黏结层主要是缓解基体和陶瓷层的热膨胀不匹配，以及提高基体合金的抗高温氧化腐蚀性能。高温服役环境下燃气轮机热端部件主要有3种腐蚀（氧化）形式：高温氧化、高温热腐蚀和低温热腐蚀，温度高于1000℃时主要以高温氧化为主要腐蚀形式。热障涂层在高温条件下，由于陶瓷层的氧透过率较高，因此基体合金的抗高温氧化主要依靠黏结层，它的力学性能和黏结性能严重影响着整个热障涂层的使用寿命。这层合金涂层的设计通常需要形成一层低生长速率、连续致密和无缺陷的α-Al_2O_3层作为氧扩散的阻挡层。

图 4-7 热障涂层的典型应用及结构特点

2. 涂层抗氧化性能测试与评价

1）涂层材料的力学与热学表征

涂层材料的力学与热学表征在材料科学和工程应用中具有重要意义。力学表征主要包括硬度、弹性模量、断裂韧性和黏附强度等性能测试。硬度是材料抵抗局部塑性变形的能力，可以通过维氏硬度计、洛氏硬度计和纳米压痕仪等设备测量。纳米压痕仪特别适用于测量薄涂层的硬度，通过施加微小载荷并记录压痕深度来确定涂层的硬度值。弹性模量反映了材料在弹性变形阶段的刚度，常用的测试方法包括纳米压痕和拉伸试验，纳米压痕仪可以通过分析载荷-位移曲线来计算涂层的弹性模量。断裂韧性是材料抵抗裂纹扩展的能力，可以通过三点弯曲试验和压痕法测量，断裂韧性对于评估涂层在使用过程中的耐久性和可靠性非常重要。黏附强度是涂层与基材之间的黏附强度，常用的测试方法包括拉拔试验和划痕试验，通过测量涂层在受力作用下的剥离或脱落情况来确定其黏附强度。

热学表征主要包括热导率、热膨胀系数和耐热性等参数。热导率是材料传递热量的能力，可以通过激光闪光法、稳态法和瞬态法等技术测量，涂层材料的热导率对其在高温环境下的应用具有重要影响。热膨胀系数反映了材料在温度变化时的尺寸变化，常用的测量方法包括热机械分析（TMA）和膨胀仪，了解涂层的热膨胀行为有助于评估其在不同温度条件下的稳定性。耐热性是涂层材料在高温环境下保持稳定的能力，可以通过差示扫描量热法（DSC）和热重分析（TGA）等技术测量。DSC 可以测量涂层的玻璃化转变温度和熔点，而 TGA 可以评估涂层在不同温度下的热分解行为和质量损失情况。通过这些力学和热学表征技术，可以全面了解涂层材料的性能，从而优化其制备工艺和应用条件，提高其在实际工程中的可靠性和耐用性。

2）涂层的静态氧化与热震性能表征

涂层的静态氧化与热震性能表征在评估其高温环境下的稳定性和耐久性方面至关重要。静态氧化性能主要通过将涂层长时间暴露于高温氧化气氛中进行测量。具体操作包括在特定的高温环境中保持一段时间，随后通过 TGA 和 SEM 分析来评估涂层的氧化增重、表面形貌和微观结构变化。TGA 能够实时监测涂层在高温氧化过程中质量的变化，提供涂层氧化速率和抗氧化能力的定量数据。而 SEM 分析则用于观察涂层表面的氧化层厚度、裂纹和孔隙的形成情况，从微观层面了解涂层结构的变化。

4.4　人工智能加速抗氧化材料设计案例

4.4.1　机器学习辅助高温抗氧化材料设计和开发

高温合金因有优越的高温抗氧化性、超轻量化、优异的延展性等综合性能，成为极端环境下航空航天高温构件的主要材料，其高温氧化行为的探究对今后探索合金的氧化机理，探求提升抗氧化性的方法与延长合金的服役寿命均有关键的意义。材料基因工程的研究目的是构建表示成分、结构、工艺等与性能之间构效关系的模型，实现性能的预测，辅助材料的设计和开发。在很多情况下，性能预测中所构建的构效关系不是简单的线性关系，往往也难以用理论推导模型表示，机器学习由于其较低的计算成本和准确的预测效果，被广泛应用于高温氧化性能及物理性能的预测。

1. 高温氧化抛物线速率常数预测

Bhattacharya 等采用了梯度提升、随机森林、K 最邻近算法 3 种机器学习算法预测钛合金抛物线速率常数。模型输入为各金属元素含量、相、温度、氧化时间、氧气含量、水蒸气含量、气氛条件（空气和氮气）和氧化模式（恒温氧化和循环氧化）。其中，相、氧化模式和气氛条件是字符型输入，通过独热编码算法，将属性编码为欧几里得空间中的数据点，达到使属性数据连续的效果，可用于后续归一化。模型输出为抛物线速率常数的对数形式。在 3 个不同算法的结果中，梯度提升的效果最好。此外，对抛物线速率常数和各元素含量进行了皮尔逊相关系数分析，结果显示，Al、Zr、Si、Nb、Ta 等元素有效提高了抗氧化性，而 Fe、Cr、V 等元素则加剧了氧化速率。

Pillai 等将五种不同的机器学习方法应用于一个实验数据集，预测 NiCr 基合金氧化的高温氧化抛物线速率常数。以合金成分和温度为参数，等温氧化和循环氧化中的和为目标变量，通过皮尔逊相关系数识别关键输入特征。发现在所有情况下，氧化温度对抛物线速率常数的影响最大。同时观察到，Cr 含量与抛物线速率常数的负相关性最大，表明 Cr 的存在促进了外层铬的固态扩散阻挡层的形成，从而减缓了氧化反应。

2. 高温抗氧化材料设计

近年来，数据驱动的机器学习方法已成功应用于材料性能预测和新材料发现，因其在时间效率和预测性能上的优势而备受关注。

Yun 等利用贝叶斯神经网络技术预测了具有不同 Cr、W 和 Mo 含量的 27 种合金在 400～1150℃之间的氧化性能，其预测性能良好，相关系数为 0.999。该模型采用 3-17-1 神经网络结构，研究了 Ni-Cr-W-Mo 合金的高温氧化性能与合金成分的关系，发现合金元素对氧化的影响权重依次为 Cr、W 和 Mo。Taylor 等结合 Arrhenius 分析、简单线性回归、有监督和无监督机器学习，研究了合金元素与氧化动力学之间的关系。结果表明，Ni、Cr、Al 和 Fe 是控制氧化动力学最重要的元素。Duan 等将机器学习方法应用于建立温度、时间、合金元素组成等因素与镍基高温合金抗氧化性能之间的定量关系。讨论了各因素的影响权重以及不同合金元素之间的耦合效应。结果表明，Ti、Cr 和 Al 是影响镍基高温合金抗氧化性能的最重要元素。Ti 的影响随含量的不同而不同，而 Mo 和 Nb 对镍基高温合金的抗氧化性不利。Cr 和 Al 的耦合作用使镍基高温合金具有更好的抗氧化性能。在此基础上，成功地设计出了具有较好抗氧化性能的新型合金。

4.4.2 高通量加速设计高温抗氧化材料

高通量实验是材料基因组计划的三大要素之一，其中包括材料的高通量制备和表征。高通量制备技术是在相对较短的时间内同时进行多个实验，用以替代传统的"逐一"或"单步"的研发模式，实现研发成本与周期"双减半"的目标。不同于传统研发过程的线性化和顺序性，高通量研发流程基于材料数据库呈现并行化的特征。在材料高通量制备研发过程中，需要通过高通量表征技术，对使用高通量技术制备的大量样品的成分、形貌、组织、性能以及界面进行快速检测，并将检测结果用于高通量制备工艺的反向优化及复合体系的快速筛选。快速、准确、低成本地获取材料信息是衡量材料高通量表征技术的重要标准。

1. 高通量制备技术

通常金属样品的高通量制备技术主要分为两种：一种是在样品制备工艺不变的条件下，通过控制合金成分的变化，从而实现在短时间获得大量合金成分梯度变化或者离散变化的样品。主要的制备技术包括：以送粉式增材制造为主的金属粉末 3D 打印、蜂巢阵列、快速合金原型、多靶薄膜沉积、扩散多元节等。而另一种技术则是在保持合金成分不变的条件下，通过使制备过程中的工艺参数梯度变化或者离散变化，从而获得大量合金样品。主要的样品制备技术包括：金属粉末铺粉式增材制造、梯度热处理、双圆锥台热压缩等。

Zhao 等开发了一种基于热等静压的微合成新型高通量实验方法，来快速、高效、经济地制备和筛选高性能镍基高温合金，如图 4-8 所示。利用有限元分析技术设计并优化了包含 106 个独立单元的蜂巢阵列结构，并高效制备出 106 个具有不同 Co、Nb 和 Ta 含量的镍基高温合金样品库。集成多种高通量测试表征工具，快速获取了该高温合金体系的成分和相结构数据。结果表明，在 Nb 和 Ta 含量较高的高温合金中析出了大量针状的 η 相，且随着 Ta 和 Nb 含量的增加，η 相的质量分数显著增大；而 Co 含量的增加能有效抑制高 Nb 和 Ta 含量的高温合金中 η 相的形成。基于丰富的实验数据，建立了 η 相的零相分数（ZPF）线，这对于设计在高温服役条件下具有优异组织稳定性的新型高温合金具有重要指导意义。

2. 高通量表征技术

通过高通量制备技术可以在短时间内制备大量合金样品，因此为了快速获得样品的成分、微观组织和性能信息，需要选择合适的高通量表征技术和设备对样品进行快速、准确的检测，其中主要是对合金样品的微区成分、微观组织、性能进行高通量表征。

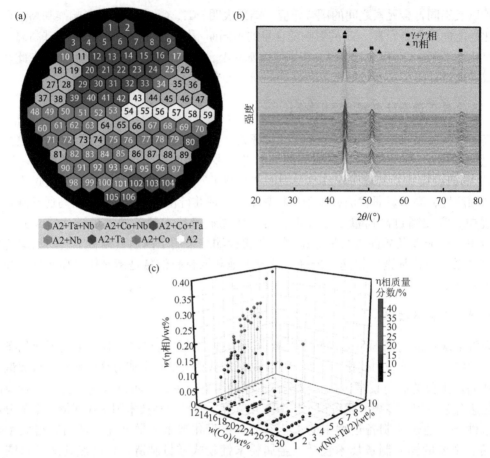

图 4-8　镍基高温合金快速合成和表征的高通量策略
（a）7 种不同高温合金系统分布的示意图；（b）从 106 种高温合金中收集的 XRD 图像；
（c）在 106 种高温合金样品中提取的 η 相的质量分数

先进表征技术的应用对于金属材料抗氧化机理的研究至关重要，其可以从纳米甚至原子尺度进一步观察膜层的细节，并获得高质量的数据和图像。目前，在高温氧化研究中常用的高通量表征技术包括高通量 XRD、高通量 SEM 和电子背散射衍射（EBSD）等，这些表征技术主要用于检测氧化膜的表面形貌、氧化物相结构以及元素分布。

4.5　总结与展望

高温氧化研究已经取得了一定的进展，但仍面临诸多挑战。一方面，高温氧化过程涉及多种物理和化学变化，需要综合考虑材料的微观结构、化学成分和力学性能等因素；另一方面，高温氧化过程往往伴随着复杂的温度和应力场变化，给实验和模拟带来了极大的难度。因此，未来的研究需要更加细致地探究高温氧化的物理和化学机制，以揭示其本质和规律。要利用先进的分析测试技术，从多尺度表征氧化膜微观结构、组成、内应力等，特别是晶界、基体/氧化膜界面等，深入认识氧化膜生长、界面结合、失效等机制。

高温氧化涉及从原子尺度到宏观尺度的多个层次，多尺度模拟方法在这一领域变得越来越重要。未来的研究可以进一步优化多尺度模拟方法，结合分子动力学、有限元模拟和第一性原理计算等技术，更准确地预测高温氧化过程及其对材料性能的影响。未来机器学习方法在抗高温氧化材料成分设计及工艺优化中将占据越来越重要的地位。高温合金的组成元素众多，即使机器学习方法的效率远高于传统合金成分设计的研究方法，但在如此复杂的合金元素体系下，运算工作量仍然十分庞大。机器学习算法构建时可以对作用机制相似的合金元素采用如 Mo 当量、团簇式等特征参数，简化机器学习算法模型的元素，在提升运算效率的同时，改善材料的适用性与鲁棒性。

随着新材料的不断涌现，高温抗氧化性能成为一个重要的研究指标。未来的研究可以聚焦于进一步推动热结构材料和高温氧化与防护涂层研发相结合，促进热结构材料和高温防护涂层的快速发展。开发具有更好抗氧化性能的新型材料，如高性能陶瓷、金属间化合物、超合金等。这些新材料有望在航空航天、能源转换、高温化工等领域发挥重要作用。

为了全面评估高温氧化对材料的影响，需要建立一套综合评价体系。该体系应涵盖微观结构、力学性能、热学性能、电学性能等多个方面，并结合实验和模拟数据，提供更为全面和准确的评估结果。高温氧化的研究成果不应限于实验室，还需要在工业应用中得到验证和推广。未来的研究可以更多地关注高温氧化在实际工程中的应用，如航空发动机、燃气轮机、核反应堆等关键部件的高温抗氧化设计和维护。

高温氧化是一个复杂且多学科交叉的研究领域。通过深入研究高温氧化的形成机制、影响以及模拟与评价方法，可以更好地理解高温氧化过程，为材料的设计和优化提供有力支持。未来的研究将更加注重综合评价体系的建立和环境友好型材料的发展，以更好地应对高温环境的挑战。

习　题

1. 举例说明高温腐蚀在科学技术发展中的重要性。
2. 氧化物的晶体结构与缺陷和金属的耐高温腐蚀性能有什么关系?
3. 简述各种金属氧化机理。
4. 合金氧化有什么特点? 如何提高合金的抗氧化性能? 指出其理论依据。
5. 金属的高温硫化与氧化相比有什么特点?
6. 高温合金有哪些基本类型? 其耐高温腐蚀性能如何?
7. 耐高温氧化涂层有哪些基本类型? 分析限制其性能的因素。

参 考 文 献

兰昊. 2011. 热处理和合金元素对 MCrAlY(Re)粘结层材料高温氧化行为的影响[D]. 北京: 清华大学.

李铁藩. 2003. 金属高温氧化和热腐蚀[M]. 北京: 化学工业出版社.

Akhtar A, Hegde S, Reed R C. 2006. The oxidation of single-crystal nickel-based superalloys[J]. JOM, 58: 37-42.

Ammar K, Appolaire B, Cailletaud G, et al. 2009. Finite element formulation of a phase field model based on the concept of generalized stresses[J]. Computational Materials Science, 45(3): 800-805.

Andoh A, Taniguchi S, Shibata T. 1996. High-temperature oxidation of Al-deposited stainless-steel foils[J].

Oxidation of Metals, 46: 481-502.

Berthaud M, Popa I, Chassagnon R, et al. 2020. Study of titanium alloy Ti6242S oxidation behaviour in air at 560℃: Effect of oxygen dissolution on lattice parameters[J]. Corrosion Science, 164: 108049.

Bhattacharya S K, Sahara R, Narushima T. 2020. Predicting the parabolic rate constants of high-temperature oxidation of Ti alloys using machine learning[J]. Oxidation of Metals, 94(3): 205-218.

Birks N, Meier G H, Pettit F S. 2006. Introduction to the high temperature oxidation of metals[M]. 2nd ed. Cambridge: Cambridge University Press.

Duan X, Xu H, Wang E, et al. 2023. Design of novel Ni-based superalloys with better oxidation resistance with the aid of machine learning[J]. Journal of Materials Science, 58(27): 11100-11114.

Evans A G, Mumm D R, Hutchinson J W, et al. 2001. Mechanisms controlling the durability of thermal barrier coatings[J]. Progress in Materials Science, 46(5): 505-553.

Frangini S, Mignone A, de Riccardis F. 1994. Various aspects of the air oxidation behaviour of a Ti6Al4V alloy at temperatures in the range 600-700℃[J]. Journal of Materials Science, 29(3): 714-720.

Gaddam R, Sefer B, Pederson R, et al. 2015. Oxidation and alpha-case formation in Ti-6Al-2Sn-4Zr-2Mo alloy[J]. Materials Characterization, 99: 166-174.

Gao B, Wang L, Liu Y, et al. 2019. High temperature oxidation behaviour of γ'-strengthened Co-based superalloys with different Ni addition[J]. Corrosion Science, 157: 109-115.

Guo C, Duan X, Fang Z, et al. 2022. A new strategy for long-term complex oxidation of MAX phases: Database generation and oxidation kinetic model establishment with aid of machine learning[J]. Acta Materialia, 241: 118378.

He M Y, Evans A G, Hutchinson J W. 2000. The ratcheting of compressed thermally grown thin films on ductile substrates[J]. Acta Materialia, 48(10): 2593-2601.

Kitashima T, Hara T, Yang Y, et al. 2018. Oxidation-nitridation-induced recrystallization in a near-α titanium alloy[J]. Materials & Design, 137: 355-360.

Kitashima T, Liu L J, Murakami H. 2013. Numerical analysis of oxygen transport in alpha titanium during isothermal oxidation[J]. Journal of the Electrochemical Society, 160(9): C441.

Kitashima T, Yamabe-Mitarai Y. 2015. Oxidation behavior of germanium-and/or silicon-bearing near-α titanium alloys in air[J]. Metallurgical and Materials Transactions A, 46: 2758-2767.

Lan H, Yang Z G, Xia Z X, et al. 2011. Effect of dysprosium addition on the cyclic oxidation behaviour of CoNiCrAlY alloy[J]. Corrosion Science, 53(4): 1476-1483.

Leyens C, Peters M, Kaysser W A. 1996. Influence of microstructure on oxidation behaviour of near-α titanium alloys[J]. Materials Science and Technology, 12(3): 213-218.

Li L, Chen Y, Huang A, et al. 2024. A novel NiCoCrAlPt high-entropy alloy with superb oxidation resistance at 1200℃[J]. Corrosion Science, 228: 111819.

Li W, Li L, Wei C, et al. 2021. Effects of Ni, Cr and W on the microstructural stability of multicomponent CoNi-base superalloys studied using CALPHAD and diffusion-multiple approaches[J]. Journal of Materials Science & Technology, 80: 139-149.

Loli J A, Chovatiya A R, He Y, et al. 2022. Predicting oxidation behavior of multi-principal element alloys by machine learning methods[J]. Oxidation of Metals, 98(5): 429-450.

Meher S, Yan H Y, Nag S, et al. 2012. Solute partitioning and site preference in γ/γ' cobalt-base alloys[J]. Scripta Materialia, 67(10): 850-853.

Naumenko D, Shemet V, Singheiser L, et al. 2009. Failure mechanisms of thermal barrier coatings on MCrAlY-type bondcoats associated with the formation of the thermally grown oxide[J]. Journal of Materials Science, 44: 1687-1703.

Pillai R, Romedenne M, Peng J, et al. 2022. Lessons learned in employing data analytics to predict oxidation kinetics and spallation behavior of high-temperature NiCr-based alloys[J]. Oxidation of Metals, 97(1): 51-76.

Qian W, Cai J, Xin Z, et al. 2022. Femtosecond laser polishing with high pulse frequency for improving performance of specialised aerospace material systems: MCrAlY coatings in thermal barrier coating system[J]. International Journal of Machine Tools and Manufacture, 182: 103954.

Quadakkers W J, Shemet V, Sebold D, et al. 2005. Oxidation characteristics of a platinized MCrAlY bond coat for TBC systems during cyclic oxidation at 1000℃[J]. Surface and Coatings Technology, 199(1): 77-82.

Rabiei A, Evans A G. 2000. Failure mechanisms associated with the thermally grown oxide in plasma-sprayed thermal barrier coatings[J]. Acta Materialia, 48(15): 3963-3976.

Shinagawa K, Omori T, Sato J, et al. 2008. Phase equilibria and microstructure on γ′phase in Co-Ni-Al-W system[J]. Materials Transactions, 49(6): 1474-1479.

Song B, Yang Y, Rabbani M, et al. 2020. *In situ* oxidation studies of high-entropy alloy nanoparticles[J]. ACS Nano, 14(11): 15131-15143.

Stringer J. 1960. The oxidation of titanium in oxygen at high temperatures[J]. Acta Metallurgica, 8(11): 758-766.

Tawancy H M. 2018. Comparative structure, oxidation resistance and thermal stability of CoNiCrAlY overlay coatings with and without Pt and their performance in thermal barrier coatings on a Ni-based superalloy[J]. Oxidation of Metals, 90: 383-399.

Taylor C D, Tossey B M. 2021. High temperature oxidation of corrosion resistant alloys from machine learning[J]. npj Materials Degradation, 5(1): 38.

Ukai S, Sakamoto K, Ohtsuka S, et al. 2023. Alloy design and characterization of a recrystallized FeCrAl-ODS cladding for accident-tolerant BWR fuels: An overview of research activity in Japan[J]. Journal of Nuclear Materials, 583: 154508.

Unnam J, Shenoy R N, Clark R K. 1986. Oxidation of commercial purity titanium[J]. Oxidation of Metals, 26: 231-252.

Vaché N, Cadoret Y, Dod B, et al. 2021. Modeling the oxidation kinetics of titanium alloys: Review, method and application to Ti-64 and Ti-6242s alloys[J]. Corrosion Science, 178: 109041.

Vincent B, Optasanu V, Herbst F, et al. 2021. Comparison between the oxidation behaviors of Ti6242S, Ti6246, TiXT alloys, and pure titanium[J]. Oxidation of Metals, 96: 283-294.

Wagner C. 1959. Reaktionstypen bei der oxydation von legierungen[J]. Zeitschrift für Elektrochemie, Berichte der Bunsengesellschaft für physikalische Chemie, 63(7): 772-782.

Wahl J B, Harris K. 2016. CMSX-4® plus single crystal alloy development, characterization and application development[C]//Superalloys 2016: Proceedings of the 13th Intenational Symposium of Superalloys. Hoboken: John Wiley & Sons.

Wang C, Zhang R, Pei Y, et al. 2012. Phase field simulation for high-temperature oxidation behavior of thermal barrier coatings under shot peening[J]. International Journal of Applied Mechanics, 4(4): 1250038.

Weiser M, Galetz M C, Zschau H E, et al. 2019. Influence of Co to Ni ratio in γ′-strengthened model alloys on oxidation resistance and the efficacy of the halogen effect at 900℃[J]. Corrosion Science, 156: 84-95.

Yang F, Zhao W, Ru Y, et al. 2024. Predicting the oxidation kinetic rate and near-surface microstructural evolution of alumina-forming Ni-based single crystal superalloy based on machine learning[J]. Acta Materialia, 266: 119703.

Yang Y, Yao H, Bao Z, et al. 2019. Modification of NiCoCrAlY with Pt: Part Ⅰ. Effect of Pt depositing location and cyclic oxidation performance[J]. Journal of Materials Science & Technology, 35(3): 341-349.

Yu C, Pu W, Li S, et al. 2023. High-temperature performance of Pt-modified Ni-20Co-28Cr-10Al-0.5Y coating: Formation mechanism of Pt-rich overlayer and its effect on thermally grown oxide failure[J]. Surface and Coatings Technology, 461: 129422.

第 5 章

腐　蚀

5.1　腐蚀的基本概念

5.1.1　腐蚀的类型和防护技术

　　腐蚀是材料由于环境作用（化学或电化学反应）而发生的自然破坏过程。材料腐蚀问题遍及国民经济的各个领域。这一过程不仅带来经济损失，还可能导致设备功能障碍、生产效率下降，甚至造成严重的安全事故和环境污染。据统计，全球每年因腐蚀造成的直接经济损失高达数万亿美元。因此，准确理解腐蚀的成因和机制，采用有效的腐蚀防护措施，对于保障设备和结构的安全运行、延长服务寿命及减少经济损失至关重要。腐蚀类型多样，每种类型都有其独有的特点和影响因素。以下是一些常见腐蚀类型的概述。

　　（1）均匀腐蚀：均匀腐蚀是最常见的腐蚀形式，是一种影响材料整体表面的腐蚀形式。在这种类型的腐蚀中，材料表面以大致相等的速率逐渐损失，导致整个表面均匀地减薄。这种腐蚀是最容易识别的形式。

　　（2）点蚀：点蚀是一种特别危险和破坏性极强的局部腐蚀形式，它在金属表面形成小而深的穴洞。这种腐蚀形式主要影响不锈钢、铝合金以及其他钝化金属，尤其在含有氯离子的环境中更为常见，如海水或含盐雾的大气环境。点蚀通常始于金属表面的划痕或夹杂物等微小缺陷处。

　　（3）缝隙腐蚀：缝隙腐蚀是一种局部腐蚀，发生在金属与金属或金属与非金属材料接触形成的狭窄空隙中。这种腐蚀类型常见于螺钉连接、法兰接口、焊缝重叠和金属表面下的沉积物等区域。缝隙腐蚀的危险性在于它的隐蔽性，经常在没有显著外部迹象的情况下向内部发展，导致结构完整性严重受损。

　　（4）应力腐蚀开裂：应力腐蚀开裂是一种复杂的局部腐蚀过程，其中材料在特定的腐蚀环境下受到静态或动态应力作用时，发生裂纹的产生和扩展。应力腐蚀开裂通常始于材料表面或微观结构的缺陷处，如晶界、夹杂物或微裂纹。在这些缺陷处，腐蚀介质可以加速局部腐蚀反应。当腐蚀反应进行时，裂纹逐渐在应力的作用下扩展。随着裂纹的深入，材料的断面积减小，有效应力增加，从而进一步加速裂纹的扩展。

　　（5）晶间腐蚀：晶间腐蚀是一种特殊的腐蚀，它主要攻击材料的晶粒边界而不是晶粒本身。这种腐蚀方式在许多合金，特别是不锈钢中较为常见。晶间腐蚀会导致材料的机械性能显著降低，尤其是影响其抗拉强度和韧性。晶间腐蚀的发生通常与合金元素在材料晶界上的偏析有关。

5.1.2　腐蚀防护技术的类型

1. 防腐涂层

防腐涂层是控制金属腐蚀的一种非常有效的手段，广泛应用于基础设施、装备制造以及能源开发等行业。涂层通过在金属表面形成保护层，隔离金属与腐蚀环境（如空气、水、化学物质等）的直接接触，从而减缓或阻止腐蚀过程的发生。涂层可以根据其化学成分分为有机涂层、无机涂层和金属涂层。

常见有机涂层通常包括环氧树脂、聚氨酯和丙烯酸酯等体系。有机涂层的主要优点是其颜色和外观的多样性，以及较好的抗冲击性。例如，环氧树脂涂层因其出色的化学惰性和良好的附着力，被广泛应用于化工生产和海上平台等重防腐环境。聚氨酯涂层则因其出色的耐候性和抗紫外线能力而常用于户外设施和汽车行业。无机涂层主要由金属氧化物、硅酸盐等材料制成，具有极高的耐温和耐腐蚀性。这些涂层通常通过热喷涂、电化学沉积或化学气相沉积等技术涂敷。陶瓷涂层因其极高的硬度和化学稳定性，广泛应用于航空发动机和工业炉等极端的化学和高温环境。金属涂层通过在金属表面施加一层不同金属或合金来提供保护。这些涂层可以通过热浸镀、电镀或喷涂等方式施加。金属涂层的主要优势是它们可以提供牺牲防护或钝化保护。例如，镀锌涂层在钢铁上形成牺牲层，当涂层被腐蚀介质侵蚀时，首先牺牲锌层而保护钢铁。这类涂层特别适用于户外建筑和设施，以及海洋和盐雾环境中的设备。

2. 阴极保护

阴极保护是一种有效的电化学防腐蚀技术，主要分为阴极保护、牺牲阳极保护以及外加电流保护等。广泛应用于埋地或水下的钢铁结构，如管道、储罐、船舶、码头和海上平台。该技术的核心原理是将金属结构作为电化学系统中的阴极，通过控制电势来阻止腐蚀反应的发生。

阴极保护的基本原理是在阴极保护系统中，受保护的金属表面通过电子的补给变成阴极，从而防止金属的阳极溶解反应。这种补给电子的方式可以通过两种主要方法实现：牺牲阳极保护和外加电流保护。

牺牲阳极保护的原理是将一个比保护金属电化学活性更高的金属（牺牲阳极）与受保护金属连接。牺牲阳极通常使用的材料包括镁、锌或铝，这些材料的标准电极电势低于钢铁和其他常用结构金属。在电化学反应中，牺牲阳极会优先于保护金属发生腐蚀，从而消耗掉腐蚀过程所需的电子，保护主体金属不被腐蚀。

外加电流保护的原理是使用外部直流电源向保护结构施加电流，使其表面保持在阴极电势，阻止腐蚀反应的发生。外加电流系统可以精确控制施加到结构上的电流量，从而更适用于大型结构或电位控制要求较高的应用场景，如大型码头、桥梁和大型船舶。

3. 缓蚀剂

缓蚀剂是一种化学物质，通过在金属表面形成保护膜或通过化学反应改变腐蚀过程，可以有效延长材料的使用寿命并保护关键设施的结构完整性。这些化学物质广泛应用于石油开采、水处理、化工生产和其他需要腐蚀控制的工业领域。

腐蚀缓蚀剂的作用机制根据不同的种类主要分为两种：①有机缓蚀剂分子通过物理或化学吸附在金属表面，形成致密的保护层，阻止腐蚀介质（如氧、水和其他腐蚀性化学物质）与金属表面直接接触；②无机腐蚀缓蚀剂能与腐蚀产物发生化学反应，生成不溶性或稳定的化合物，这些化合物沉积在金属表面，可进一步防止腐蚀反应的进行。

4. 材料选择与优化设计

材料选择与优化设计在腐蚀控制中扮演着至关重要的角色，这是因为不同材料对环境腐蚀的响应不同，合理的材料选择可以显著提高设备和结构的耐用性及安全性。在设计阶段考虑腐蚀因素，可以预防未来可能出现的腐蚀问题，从而降低长期维护成本并延长设施的使用寿命。

成分设计是耐蚀材料研发过程中最基础也是最重要的考虑之一。根据特定应用的环境条件选择正确的材料类型可以最大限度地减少腐蚀风险。例如，不锈钢适用于多种腐蚀环境，尤其是含氯环境，但需选择合适的型号。钛和钛合金具有优异的耐腐蚀性能，适用于极端的酸性或盐水环境，但是成本较高。铝合金在大气和淡水环境中具有良好的防腐性能，但在含盐水或酸性条件下可能需要额外的保护措施。

5. 环境控制

环境控制是腐蚀防护中的一种关键策略，通过改变环境条件以减少或消除腐蚀。这种方法尤其适用于不能通过改变材料或设计完全防止腐蚀的情况。有效的环境控制可以延长设备的使用寿命，减少维护成本。

湿度和温度是影响腐蚀速率的两个重要因素。例如，在储存设施中使用空调或除湿器来控制空气湿度，防止因湿度过高而加速金属的腐蚀。同样，冷却系统可以用来控制设备运行时的温度，避免过高的温度加速腐蚀过程。

在一些工业应用中，通过调节涉及的化学品的浓度和 pH 来控制腐蚀。例如，在水处理系统中加入碱性化学品可以提高水的 pH，减少酸性腐蚀。氧气是许多腐蚀反应的必要条件。在封闭系统如锅炉水处理中，去除溶解氧或控制氧气的接入可以显著减缓腐蚀速率。使用脱氧剂或增加氮气的封闭环境可以有效地控制氧气的浓度。特别是在海水及其他含盐水环境中工作的设备，通过去离子化处理或使用淡水清洗来减少离子含量，可以有效地控制腐蚀。

5.2　腐蚀的基本研究方法

5.2.1　户外试验

1. 大气暴露试验

大气暴露试验是在真实的自然环境中进行的，其作为大气腐蚀行为研究中最常用、最可靠的信息来源，能真实地反映金属或合金与大气环境的作用结果。另外，相应的试验结果也可以为工程防腐设计提供可靠的设计依据。室外大气暴露试验具有多种用途，如评价新型合金在不同大气条件下的性能、检验金属和非金属涂层的性能、确定某些部件在大气环境中的性能和使用寿命等。大气暴露试验还被用于评价大气环境的腐蚀性，这些信息对用于特定地点的腐蚀防护措施的选择是十分有帮助的。

大气暴露试验通常采用的是挂片法。它通常将暴晒架和试样支撑装置安装在固定位置，随后将试样在固定地点暴露预定的周期，使其经受风吹、日晒、雨淋等真实环境的综合作用。它常与形貌观察和重量分析相结合，来对比不同金属或合金的大气耐蚀性。大气暴露试验前试样的清理以及试验后试样的清洗和评价方法可参照表 5-1 列出的标准进行。

表 5-1　大气暴露试验标准

方法	标准
腐蚀试验样品的制备、清洗和评价的标准实践	ASTM G1
有关腐蚀和腐蚀试验术语的标准定义	ASTM G15—04
金属和合金的腐蚀——在室外暴露腐蚀试验中测定双金属腐蚀	ISO 7441—2015
大气腐蚀性的分类	ISO DP 9223—2012
金属和合金的腐蚀——腐蚀性大气分类标准指南	ISO DP 9224—2012
金属和合金的腐蚀——大气的侵蚀性：污染数据的测量方法	ISO DP 9225—2012
金属和合金的腐蚀——大气的腐蚀性：为评价腐蚀性的标准试样腐蚀速度的测定方法	ISO DP 9226—2012

另外，大气暴露试验的试验站应该建立在有代表性的地区，如污染严重的工业区、湿热地区、沿海或内陆地区等，以适应大气腐蚀规律的复杂性。与此同时，应当测量和记录试验站所在地的气象和环境因素，如温度、湿度、降水量、风向、风速、日照时数以及大气中污染成分（包括二氧化硫、硫化氢、二氧化氮、盐粒、灰尘等）。为了对材料的耐蚀性做出可靠的判断，应在尽可能多且环境各异的试验站同时试验评定。目前，我国的大气暴露试验系统已遴选整合了覆盖 7 个气候带，代表了乡村、城镇、工业、海洋四种大气环境的多个大气腐蚀试验站。通过在典型大气环境中设立大气腐蚀试验站，长期系统地、完整地记录不同材料在不同气候环境中的腐蚀数据，阐明各地区大气的腐蚀性、大气腐蚀的影响因素及作用机理。

2. 海水腐蚀试验

海水腐蚀试验包括在表层海水中的暴露试验、深海试验和在流动海水中的腐蚀试验。其中，在表层海水中的暴露试验已被标准化，已被列入 ASTM G52—00 标准。标准中涉及的方法包括全浸区、潮汐区和飞溅区的暴露试验。相应的标准试验方法可以用于评价暴露在静止海水或局部潮水流动下金属或合金的腐蚀行为。

在表层海水中的暴露试验的地点应有清洁的、未被污染的海水，并具有进行飞溅区、潮汐区和全浸区试验的设施。海水腐蚀试验通常可在专门的试验站进行，这种试验站往往建在受到良好保护的海湾中。例如，根据我国各海域的海洋环境特点，目前已在黄海、东海和南海建立了青岛、舟山、厦门和榆林实海暴露试验站。另外，在相应的试验站，应定期观察和记录有关海水特征的一些关键参数，如水温、盐度、电导率、pH、氧含量和流速等。同时，可以根据氨、硫化氢和二氧化碳含量等参数了解试验地点的海水质量。

另外，为确定与深度有关的环境变量对金属或合金腐蚀行为的影响，可进行深海试验。为了确定环境变化造成的影响，应该选择环境有显著变化的试验地点。因放置和回收深海试样需要许多海洋工程学科（如导航、船舶驾驶、吊装、海洋学和地质工程学等）的协调配合，深海试验的成本很高，需要制定周密的试验计划。

对于材料在流动海水中的腐蚀试验，目前多采用动态海港挂片实验，即定期将试样从浮筏中取出，装在甩水机中在海水中高速运转一段时间，然后再放回浮筏中。金属或合金在流动海水中耐磨蚀、空泡腐蚀和冲击腐蚀的试验可以在海洋中进行，但通常是将海水泵入罐槽，使流动的海水流过固定的试样。在罐槽中海水的流速可高达 2m/s，而更高流速下的试验基本是在连续或间断更新的海水中进行的实验室试验。

3. 土壤中的腐蚀试验

土壤中的腐蚀试验可用于评价确定金属材料在指定土壤中的耐蚀性以及一系列不同土壤对指定金属材料的腐蚀性。在进行现场腐蚀试验之前，应对土壤的腐蚀作用做出初步评估，在分析现场试验结果时，也应以土壤的特性为基础。与此同时，应该调查和了解与土壤特性有关的关键参数，通常包括：埋置地点的水文地质数据和气象数据，土壤的电阻率、pH、含水率、含气率、有机物质含量、含盐量、微生物含量及状态等。尽管上述土壤的特征参数可在某种程度上说明土壤的腐蚀性，但比较可靠的方法还是进行土壤埋置试验。在进行土壤埋置试验时，试验方法的选择以及试样的设计要根据试验目的和所需数据的类型决定。户外试验的优点在于可以真实地反映金属或合金在实际环境中的腐蚀失效行为，对于腐蚀数据库的建立具有重要的意义。然而，户外试验也存在诸多缺点，如试验周期长、区域性强、试验成果难以推广和使用，且测得的腐蚀数据是很长一段时间内的平均结果，无法体现短期腐蚀的变化情况。另外，由于大气环境具有多变性的特点，难以进行深入的腐蚀机制研究。

5.2.2　室内加速试验

近年来，室内加速试验受到越来越多的重视。它通过模拟或加速实际环境，分析一种或几种大气因素对材料腐蚀的作用规律，在一定程度上预测了相关因素的大气腐蚀行为，从而部分替代或补充自然暴露试验。它虽不能完全替代户外试验，但能在较短时间内通过实验结果推测金属或合金的腐蚀行为倾向和规律。为了使室内加速试验的结果更加接近真实自然环境的试验结果，室内加速试验必须具有较好的模拟性、加速性和重现性。目前，主要的室内加速试验方法有湿热试验、盐雾试验、周期复合喷雾试验、周期浸润腐蚀试验、多因子复合腐蚀试验等，其中盐雾试验是最经典和普遍应用的方法。

1. 湿热试验

温度和湿度是影响金属或合金腐蚀发展的关键因素。湿热试验是在高湿热条件下进行的。当空气中湿度达到样品表面临界湿度时，样品表面凝结的液滴会连接在一起发展成薄液膜，组成电化学反应所需要的溶液介质，进而腐蚀样品。湿热试验一般分为恒温恒湿腐蚀和交变湿热腐蚀两种。恒温恒湿试验可以检测材料的耐热、耐寒、耐干、耐湿性能。交变湿热试验多用于电子及自动化器件、化学材料、塑胶等领域。湿热试验是用含有冷却装置的试片架使试样表面凝结水分，以强化腐蚀环境，加速试样的锈蚀。

2. 盐雾试验和周期复合喷雾试验

盐雾试验主要用来模拟海洋大气区和飞溅区的腐蚀环境。根据盐溶液的不同配置可以分为中性盐雾试验、乙酸盐雾试验和乙酸氯化铜盐雾试验。为了提高腐蚀速率、缩短实验时间，研究者往往将盐雾的浓度加大至自然环境的数倍到数十倍。然而，大气腐蚀是一个复杂且不连续的电化学过程，由于水分的蒸发和凝结，金属表面每天经历干湿循环。夜间温度降低、湿度增加，金属表面冷凝形成电解液膜，腐蚀反应活跃；日出后温度升高，电解液膜蒸发，腐蚀反应停止。因此，用恒定的试验条件来模拟大气腐蚀具有一定的局限性。由于传统盐雾试验缺少干燥过程，不能模拟试样表面液膜的变化，与实际相关性差。同时，较大的盐雾颗粒也会破坏锈层的致密结构，使结果无法与自然暴露试验进行对比。因此，盐雾试验主要用于评定金属材料涂层的耐蚀性，不能单独作为材料服役寿命预测的判断依据。

在此基础上，周期复合喷雾试验应运而生。它在盐雾试验的基础上增加恒定湿热试验，属于间歇性喷雾的非恒定盐雾试验。通过在金属表面形成一个厚薄周期性变化的液膜，模拟自然大气条件下雨、雾、露的形成与消散，以更接近自然环境中的腐蚀情况。因此，它比盐雾试验能够更好地模拟腐蚀环境，可以获得更好的重现效果。然而，在进行周期喷雾试验时，氯化钠等腐蚀介质会沉积到金属或合金表面以及腐蚀产物中，而这些腐蚀介质浓度又远高于自然环境，可能会造成腐蚀产物结构的大面积破坏。

3. 周期浸润腐蚀试验

周期浸润腐蚀试验是一种模拟半工业海洋大气腐蚀的快速试验方法，将金属试样交替地浸入液态腐蚀介质和暴露在空气中。它可以模拟潮水涨落引起的潮差带腐蚀及波浪冲击；大气中经常遇到间断的降雨、结露和干湿交替出现的状态以及化工设备中液面升降引起的腐蚀。周期浸润腐蚀试验通常采用溶液浸润、红外烘烤等手段，模拟金属或合金在腐蚀介质中的干湿循环腐蚀过程，其试验结果与干湿交替频率和腐蚀介质种类及浓度密切相关，应合理控制干湿变化周期、环境湿度和温度。对于很多材料，周期浸润腐蚀试验提供了一种比连续浸渍更为苛刻的腐蚀试验条件。周期浸润腐蚀试验具有大气腐蚀的基本特点，从而在模拟性、重现性上与室外大气腐蚀有较好的相关性。但周期浸润腐蚀试验需要考虑金属或合金实际服役环境的变化，从而根据不同环境设定相应试验参数。

4. 多因子复合腐蚀试验

实际腐蚀过程受多种因素的综合作用，大气环境中的湿度、温度以及盐分沉积等对金属或合金的腐蚀行为均具有显著的影响。为提升加速模拟试验与实际腐蚀过程的相关性，模拟加速试验的方法和设备都向多因子复合的方向发展。多因子复合腐蚀试验将湿热试验、盐雾试验、干湿交替试验等方法与各类大气污染物相结合，综合考虑了大气腐蚀的基本特点和主要影响因素。多因子复合腐蚀试验可以在每次试验中将各环境因素进行不同的组合，建立各种环境因素与腐蚀参数之间的定量加速模型，从而更好地模拟不同的环境条件。多因子复合腐蚀试验对材料机械性能、耐腐蚀性能和腐蚀行为的预测都有很强的实际意义。但是由于自然环境下影响因素非常复杂，为了模拟各种自然大气环境，还需要不断发展和完善试验的模拟性和加速性。

总之，在进行室内加速腐蚀试验时，需要考虑试样在大气中腐蚀的本质规律，而不是简单地模拟大气腐蚀现象。大气环境复杂多变，使用单一的环境模拟加速试验来模拟世界各国不同的大气环境，其结果与真实结果不吻合。因此，大多采用复合型的加速腐蚀试验方法来模拟金属或合金在真实自然环境中的腐蚀行为。

5.2.3 材料腐蚀的模拟计算

模拟计算在现代科研中扮演着不可或缺的角色，特别是在无法通过直接实验观测的复杂系统分析中显示出其独特的优势。这种方法在材料科学、化学、物理和工程等领域中极为重要，能够帮助研究者在微观尺度上洞察材料的行为和反应机制。例如，在材料科学中，通过原子级模拟，研究人员可以预测新材料的性能，设计出更适合特定应用的材料结构。

由于复杂的过程，腐蚀被视为材料计算中最具挑战性的问题之一。通过应用如分子动力学模拟或量子化学方法，研究人员可以在原子和分子层面探讨金属与其腐蚀环境之间的相互作用。这种深入的模拟不仅揭示了腐蚀的微观机制，还能预测不同条件下的腐蚀速率，这对于指导抗腐蚀材料的开发和优化具有实际意义。

1. 密度泛函理论

密度泛函理论（DFT）是量子力学中用于电子结构计算的一种方法，广泛应用于物理、化学和材料科学领域。这种理论基于电子密度而非波函数，可以有效地计算分子和凝聚态物质的电子结构。密度泛函理论的优势在于其相对较低的计算成本和适中的准确性，使其能够处理从小分子到大规模固体系统的电子结构问题。目前，密度泛函理论是腐蚀领域使用最为广泛的方法，在金属 Pourbaix 图计算、缓蚀剂吸附机制研究、金属钝化膜破裂机制等方面均有应用。

Pourbaix 图（又称电极电势-pH 图）是了解金属在水溶液中热力学稳定性的主要材料化学工具，因为它们将金属、离子、氧化物和/或氢氧化物或表面结构在溶液中的稳定性映射为 pH 和电势的函数。Ding 等将固体化学势的密度泛函理论计算与离子化学势的实验相结合，建立了 Ni-Ti 合金的 Pourbaix 图，实现了对镍钛诺电化学腐蚀行为的分析和预测，并探索了第二相对耐腐蚀性的影响。根据得到的 Pourbaix 图，讨论并比较了不同 Ni-Ti 合金（包括 NiTi、Ti_2Ni 和 Ni_3Ti）的腐蚀行为。

添加缓蚀剂是广泛使用的防腐蚀手段之一，其中有机缓蚀剂通常通过吸附在金属表面形成难溶性的膜层而抵御腐蚀粒子的入侵，因此用密度泛函理论方法研究分子性质和吸附行为是十分合适的。就目前而言，密度泛函理论方法在缓蚀剂领域的应用主要包括两部分：第一部分是使用密度泛函理论计算有机缓蚀剂分子的量子化学性质，如最高占据的分子轨道能量，最低未占据的分子轨道能量、能隙、硬度、柔软度、电负性、电子转移分数等；第二部分是通过密度泛函理论方法研究有机缓蚀剂分子在金属表面的吸附行为，进而揭示缓蚀机制。

2. 分子动力学模拟

分子动力学模拟是一种广泛应用于科学研究的计算技术，主要用于模拟和理解原子和分子在微观层面的运动和相互作用。这种模拟方法基于牛顿的经典力学定律，通过解决力和运动方程来追踪和预测系统内每个粒子随时间的运动。在进行分子动力学模拟时，首先需要定义模拟系统中的粒子（如原子或分子）及其初始位置和速度。系统中的粒子通过一个预先定义的力场相互作用，力场通常包含描述键合力、角度、扭转、范德华力及库仑力等多种分子间力的数学表达式。模拟过程中，利用数值积分方法计算每一个时间步长中粒子的位置和速度变化。分子动力学模拟的关键优势在于其能够提供系统动态演变的详细视图，这对于理解复杂的化学反应的动力学等问题至关重要。此外，由于分子动力学模拟不依赖于经典的热力学或统计力学近似，它能够在完全原子级别上精确描述复杂系统的微观状态。在腐蚀领域，目前分子动力学模拟主要应用在研究有机缓蚀剂分子的动态吸附过程以及有机涂层的交联性质等。

3. 相场模拟

相场理论是一种用于描述系统中不同相之间界面和演变过程的数学模型。这一理论尤其适用于模拟相变，如固液相变、相分离，以及界面生长等现象。相场模拟通过引入一个连续的场变量（称为相场变量）来描述系统的微观结构，此变量在不同相之间平滑变化，从而表示材料的不同区域或状态。相场模拟中的场变量通常取值为 0～1，代表不同的物理状态。例如，在二相系统中，相场变量可能在一相中接近 0，在另一相中接近 1，而在两相的交界处平滑过渡。这种模拟可以自然地描述相界面的宽度和形状，无需追踪界面的具体位置。相场理论的数学形式通常基于自由能的最小化。系统的总自由能是相场变量的函数，包括体积自由能和梯度能项。体积自由能描述了均匀物质的热动力学性质，而梯度能项则引入了相场变量的空间变化，这有助于稳定界面并给出其有限的宽度。相场方程通常通过对自由能泛函进行变分获得，形式上类似于扩散方程，描述相场变量随时间的演化。相场模拟可应用于点蚀、应力腐蚀等领域。

4. 有限元方法

有限元方法是一种非常强大的数值技术，广泛应用于解决工程和科学领域中的各种复杂问题。此方法主要通过对物体或系统的模拟区域进行细致划分，将连续的计算域分割成小的、形状简单的单元，每个单元都可以用数学方程来描述其行为。这样的分割使复杂问题的求解变得可行，因为它将大问题简化为一系列小问题，每个问题都可以独立处理。有限元方法已经开始在局部腐蚀机制、氢诱导开裂、应力腐蚀开裂、阳极保护、有机自修复涂层的修复机制等领域应用。为了更深入地了解微观结构对铝合金微观电化学腐蚀的影响，Yin 等建立了一个有限元法模型。该模型考虑了动态腐蚀表面，并考虑了局部电化学反应的动力学数据、O_2 和离子物种（如 Al^{3+}、H^+、Cl^-）的迁移、电解质中的均匀反应、反应产物的沉积及其对阳极和阴极反应的影响。计算得出的电解液内部和闭塞腐蚀体积附近的 pH 表明，在阴极和阳极区域都形成了不溶的 $Al(OH)_3$。这导致了阳极和阴极反应的阻滞效应，并最终抑制了腐蚀作用。

5.3 人工智能在腐蚀研究中的应用

随着科学技术的迅猛发展,人工智能(artificial intelligence,AI)在各个领域的应用日益广泛,腐蚀研究也不例外。腐蚀是材料在环境作用下发生的破坏性变化,给工业生产和日常生活带来巨大损失。因此,如何有效预测、监测和控制腐蚀过程成为一个亟待解决的难题。人工智能的引入为腐蚀研究提供了新的思路和方法,其中高通量实验、大规模计算和数据库建设均在腐蚀研究中取得了应用。

5.3.1 高通量实验

材料的腐蚀行为往往受其化学成分、空间结构、显微组织、加工工艺、服役环境等诸多因素的耦合作用及积累效应的影响。这些因素的多样性和相互作用使材料腐蚀过程机理十分复杂,基于"小样本试错式"的腐蚀研究手段在耐蚀材料的开发中通常效率低下且成本高昂。在当前科学技术迅猛发展的时代背景下,高通量实验(high-throughput experimentation,HTE)作为一项颠覆性的研究手段,正引领着多领域研究范式的变革。高通量技术通过高度微型化和/或自动化的实验设计,能够在极短的时间内通过并行或串联的方式完成大量的实验操作。目前,高通量实验技术已经在生命科学、材料科学、化学合成以及药物发现等前沿领域有广泛的应用,极大地拓展了研究人员的科学探索疆域。将高通量实验技术应用于腐蚀研究中,有助于深入筛选材料成分与微观结构对腐蚀趋势的影响,研究复杂的动态环境参数与腐蚀动力学过程的耦合规律,同时消除人为误差对实验结果的扰动,大幅提升腐蚀研究中数据的采集和挖掘能力。此外,高通量实验技术在基础数据获取和高质量数据积累方面发挥着关键的作用,能显著推动数据驱动研究方法在腐蚀领域的发展。因此,高通量实验不仅显著提高了科研效率,还推动了跨学科研究的深度融合,为腐蚀研究注入了新的活力。

1. 高通量制备技术在腐蚀中的应用

高通量制备技术旨在单一实验中快速且自主地制备多组分的目标材料,同时为后续的材料表征技术提供理想的实验平台。目前,通过高通量实验制备得到的材料在化学成分、空间结构、显微组织等方面与传统材料存在一定的差异。因此,高通量制备技术往往用于材料的预筛选阶段。

高通量制备技术常用于制备块状或薄膜状材料,为材料数据库的建立以及理想材料的组合筛选提供了强大的技术支撑。薄膜材料的高通量制备技术主要包括:电沉积、浸渍电镀、凝胶转化沉积、组合脉冲激光沉积、组合气溶胶喷射打印、多弧离子镀以及磁控溅射。其中,磁控溅射是目前最常用的高通量薄膜制备技术。磁控溅射利用磁场和电场共同作用下的等离子体来实现靶材的溅射,在精确控制薄膜化学组成的同时,实现单组分或多组分薄膜成分的梯度可控制备。如图 5-1 所示,研究人员采用磁控溅射技术结合 Fe、Cr、Ni 三种金属靶材以及旋转样品台,同时制备得到了 22 种不同的纳米晶 Fe-Cr-Ni 合金样品。这些样品的元素含量按梯度分布(Cr 含量为 10.65~28.36wt%,Ni 含量为 7.47~24.57wt%)。此外,通过将样品台分割成可独立旋转的单个基板,在溅射过程中避免了元素分布不均的问题，最大限度地保证了高通量实验结果与常规实验的一致性。受益于梯度材料高通量制备平台，研究人员可以通过后续的电化学手段，快速建立合金成分与耐蚀性能之间的关系。

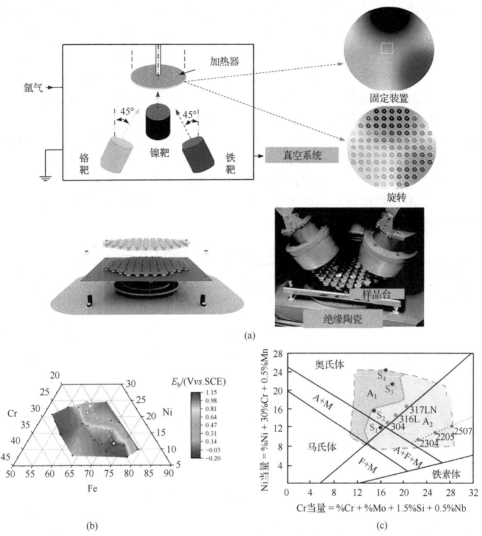

图 5-1　磁控溅射制备 Fe-Cr-Ni 合金样品(a)，获得纳米晶 Fe-Cr-Ni 合金的击穿电位分布图(b)，以及基于 Schaeffler 结构图的击穿电位分布特征示意图(c)

目前，磁控溅射技术主要用于二元或三元金属薄膜材料的高通量制备。相比于薄膜状材料，块状材料往往更接近于实际应用中的多组分材料。块状材料的高通量制备技术主要依赖于扩散复合、反应烧结及增材制造。增材制造是块状梯度材料高通量制备最常用的技术手段，它利用装载了不同粉末的多个给料器，通过调节不同给料器的粉末供给量，从下至上生产具有连续成分的金属材料。这种逐层构建的方法能够精确控制材料的成分分布，从而实现从一种成分到另一种成分的梯度变化，为研究材料成分与性能之间的关系提供了强有力的工具。

2. 基于环境变化的高通量实验技术

高通量实验技术已经被应用于研究不同环境因素下（腐蚀性离子、pH、缓蚀剂、微生物）的材料腐蚀现象（表 5-2）。利用光学显微镜捕获得到的腐蚀表面宏观图像是快速评估不同材料腐蚀行为的一种可行的实验手段。表面宏观图像经过二值化处理后，将得到区分度明显的亮区域和暗区域，它们分别对应于腐蚀被抑制和腐蚀萌生的区域。通过比较暗色腐蚀区域与整体暴露区域的比例来评估腐蚀程度，可以高效评估材料在不同环境下的耐蚀行为。此外，基于荧光探针和分光光度法的高通量实验技术，可以通过颜色/荧光响应，快速表征腐蚀过程中产生的金属离子浓度，从而实现金属材料在不同环境下腐蚀行为的快速鉴定。除了为每个候选材料准备单独的环境因素外，提供梯度的腐蚀条件是另一种可行的高通量实验方法。研究人员利用双极电化学技术，将同一样品暴露在从不锈钢的氢进化电势到过钝化电势的梯度电势下，并结合快速图像分析技术，实现图像的自动化采集和处理，从而快速评估材料的腐蚀状态。与传统的电化学方法相比，双极电化学有效避免了因材料成分产生的实验误差，并提供了对不同极化程度金属材料腐蚀行为的高效评估。

表 5-2   基于腐蚀环境变化的高通量实验技术

表征手段	通道数	基底材料	研究领域	腐蚀性溶液
数字图像	88	AA2024，AA7075	缓蚀剂	0.1mol/L 氯化钠
显微图像	25	Mg-Al-Mn 合金	缓蚀剂	0.9wt%氯化钠，pH = 2, 4, 7, 10, 12
荧光探针	96	AA2024-T3	缓蚀剂	0.6mol/L 氯化钠
分光光度法	96	冷轧钢	缓蚀剂	0.01mol/L 氯化钠
显微图像	3, 10	AA2024-T3	缓蚀剂	0.1mol/L 氯化钠
电阻	96	低碳钢	微生物腐蚀	氯化钠，硫酸盐还原菌

3. 高通量表征技术在材料腐蚀中的应用

高通量表征技术通过自动化和并行化的方法，能够在极短的时间内对大量样品进行快速分析和测试，极大地提高了实验效率和数据处理能力，它使研究者能够迅速揭示材料成分、微观结构与腐蚀行为之间的复杂关系，为耐蚀材料的筛选和优化提供强有力的科学依据。

高通量表征技术被用于探究材料的多种物理化学性质，包括基本物理属性（如组成和微观结构）、机械性能（如硬度和弹性模量）、功能性（如光、介电和磁性能），以及与材料失效相关的属性（如耐腐蚀性和耐磨性）。目前已开发出许多基于光学测量或 X 射线衍射技术的材料理化性质高通量表征方法。光学检测方法具有速度快、操作简单的优势，适合于金属腐蚀的原位研究。在腐蚀萌生的过程中，不透明的金属薄膜将逐渐从基底降解，从而允许光线透过测试材料。因此，利用数字成像、数字全息、光学轮廓测量和光学筛选等光学技术来表征薄膜的透光率，便可对不透明金属薄膜的降解行为进行原位研究。虽然光学检测方法可以快速评价薄膜金属材料的腐蚀降解行为，但它并不能提供更深入的腐蚀行为信息。

除了光学方法，还可以基于电阻变化间接地表征金属的腐蚀行为。该技术基于多路复用平台，通过分析浸入不同溶液环境中的金属钢丝电阻的变化连续获得钢丝的腐蚀程度，是一种新颖的高通量腐蚀测试系统。比色法是另一种实用的高通量技术，它可以通过自动拍摄数字照片并分析其颜色的变化来定量评估不同环境下金属钢丝的腐蚀情况，并且表现出了与上述方法较好的一致性。

传统的电化学测试手段，如极化曲线和电化学阻抗谱（EIS）技术，通过采用三电极系统（工作电极、参比电极和辅助电极）对样品进行单独测试。在宏观层面上，通常使用多通道的电化学工作站以提高电化学测试的效率。在微观层面上，采用逐点自动化扫描方法以最小化测试时间，能够有效提升电化学测试的空间分辨率及测试效率，特别是对于成分多样化的金属材料或是在不同腐蚀环境中进行的测试。目前，研究人员开发出了一种多电极系统，用于高通量筛选缓蚀剂。他们将九对电极各自浸入单独的溶液中，并通过多路复用器将其依次连接至电势-电流测定器进行研究。这种方法可以表征多种缓蚀剂在不同 pH 下的腐蚀抑制效果，且每小时大约可以进行 30 次独立的电化学实验。在另一项技术中，研究人员开发出了一套包含 12 个通道的电化学平台，该平台能够利用高通量电化学阻抗谱（HT-EIS）有效地筛选有机防护涂层。在该平台中，每个通道都包含工作电极、Ag/AgCl 参比电极和铂辅助电极。这 12 个通道被平均分配在 4 个相同的涂层阵列组件中，并通过电子开关控制电路对同一涂层阵列组件中的 3 个通道依次进行测量。与传统的 EIS 设备相比，HT-EIS 系统将至少提升 4 倍的测量效率。

局部腐蚀（如点蚀）通常是由晶界和缺陷引起的，这些缺陷大多为微米或亚微米尺度，而传统的电化学实验往往利用整个宏观电极作为研究对象来获取相关的腐蚀信息。因此，通过传统电化学方法很难表征电极表面的局部电化学性质，并实时监测界面微区的化学环境。线束电极（WBE）在表征金属局部腐蚀方面非常有效，通过测量金属电极相对于参比电极的开路电势及电极之间的耦合电流信号，可以获得电极表面不均匀电化学活性的分布情况，从而绘制出整个 WBE 上的信号分布图。通常，一个 WBE 包含大约 100 个通道。目前，基于 WBE 系统的高通量表征技术已经被用于微生物腐蚀、土壤腐蚀、缝隙腐蚀以及防腐涂层的研究中。与其他本地化的电化学技术（如扫描振动电极技术、扫描电化学显微镜技术和扫描开尔文探针力显微镜技术）相比，WBE 在测量微安级腐蚀电流方面存在局限性，且由于单个电极的尖端通常为毫米尺度，因此 WBE 的空间分辨率也受到了一定的限制。因此，开发新的腐蚀监测系统以提高 WBE 技术的测量分辨率是实现腐蚀电化学高通量表征的重要方向。

5.3.2　大规模计算

近年来，高性能计算和并行计算技术的发展，以及超级计算机的应用，极大地提升了材料模拟计算的能力，为大规模、高保真、多尺度模拟提供了可能。大规模计算可以在原子或分子级别上预测大量材料的物理化学性质。在腐蚀研究中，这意味着研究人员可以利用模拟计算技术，高效识别材料表面与腐蚀介质的相互作用，研究不同化学成分和微观结构与材料耐蚀性能的关系，模拟不同环境因素对腐蚀行为的影响。大规模计算的引入，为腐蚀领域带来了革命性的变化，不仅加速了复杂腐蚀机理的研究，也为材料设计和防腐策略的优化提供了强大工具。和上一节提到的高通量实验技术类似，大规模计算在基础数据获取和高质量数据积累方面同样发挥着关键的作用，促使腐蚀研究从经验驱动向数据驱动发展，从单一实验向大范围模拟跨越，并推动了跨学科研究的深度融合，为腐蚀研究注入了新的活力。

1. 大规模分子动力学模拟在腐蚀中的应用

大规模分子动力学模拟是一种利用高性能计算机模拟大量原子或分子在较长时间和大空间尺度上动态行为的方法。在大规模分子动力学计算中，系统被视为由大量分子组成的集合，每个分子根据设定的初始条件和相互作用规则进行运动。这种模拟能够处理庞大的分子体系，提供详尽的材料性质数据。为了处理大规模计算需求，分子动力学模拟通常采用并行计算技术，利用多个处理器核心或计算节点来加速模拟过程。此外，如图 5-2 所示，为了提高计算效率，研究者开发了各种优化算法，如用于处理长程相互作用的快速傅里叶变换（FFT），以及多种空间分解和数据管理策略，据此衍生出了几种大规模分子动力学计算软件，如 LAMMPS（large-scale atomic/molecular massively parallel simulator）、GROMACS（groningen machine for chemical simulations）、NAMD（nanoscale molecular dynamics）等。

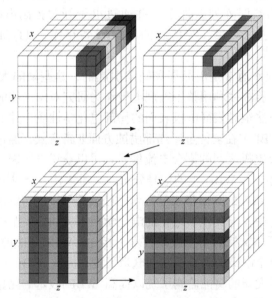

图 5-2   在 $8 \times 8 \times 8$ 三维网格中的并行 FFT 算法过程示意图

其中，LAMMPS 采用空间分解技术，将模拟盒子划分为多个子域，并在多个处理器上并行计算，以实现负载平衡和高效计算，同时借助 FFT 算法，进一步提升软件的计算效率。LAMMPS 的优化算法和策略使其能够执行大规模、长时间的分子动力学模拟，在腐蚀研究中具有独特的应用潜能，具体表现为以下几个方面：

（1）LAMMPS 支持原子尺度到介观尺度的多尺度模拟任务，这对于理解腐蚀过程中的微观机制及宏观效应至关重要。

（2）LAMMPS 提供了多种势能函数，可以模拟不同类型的材料和环境，这有助于模拟腐蚀过程中的复杂化学和物理过程。

（3）LAMMPS 具有动态负载平衡功能，可以根据复杂腐蚀问题中涉及的多种物质分布变化自动调整计算资源，提升长时间腐蚀模拟的效率。

同时，LAMMPS 支持机器学习势能，这使 LAMMPS 能够利用从量子计算中获得的大量数据，提高模拟的准确性和效率，为数据驱动的腐蚀研究提供高质量的数据基础。在近期的报道中，研究人员利用 LAMMPS 技术对 ReaxFF（reactive force field）反应进行分子动力学模拟，以探究碳钢在盐雾中的腐蚀行为。ReaxFF 方法可以描述化学键的形成和断裂，这对于理解腐蚀过程中的化学动力学至关重要。研究人员借助 LAMMPS 软件，显著加速了 ReaxFF 的模拟效率，成功观察到了碳钢表面从点蚀到全面腐蚀的转变，并分析了腐蚀过程中的原子结构演变、电荷分布以及氧化物生长机制。此外，研究人员还利用 LAMMPS 计算水分子的消耗率，并使用阿伦尼乌斯方程来估计不同盐雾体系的活化能，从而评估碳钢腐蚀萌生的难度。这项工作展示了 LAMMPS 在模拟和理解腐蚀机制方面的应用潜力，为材料的腐蚀防护和性能优化提供了理论基础和计算方法。

2. 大规模泛函密度理论在腐蚀中的应用

密度泛函理论计算是一种量子力学模拟方法，它被广泛应用于研究多电子体系的基态性质。密度泛函理论能够预测材料的多种性质，包括能带结构、电子态密度、光学性质、磁性质等。然而，随着系统大小的增加，密度泛函理论计算所需的计算资源（时间和处理能力）和计算成本急剧增加。目前，研究人员开发出了一些策略和方法来处理大型系统，通过提高计算效率或提供对复杂系统的近似描述来减少计算资源的消耗。处理方法如下。

（1）算法优化：开发高效的算法来减少计算量，如采用线性标度密度泛函理论算法，这些算法通过减少所需的平面波基组来降低计算成本。

（2）并行计算：利用并行计算技术，将计算任务分配到多个处理器或计算节点上，以加速大规模系统的处理。

（3）赝势和基组优化：使用投影赝势或平面波基组来近似原子核与价电子之间的相互作用，同时忽略核心电子，从而减少计算量。

（4）混合泛函和近似：使用杂化泛函或近似泛函，如 GW 近似，来平衡计算精度和所需的资源。

（5）结合机器学习：通过训练机器学习模型来预测或近似密度泛函理论中的复杂泛函，从而减少计算成本。常用的大规模密度泛函理论计算软件或数据库主要包括：Quantum ESPRESSO、BigDFT、Jarvis、Vienna *Abinitio* Simulation Package（VASP）等。其中，VASP 是进行大规模 DFT 计算最广泛应用的工具之一，它集成了上述多种提高计算效率和适应性的方法，能够很好地应对不同的计算规模和需求。VASP 提供了高精度大规模的电子结构计算（如能带结构、态密度、电荷密度分布等），可以准确预测材料表面的电子性质，为腐蚀反应中的电子转移过程提供依据。同时，VASP 支持多种交换-相关泛函，包括广义梯度近似、杂化泛函等，这使 VASP 能够适应不同类型的腐蚀体系和材料特性。来自于北京科技大学腐蚀防护中心的研究团队，利用 9704 次 DFT 计算对 Al 合金中可能形成的各种相的形成能、机械模量和功函数进行探索。大规模计算的结果有助于理解氧化物的电子特性对材料腐蚀行为的影响，并筛选出了有助于提高合金耐腐蚀性能的元素。随后，密度泛函理论的计算结果被用于构建反向传播神经网络（back propagation neural network，BP-NN）机器学习模型，研究人员成功设计出了具有优异耐腐蚀性和机械性能的铝合金，并对材料的耐蚀机理进行了深入的研究。大规模DFT 的应用为耐蚀新材料的高效研发提供了强大的技术支撑。

5.3.3　数据库建设

数据库在腐蚀研究中承担着数据收集、存储、处理和管理的重要功能。腐蚀数据的来源多种多样，包括实验室数据、工业现场监测数据、历史数据以及文献数据等。这些数据形式多样，包含数值数据、时间序列数据、图像数据、文本数据等。因此，一个高效的数据库系统不仅需要支持多种数据类型的存储，还需具备强大的数据处理和分析能力，以满足腐蚀研究中人工智能应用的需求。

1. 国内外腐蚀数据库建设现状

1）国外腐蚀数据库建设

在全球范围内，材料腐蚀数据库的建设已经取得了显著的进展，尤其是在美国和其他发达国家。美国国家标准与技术研究院（National Institute of Standards and Technology，NIST）和腐蚀工程师协会（National Association of Corrosion Engineers，NACE）在 1983 年合作成立了腐蚀数据中心，标志着腐蚀数据系统化收集和管理的开始。这一合作的成果是建立了一个包含 20 多万条腐蚀数据、103 个文摘库和专家咨询库的综合数据库系统。该系统的建立为防腐设计、耐蚀材料研发、设备和工程延寿以及材料防护规范和标准的制定提供了坚实的科学依据。

此外，欧洲、日本和澳大利亚等地区也在积极建设和完善各自的腐蚀数据库。日本国立材料科学研究所（National Institute for Materials Science，NIMS）于 2007 年建立的结构材料数据库 MatNavi（https://mits.nims.go.jp/）由结构材料数据表网络版（蠕变、疲劳、腐蚀和空间使用材料强度）、蠕变材料微结构数据库、压力容器材料数据库和焊接 CCT 图组成，提供了新材料性能预测、选材等基础数据。

施普林格材料公司于 2016 年推出高质量数值型材料数据库 Springer Materials Database，该数据库由 *Landolt-Börnstein* 丛书、美国国家标准与技术研究院数据库以及各类独立数据集汇编而成，提供了 290000 余种材料和 3000 余种属性的相关信息，包含来自材料科学、化学、物理学和工程学领域所有主要主题的经过整合的多源数据。数据库提供交互式功能，可对不同类型数据进行快速分析、处理和可视化操作。其中 Corrosion Database 包含关于腐蚀速率/评级的 24724 条记录，涵盖 280 余种不同环境下的 1000 余种金属及合金。数据库可按材料、环境或两者共同进行检索，可按腐蚀评级对搜索结果进行分类，以便快速找出给定应用条件下最耐腐蚀/最不耐腐蚀的材料。

除此之外，澳大利亚 AMOG 公司收集了大量绳索和链条的海水腐蚀数据，创建了SCORCH JIP 工业腐蚀数据库。该数据库包含历时三年以上的来自 30 多个海上浮式生产储油船的数百个链节和钢丝绳的测量结果，研究了特定场景下的材料腐蚀降解机制，包括链条点蚀以及链条磨损和腐蚀的相互作用。该数据库用于记录正在进行的检查和检索的腐蚀速率，并使用它们来预测腐蚀速率以及对钢丝绳和链条寿命的相应影响。瑞士的 Total Materia 公司联合英国的 IHS Markit 公司共同开发出包含 45 万种金属和非金属材料的 1200 万种性能材料相关数据库。其中的 DataPLUS 数据库提供了数千种金属和非金属材料的腐蚀数据、材料连接信息、材料尺寸和公差以及涂层信息，可以查找材料在不同环境和温度条件下的腐蚀速率和耐蚀性信息。德国 DECHEMA 开发了大型腐蚀数据库 DWT，可以提供各种工业部门中结构材料腐蚀行为方面的信息。该数据库描述了重要金属、非金属无机和有机材料在与腐蚀性介质接触时的腐蚀程度和耐化学性。并提出了防腐方法指导。

2）国内腐蚀数据库建设

1986 年 10 月，我国在北京举办了第一次全国材料数据库会议，并在国际数据委员会（CODATA）中国委员会的指导下，成立了材料数据组，开启了不同类型材料数据库的研发工作。与此同时，我国腐蚀领域专家学者开展了腐蚀数据库的建设，如刘祖铭等建立了飞机结构腐蚀控制设计数据库，积累了飞机结构腐蚀控制设计所需的基础数据，包括环境数据、材料-环境腐蚀数据、表面防护系统、结构密封技术、飞机结构腐蚀类型与特征、飞机结构腐蚀控制标准体系等，以及飞机结构腐蚀案例数据和飞机结构腐蚀控制设计技术数据；张锋等构建了一个基于网络的腐蚀数据库——因特网材料腐蚀数据库（MCD-BI），由金属、非金属、腐蚀图像、防腐成就、腐蚀案例和腐蚀知识六个部分组成；邓春龙等建立了海洋环境腐蚀防护数据库；其中北京科技大学李晓刚团队建立的材料腐蚀与防护数据库是目前国内材料品种最全、数量最大、开放性最高的平台。

我国材料腐蚀与防护数据库平台的建设工作始于 20 世纪 90 年代，经过了从单机版文档管理—网络化—大数据共享三代的发展，目前已经建成了国家级的材料腐蚀数据库和数据共享门户网站（https://www.corrdata.org.cn/），并在国际上产生了重要的影响力。通过对材料腐蚀及环境数据的整合、加工与挖掘，形成了包括黑色金属、有色金属、高分子材料、涂镀层材料、建筑材料等五大类材料腐蚀数据库，建立了 18 个行业专题数据集、2 个防腐技术专题集、2 个监检测技术专题集、1 个腐蚀标准数据库。平台现集成了材料基础数据库、行业服务数据库、服务案例数据库、标准规范数据库、实验资源数据库、信息资源数据库、知识数据库、防护技术数据库等多个数据库。通过开展腐蚀大数据工程建设，实现了腐蚀数据的实时智能化在线监测。国家材料腐蚀与防护数据中心现已在全国 30 个野外试验站点布设了基于前线传感器的腐蚀大数据监测系统，实现了 TB 量级/年的材料腐蚀数据在线采集、实时传输与实时共享。日益丰富的腐蚀数据采集环境显著提高了腐蚀环境数据的多样性，为腐蚀数据挖掘提供强有力的支持。

2. 材料腐蚀数据库建设技术

1）数据库类型

在数据库建设过程中，不同类型的数据库扮演着不同角色，满足了多样化的数据存储和处理需求。以下是在腐蚀数据库建设中常见的数据库类型。

结构化数据库，特别是关系型数据库（structured query language，SQL），适用于标准化数据存储和查询。这类数据库采用表格形式组织数据，通过行和列的方式进行存储，使数据管理和检索变得非常高效。

非结构化数据库，如 NoSQL 数据库，不依赖固定的表格结构，适用于存储多样化和大规模数据，如图像、文本、音频和视频等。在腐蚀研究中，NoSQL 数据库能够有效处理来自不同传感器、监测设备和文献资料的数据。常见的 NoSQL 数据库包括 MongoDB、Apache CouchDB、ArangoDB。

时序数据库专门用于处理时间序列数据，如传感器数据，是监测腐蚀进程的重要工具。在腐蚀监测中，时序数据库可以存储大量的传感器读数，帮助研究人员实时跟踪和分析材料的腐蚀状态。常用的时序数据库包括 InfluxDB、Time Series DB 和 Graphite 等。

2）数据收集与存储

腐蚀数据的收集与存储是数据库建设的基础，直接影响数据分析和研究成果的准确性和可靠性。通过多样化的数据源、先进的数据收集技术以及合理的数据存储方案，腐蚀数据能够被有效地收集、管理和利用。常见的腐蚀数据来源包括实验室腐蚀数据、工业监测数据、公开数据集及文献和专利数据。其中文献专利数据通过利用自然语言处理（natural language processing，NLP）技术对文本内容进行解析，提取与腐蚀相关的关键信息，如腐蚀速率、材料类型、环境条件和实验结果等。随后，通过机器学习算法对提取的数据进行分类和结构化处理，将其转换为标准化的数据格式，以便存储到腐蚀数据库中。

3. 数据库设计

选择合适的数据模型和设计有效的数据架构是数据管理的关键环节。不同的数据模型适用于不同类型的数据。

（1）关系模型是最经典的数据模型，适用于结构化数据。它通过表格的形式来组织数据，各表通过主键和外键进行关联。关系模型非常适合存储标准化的实验数据、材料属性数据和环境条件数据，提供了高度一致性和数据完整性保障。常见的关系型数据库管理系统包括 MySQL、PostgreSQL 和 Oracle。以国家材料腐蚀与防护科学数据中心研发的土壤腐蚀数据库为例，由于数据字段固定，可通过设计表结构实现对土壤腐蚀数据库的数据存储。土壤腐蚀数据库属于自然环境腐蚀数据库，数据库结构包含材料、环境参数、试验方法、腐蚀评价和管理等方面的基本信息字段，具体包括金属牌号、金属类型、环境类别、实验地点、试验周期、腐蚀类型、腐蚀等级、腐蚀速率、平均点蚀深度、最大点蚀深度、点蚀密度、数据来源、归档日期、归档人、审核和备注。

（2）文档模型适用于存储半结构化和非结构化数据。它使用类似于 JSON 或 XML 的格式来表示数据，能够灵活地处理数据的结构变化。这种模型特别适合存储腐蚀研究中的监测数据、传感器读数和实验记录等。文档型数据库如 MongoDB 和 CouchDB 能够高效存储和查询嵌套数据结构，支持复杂的数据分析需求。例如，国家材料基因工程数据汇交与管理服务技术平台 NMDMS（http://nmdms.ustb.edu.cn/）采用 MongoDB 数据库实现了对数据结构的保存，用户可在平台自行设计数据表结构，实现数据的灵活存储。

（3）图模型用于表示实体及其之间的关系，适合处理复杂的关系数据。在腐蚀研究中，图模型可以用来表示材料、环境条件、腐蚀类型和实验结果之间的关联。图数据库如 Neo4j 和 ArangoDB 能够直观地展示数据之间的复杂关系，支持高效的图遍历和模式匹配查询，非常适用于研究数据中隐含的关联和规律。例如，缓蚀剂专利知识图谱数据库采用 Neo4j 数据库进行图数据存储。

5.3.4　数据库管理与维护

数据库管理与维护是确保数据完整性、可用性和安全性的关键环节。有效的数据库管理不仅有助于提高数据存储和查询效率，还能保障研究数据在各个环节中的安全与隐私。

数据库管理系统（database management system，DBMS）是用于创建、管理和操作数据库的软件工具。常用的 DBMS 包括 MySQL、PostgreSQL、MongoDB。选择合适的 DBMS 时应根据数据类型、查询需求和性能要求进行权衡。关系型数据库（如 MySQL 和 PostgreSQL）常用于存储结构化实验数据，而 NoSQL 数据库（如 MongoDB）则更适合处理传感器数据和日志信息。

数据备份与恢复是数据库管理中的重要组成部分，旨在防止数据丢失并在意外发生时能够快速恢复数据。常见的数据备份与恢复策略包括：

（1）定期备份。定期对数据库进行全量或增量备份，确保数据在最新状态下被保存。备份频率应根据数据的重要性和变更频率来确定。

（2）异地备份。将备份数据存储在异地，以防止自然灾害或本地故障导致的数据丢失。云存储服务提供了便捷的异地备份解决方案。

（3）自动化备份。使用数据库管理工具或脚本自动执行备份任务，可减少人工干预和错误。许多 DBMS 都提供了内置的自动备份功能。

（4）定期恢复演练。定期测试备份恢复过程，确保备份数据的可用性和恢复速度。在实际恢复需求发生时，能够迅速、准确地恢复数据。

在数据库建设中，数据安全与隐私保护也同等重要，特别是当研究涉及敏感信息或商业机密时。常见的数据安全与隐私措施包括：

（1）数据加密。在数据存储和传输过程中使用加密技术保护数据不被未授权访问。静态数据加密（如 AES 加密）和传输数据加密（如 TLS/SSL）是常见的加密方法。

（2）访问控制。基于角色的访问控制可以限制用户对数据库中数据的访问权限，确保只有授权人员能够访问敏感信息。细粒度的权限管理可以进一步提升数据安全性。

（3）用户权限管理。定期审核和更新用户权限，移除不再需要访问的用户账户，减少潜在的安全风险。使用强密码策略和多因素身份验证可以进一步增强账户安全性。

（4）日志监控。启用数据库操作日志记录，并定期审查日志，以检测和响应潜在的安全事件。日志监控可以帮助识别异常访问行为并采取相应措施。

通过实施这些数据库管理与维护措施，可以保证数据库中的数据得到有效保护，并在需要时迅速恢复，从而确保研究工作的连续性和数据的可靠性。

5.4　人工智能加速耐蚀新材料设计案例

5.4.1　AI 加速耐蚀材料设计

1. 耐蚀金属设计

金属材料具有优异的耐蚀性能通常归因于表面稳定的膜防护。钝化膜是特定合金成分如不锈钢中的 Cr、Ni 和 Mo 等，与环境中的氧反应而形成的薄层。自然形成的钝化膜厚度通常在纳米尺度，其稳定性取决于电解液和合金成分。在某些严苛环境下，如高氯化物浓度环境、高温环境等，钝化膜会发生局部穿孔，导致耐蚀金属的局部腐蚀，进而影响使用寿命。另外，形成致密的腐蚀产物膜通常是防止碳钢、耐候钢等高强度、低耐蚀性能钢在服役过程中腐蚀失效的主要方法。稳定的腐蚀产物膜层会消耗较多的时间，不同的环境也会使膜层成分发生明显变化。利用人工智能技术建立合适的模型能够研究特定环境条件（如温度、湿度、电解液成分）对某类金属材料的耐蚀性能的影响，指导合适的耐蚀材料筛选和应用。

Jiménez 等将氯离子浓度（0.0025～0.1000mol/L）、pH（3.5～8.5）和温度（2～75℃）作为环境变量，利用多种模型对 316L 不锈钢在不同环境下的点蚀行为进行了预测。在众多模型中，具有线性核函数的支持向量机模型与基于三个隐藏神经元的人工神经网络模型具有更好的分类作用，且准确率和精密度都更优。这一研究证明人工智能技术能够有效预测耐蚀金属在特定环境中的腐蚀行为，避免了电化学测试与表面分析技术的检测，提供了工程领域设计过程中需要考虑的关键环境信息。Hakimian 等通过决策树、支持向量机、随机森林和袋装分类四种算法模型对不同类型不锈钢在不同环境中耐蚀性能进行预测，发现对于影响腐蚀的环境电解质数据集，袋装分类与决策树模型的预测效果更优。另外，Hakimian 分析确定了影响不锈钢腐蚀的最重要的三个特征因素，包括腐蚀环境中的氢、硫化物浓度以及除铁外其他合金元素含量。此类模型的开发有助于针对特定环境提前判断各种材料的耐蚀性能，有效节约材料成本，节省模拟实验的成本与时间。

Curteanu 等以三种钛基材料电化学阻抗谱实验的环境条件和材料的化学成分为输入特征，以电化学阻抗谱得出的极化电阻为输出特征，建立了人工神经网络模型。模型在训练集和测试集的精度均大于 99.87%。之后计算各输入特征对钛合金腐蚀的影响，得出时间 t 和溶液环境 pH 的贡献最大，均有 20%～40% 的重要性占比。Zhi 等通过随机森林和Spearman 相关分析相结合的混合方法对监测得到的 12 个环境参数数据集进行降维筛选，之后利用支持向量回归算法进行建模来预测 Q235 碳钢的大气腐蚀速率。结果显示，年平均湿度、温度与 pH 对碳钢服役全过程都有重要影响。降雨、SO_2 在服役初期（1～2 年）对其腐蚀具有关键影响，而在服役后期（5～8 年）Cl⁻具有关键影响。

2. 新金属材料设计与成分优化

针对新的服役环境构思合适的金属材料成分耗费大量金钱和时间成本，效率低下。尤其对于多主元素的新型高熵合金体系，合金组成元素数量及搭配繁多，数据维度高，传统方法的局限性更加明显。基于人工智能技术，可以很大程度突破传统设计思路，根据特定的性能需求，自动搜索和优化合金成分，发现高性能新型金属材料。这一过程中通常通过数据集建立合金成分与耐蚀性能的潜在关系，再通过少量的实验验证与迭代，优化模型的泛化能力。

Xia 等向镁基材料中添加不同种类和不同含量的稀有金属成分，包括 Zn、Ca、Zr、Gd以及 Sr，制备了 53 种不同种类的镁基新材料并利用这 53 种新材料的数据构建数据集寻找材料腐蚀量和材料的硬度受成分影响的关系。研究中分别建立了两个和成分关联的人工神经网络模型，结果说明硬度主要和稀有金属整体含量相关，而腐蚀量与稀有金属的种类和含量相关。二元体系中除 Zn 外所有元素都表现出对镁合金腐蚀的有害影响且在三元体系中无 Zn 镁合金腐蚀速率较高。四元合金体系则拥有稳定的耐蚀性能与高强度。人工神经网络模型在给定的成分范围内准确预测了合金硬度与腐蚀速率，可用于开发具有理想综合性能的镁合金。

Raabe 等通过一种全自动自然语言处理方法，与深度学习相结合，显著提高了模型对耐蚀性能预测的精度。该方法用一组描述合金中不同元素物化性质的数值结构描述符作为模型的输入，进而识别给定成分合金的耐蚀性能。这种方法优化了模型的泛化能力，可用于预测不包含在训练集中的元素对于合金的影响。研究中针对 Al-Cu-Sc-Zr 合金的点蚀电势进行了预测，其中 Sc 与 Zr 元素并不包含在训练数据集中，其预测精度显著高于传统深度神经网络模型且能更准确地识别给定环境中元素对合金点蚀的影响，即点蚀电势随 Sc 和 Zr 含量的增加而增加。

Ozdemir 等提出了一个包括数据集准备、特征筛选、模型评估与特征选择、逆成分设计与实验验证五个步骤的高熵合金性能预测框架，如图 5-3 所示。利用随机森林算法作为最终模型对铸态医用 Hf-Nb-Ta-Ti-Zr 合金成分空间进行筛选，选出腐蚀电势最优的合金为 $Hf_{12}Nb_{16}Ta_{35}Ti_{29}Zr_8$，然后制备铸态高熵合金进行实验验证。结果表明实测结果与预测值一致。该研究通过少量的腐蚀数据训练集对腐蚀电位成功建模，展现了人工智能技术作为一种有力的工具能够对广阔的成分空间进行学习，随后准确预测合金成分对应的性能，逆向指导新成分设计。

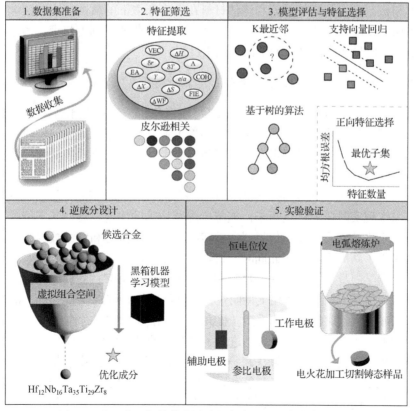

图 5-3　基于人工智能技术设计的高腐蚀电位高熵合金策略

3. 加工工艺优化与设计

金属材料的机械性能与耐蚀性能除受环境与成分因素影响外，加工工艺同样是重要影响因素之一。冷加工、表面处理、热处理以及增材制造等都会影响金属材料微观组织与性能。在实际的工业制造中，选用合理的加工工艺和流程对于耐蚀材料设计与制造也是至关重要的一环。目前较多的研究通过人工智能技术建立工艺参数与金属材料的机械性能之间的联系，而对于耐蚀性能变化的影响研究尚少。Maqbool 等认为搅拌摩擦处理的工艺参数与腐蚀速率之间的联系缺乏深入的认知，使用五种模型建立 WE43 镁合金的腐蚀速率与搅拌摩擦处理工艺参数之间的潜在关系。工艺参数包括搅拌头的转速、行进速度以及搅拌头的肩直径。由于该合金与加工工艺的数据集较少，使用了粒子群优化算法生成虚拟样本对数据进行扩充以提高模型的预测精度。结果显示，集成学习算法（XGBoost）相比于其他模型具有更高的精确度且三项工艺参数对 WE43 镁合金耐蚀性能都有重要影响。此外，该研究针对 WE43 镁合金的搅拌摩擦处理开发了用户界面，允许用户调整工艺参数输入，快速观察腐蚀速率的变化。

5.4.2　大气腐蚀预测及腐蚀地图绘制

在现代工业和基础设施中，材料的耐蚀性对于确保其长期稳定性和安全性至关重要。大气腐蚀是导致材料性能劣化的主要原因之一，不同地区的大气环境差异会显著影响材料的腐蚀速率和机制。为了有效预测和评估材料在特定环境下的腐蚀行为，科学家不断探索基于数据驱动的方法。AI 技术的快速发展，为材料科学带来了新的机遇，通过机器学习和大数据分析，可以加速耐蚀材料的设计，优化过程。

1. 通过机器学习了解和预测铁/铜腐蚀传感器的大气腐蚀情况

大气腐蚀是指金属材料在大气环境中的腐蚀现象，广泛存在于各类工业和民用设施中，严重影响了设备的使用寿命和安全性。随着工业化和城市化进程的加快，大气腐蚀问题越发突出，导致了巨大的经济损失和环境问题。因此，如何有效监测和评估大气腐蚀状况，成为一个亟待解决的重要课题。

传统的大气腐蚀监测方法主要依赖于现场采样和实验室分析，这些方法不仅耗时费力，而且难以实现实时监测。近年来，随着传感器技术的快速发展，基于传感器网络的大气腐蚀监测技术逐渐受到关注。传感器能够实时采集环境数据和腐蚀数据，为大气腐蚀的监测和预测提供了新的手段。与此同时，机器学习技术的兴起为大气腐蚀监测带来了新的契机。通过机器学习算法，可以从大量的监测数据中挖掘出潜在的规律和特征，实现对大气腐蚀的预测和预警。例如，利用支持向量机、神经网络和随机森林（random forest, RF）等算法，可以建立大气腐蚀的预测模型，提高监测的准确性和实时性。

在本案例中，研究人员在我国青岛进行了 34 天的铁/铜型电化学腐蚀传感器研究。研究采用基于随机森林的机器学习算法来分析不同环境因素（即温度、相对湿度、降雨量、二氧化硫、二氧化氮、一氧化碳、臭氧和颗粒污染物）对 ACM 传感器输出电流的影响。在确定了影响最大的关键特征后，建立了一个合理的 RF 模型，用于预测碳钢大气腐蚀的动态变化。

实验收集的环境数据包括 I_{ACM}、温度、相对湿度、降雨状态、SO_2 含量、NO_2 含量、O_3 含量、CO 含量、$PM_{2.5}$ 含量和 PM_{10} 含量。使用 RF 模型重要性分析结果表明，温度、降雨状态和相对湿度是影响 I_{ACM} 的前三个重要因素，其余环境特征，如 $PM_{2.5}$ 由于其含有较多的水溶性离子和酸性颗粒，对腐蚀影响较大，但总体影响低于温度、相对湿度和降雨状态。因此，最终选择这三个特征作为输入，以建立 I_{ACM} 输出预测模型。对一个月内每天温度、相对湿度、降雨状态和电量（Q_{ACM}）对大气腐蚀的重要性指数变化进行研究，研究者发现温度的重要性在整个实验期间相对稳定，降雨在前半段实验期间的重要性明显高于相对湿度。而随着锈层的形成，Q_{ACM} 的重要性在实验后期显著增加，表明锈层对传感器输出的影响逐渐增强。在实验的前半段，由于传感器钢电极表面光滑，主要依赖降雨形成薄电解质层，因此降雨的重要性较高。随着腐蚀的进展，传感器表面的锈层变厚，表面粗糙度增加，增强了对湿气的吸附能力，这导致相对湿度的重要性在实验后期增加。这些变化表明，锈层的形成会影响传感器对环境特征的响应，传感器上的锈层增加了其对湿气的敏感性，并影响了传感器的输出，因此需要在模型中考虑锈层的影响以提高其预测准确性。在建模中发现在模型中加入反映锈层形成的电量（Q_{ACM}）作为输入特征可以显著提高模型预测准确性。

2. 基于筛选环境因素的 BP-ANN 模型预测我国自然大气环境中的聚碳酸酯老化情况

腐蚀是影响工程设施和基础设施长期性能和安全性的关键问题。无论是桥梁、管道、还是海上平台，腐蚀都会导致材料性能下降，进而引发结构故障甚至灾难性事故。传统的腐蚀检测和评估方法通常依赖于现场检查和定期维护，然而这些方法既费时又费力，并且难以实现对大面积区域的实时监控。此外，传统方法的检测精度和检测频率有限，可能导致腐蚀问题在初期未被及时发现，从而增加维护成本和安全风险。

随着传感技术和数据分析技术的发展，机器学习在腐蚀检测和预测中的应用前景变得广阔。机器学习能够处理大量复杂的数据，通过挖掘数据中的潜在模式和关系，实现对腐蚀过程的精准预测。通过利用传感器数据和机器学习算法，可以更准确地绘制腐蚀地图，实现对腐蚀的早期预测和预防维护，从而显著降低维护成本并提高设施的可靠性。

本案例在对 16 个环境特征进行定量筛选后，确定了对聚碳酸酯（PC）老化影响较大的 4 个关键环境因素，并以此为输入建立了预测新环境中 PC 老化的 BP-ANN 模型。利用因子分析（factor analysis，FA）和灰色关联度分析（grey relation analysis，GRA）将 16 个环境特征分为 7 类，然后选出 4 个关键特征。通过留一法建立了具有适当输入节点、网络层和训练精度的 BP-ANN 模型。通过将 BP-ANN 模型的预测结果与在三个新地点进行的大气风化数据集进行比较，验证了 BP-ANN 模型的预测准确性。进一步将我国 804 个城市的环境数据输入 BP-ANN 中，得到相应的黄色指数，从而构建了直观的中国 PC 退化预测图。

本案例收集了 13 个代表性城市的环境数据，包括 16 种环境特征：年平均最小温度、年平均最大温度、年平均温度、全年日照时间、日均日照时间比例、全年最大降雨量、全年降雨时间、全年降雨量、年平均最小湿度、年平均相对湿度、年平均降雨 pH、年平均降雨电导率、年平均 $PM_{2.5}$ 浓度、年平均 PM_{10} 浓度、年平均风速和年平均大气压。为了确保数据的有效性和减少冗余，研究采用了 Pearson 相关性分析、FA 和 GR 来筛选关键的环境因素。选出了与老化高度相关的关键参数：湿度、最高温度、雨量总和 >0.1mm 的天数和日照总和。湿度会导致黄度指数增加，因为羰基或自由基会水解聚合物链，形成酸。高温可能会增加分子链反应的动力学（链的断裂和重排）；就日照时间参数而言，太阳能会破坏分子键，从而导致 PC 光黄化；就降雨而言，水会冲刷 PC 表面的灰尘，使其更好地暴露，另外，水会通过界面扩散，并被微裂缝和微空隙吸收，促进 PC 进一步老化。上述 4 个关键环境因素包括湿度、温度、降雨和阳光，它们将主导链裂解的扩散和重组过程，并导致 PC 老化。

对收集到的环境数据和老化数据进行标准化处理，以消除数据的量纲影响，然后以环境特征为输入，应用 BP-ANN 构建所选老化特性（即黄度指数）的预测模型。在训练 ANN 时，采用了留一法。从 13 个实验站收集的数据被分为两部分：其中 12 个被轮流选中作为训练集，剩下的一个被设定为测试集。经过 13 次选取不同数据的训练后，分别得到了 13 个实验站的预测值，最终完成 BP-ANN 模型的构建。比较输入参数的个数和模型的不同超参数后，结果表明，使用 4 个关键环境特征、4 层隐藏层和 0.01 训练精度的 BP-ANN 模型具有最低的平均绝对百分比误差，预测精度最高。

5.4.3 基于液滴微阵列技术高通量评估碳钢表面缓蚀剂的缓蚀性能

缓蚀剂作为一种重要的化学添加剂，在防止金属腐蚀方面发挥着至关重要的作用。随着工业技术的不断进步和腐蚀环境的日益复杂化，单一缓蚀剂往往难以满足复杂腐蚀条件下的防护需求。因此，缓蚀剂复配技术应运而生。通过缓蚀剂的合理复配，可以显著提高金属材料的耐蚀性能，延长设备的使用寿命。然而，现有研究中针对复配缓蚀剂的研究多应用于浸泡环境，尚未关注液滴环境中复配缓蚀剂性能的研究，也鲜有研究人员研究缓蚀剂在电解质液滴环境下的缓蚀过程。另外，因缓蚀剂种类的多样性，传统的复配缓蚀剂配方筛选及性能评估方法存在效率低、成本高、受人为因素影响大等缺点。因此，开发一种能够快速评估缓蚀剂性能的有效方法具有非常重要的意义。

在本案例中，研究人员通过液滴微阵列技术，将含有不同成分缓蚀剂的液滴微阵列分配在 Q235 碳钢基板上，实现了缓蚀剂的高通量筛选和性能评估。其中，液滴微阵列打印机可以在 2min 内将几十种含有不同缓蚀剂成分的液滴快速分配在金属基体表面。随后，结合共聚焦激光显微镜获取液滴蒸发后腐蚀产物的三维形貌，从而快速评估缓蚀剂及其混合物对液滴腐蚀的缓蚀作用，整个流程如图 5-4 所示。

利用这个高通量筛选平台，本案例中研究人员分配了大量含有不同比例的苯并三唑（BTA）和硝酸铈[Ce(NO₃)₃]混合物的微小液滴，并评估了不同浓度下缓蚀剂混合物对碳钢基体上液滴腐蚀的抑制效果。

总的来说，研究人员利用这一自动化高通量筛选平台，快速制备了含有不同浓度缓蚀剂的液滴微阵列并高效筛选出了具有最佳缓蚀性能的缓蚀剂组合。可见，由人工智能驱动的高通量、自动化实验方法显著加速了缓蚀剂性能的评价过程。未来，本案例中提出的方法也可作为高效、自动化、低成本的实验室筛选平台，用于缓蚀剂化合物的开发和优化。

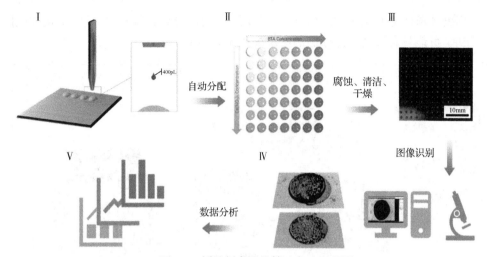

图 5-4　缓蚀剂高通量筛选方法流程图

（Ⅰ）通过液滴微阵列打印机制备液滴微阵列；（Ⅱ）通过液滴微阵列腐蚀碳钢样品；（Ⅲ）获取腐蚀点；
（Ⅳ）测量腐蚀点；（Ⅴ）数据分析

5.4.4　机器学习辅助高效自修复自预警复合涂层材料的优化设计

传统新物质与新材料的发现和研制历来采用的都是"炒菜"式的方法（trial and error method），即在欠缺理论设计的情况下依靠反复多次的尝试来摸索出合乎要求的结果。这种摸索方法往往是"咸则加水，淡则加盐"，并且研究周期较长，已经不能满足人们日益增长的对高性能材料的需求。随着时代的变迁，材料研发的新思路不断涌现，其发展历程包括传统实验探究、理论模型的分析与建立、模拟计算研究和数据驱动研究四个阶段。其中，因材料基因工程的快速发展，由数据驱动的机器学习算法已被广泛应用于材料科学研究，它不仅可以进行材料行为和性能的准确预测，还成功实现了目标材料的特定性能优化和成分设计。

将机器学习方法应用于涂层树脂的配方设计，可以平衡树脂各个组分之间的关系以找到最佳配方，从而提升树脂的防腐效果。该方法可以从样本集中提取必要的知识加以训练并建模。本案例中，研究者通过将正交拉丁方实验设计、主动学习和贝叶斯优化结合的方式提出了一种小样本数据背景下多组分材料配方设计的机器学习优化策略，并采用此策略辅助设计自修复自预警防腐涂层。本案例介绍了实验设计、机器学习算法、贝叶斯优化、实验验证相结合的机器学习框架。在外加填料的自修复环氧涂层体系中，搜索具备最高划伤后 $\lg|Z|_{0.01Hz}$ 值的目标涂层配比，共包含实验设计、模型训练、模型预测、迭代优化、贝叶斯优化及实验验证 5 个过程。基于机器学习的高效自修复环氧涂层优化设计方法如图 5-5 所示。

在实验设计中，以聚醚胺固化剂分子量、聚醚胺与环氧树脂的摩尔比、氢键单元（UPy-D400）摩尔含量和 ZIF-8@Ca 微容器的含量 4 个因素为输入变量，并以划伤后涂层低频阻抗的对数值作为输出，通过正交拉丁方的实验设计方法构建了 32 个初始实验样本。然后，通过初步训练在 5 种模型（线性回归、人工神经网络、支持向量回归、决策树和随机森林模型）中挑选合适的模型。经过 5 个周期的主动学习后，RF 精度达到最佳。随后，以最终的 RF 模型为基础并通过进一步细化初始的变量参数条件来扩大贝叶斯优化的搜索空间，得到贝叶斯优化的搜索空间为 16192 组实验条件。然后，通过贝叶斯优化在此搜索空间中找到了可能具有最高目标性能的涂层配比（表 5-3）。

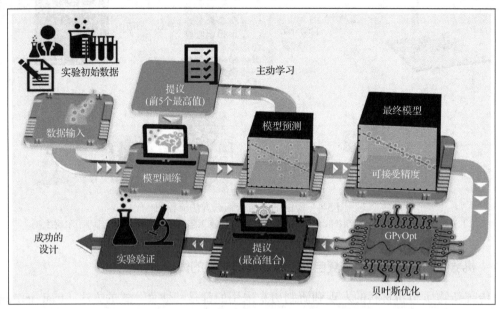

图 5-5　基于机器学习的高效自修复环氧涂层优化设计示意图

表 5-3　使用 RF 模型在不同周期下提出的新实验条件与其对应目标性能的预测值与测量值

排序	聚醚胺分子量/（g/mol）	聚醚胺与环氧树脂摩尔比	UPy-D400含量/（mol%）	ZIF-8@Ca含量/（wt%）	$\lg|Z|_{0.01Hz}$（预测值）	$\lg|Z|_{0.01Hz}$（测量值）
1	400	0.94	14	7.8	11.01	11.58 ± 0.28
2	400	0.97	17	8.0	10.92	10.88 ± 0.65
3	400	1.00	16	8.0	10.92	10.98 ± 0.40
4	400	0.95	20	8.8	10.88	10.85 ± 0.74
5	400	1.05	16	7.4	10.88	10.90 ± 0.68

经 EIS 验证，机器学习调整后的涂层修复后其低频阻抗最高可达 $3.80 \times 10^{11} \Omega \cdot cm^2$，此时涂层的配比为 400g/mol 聚醚胺-聚醚胺与环氧树脂摩尔比为 0.94-UPy-D400 含量为 14mol%-7.8wt% 的 ZIF-8@Ca 微容器。最后，实验验证表明，在轻度划伤时（划口宽 50μm）具有该配比的树脂涂层经 60 天的盐雾测试后可以通过本征型氢键自修复机制愈合损伤并保持长效防腐性能；而在重度损伤（划口宽 500μm）下，损伤涂层可以通过本征型氢键自修复机制与外援型桐油自修复机制相结合的方式有效修复涂层。

综上所述，机器学习辅助的树脂配方设计和优化策略使涂层功能化并拥有良好的抗腐蚀性能。另外，涂层中的微容器可以进一步拓展，可以通过负载不同内容物实现多功能化，这在防腐、抗菌、防污等领域有重大意义。机器学习预测方法具有显著的高效性、准确性以及多参数预测能力。它为未来新材料的研发提供了新的思路和方法，同时也推动了制造业的转型升级和可持续发展。

5.4.5　3 L–DMPNN：基于分子结构图预测缓蚀剂性能

目前用于预测缓蚀效率（IE）的方法（包括传统实验、计算建模和机器学习）仅限于特定类别分子，且部分方法计算周期长、成本代价大。本研究中研究者从公开资源中收集数据，构建了一个跨类别的缓蚀剂分子数据集，建立了一个利用分子结构图实现缓蚀剂效率预测的消息传递神经网络模型 3 L-DMPNN。模型使用分子的 SMILES 序列作为输入，将分子结构视为计算图，整合了原子级、化学键级和分子级特征。与 SVM、RF 和未加入分子级特征的模型（DMPNN）相比，3 L-DMPNN 模型的准确性更高。使用独立验证数据集的评估结果表明，3 L-DMPNN 模型具有良好的泛化能力，可以对训练数据域以外的分子类别进行可靠的预测。模型可迁移应用于其他相同腐蚀环境下的缓蚀剂分子数据集，计算过程快，可作为电化学测量前的强大筛选工具，有效降低高昂的实验成本，加速缓蚀剂的筛选和开发，为缓蚀剂的性能预测提供一种新颖、高效、实用的工具。

有机化合物的 IE 与其分子结构密切相关。一般来说，具有 S、P、N 和 O 等电负性原子，或有—NH_2、—NO_2 和—OC_2H_5 等极性基团；或带有共轭键的杂环有机化合物有可能成为有效的缓蚀剂。然而，具有上述分子结构的有机分子的数量是巨大的，亟须开发快速有效的方法估计 IE。传统方法通过失重测量、电势极化曲线和电化学阻抗谱等实验确定化合物的 IE 值，往往需要几小时或几天。理论工具如 DFT、MD 模拟和定量结构-活性/性能关系（QSAR/QSPR）也被用于预测同源分子的 IE，但无法实现在大的化合物空间中筛选候选缓蚀剂。

人工神经网络、随机森林、支持向量机等各种机器学习（ML）方法已被应用于预测有机化合物对铝合金、镁合金的 IE。这些 ML 模型利用同源分子的小型数据集，可以在几分钟内预测缓蚀剂的性能，但需要足够多的专业知识选择合适的分子特征，且模型表现出较差的泛化特性，无法对训练数据域之外的分子（训练集中不存在的官能团或化合物类别）进行可靠的预测。

进入大数据时代，具有更复杂架构、更强大的特征学习和表示能力的深度学习模型，开始应用于药物发现和基因组学领域。传统的卷积神经网络（CNN）和循环神经网络（RNN）只能处理欧几里得数据，而图神经网络（GNN）能够直接从图数据中学习，它由节点和边组成，分别可以很好地表示分子结构中的原子和键。由此，研究人员构建了一个包含原子级特征、化学键级特征和分子级特征的定向消息传递神经网络 3 L-DMPNN 模型。该模型独立于理论计算和专业知识，仅建立分子结构与 IE 之间的关系，具有较高的准确性和通用性，可用于快速筛选缓蚀剂。该模型的准确性与 SVM、RF 和 DMPNN 模型进行了比较，并利用另外 23 篇最近发表的论文和 4 个实验室数据验证了该模型的泛化能力。

张达威团队构建并使用了 4 个数据集。从大量公开文献资源中构建了一个跨类别的缓蚀剂分子数据集 1，选择了在文献中被普遍报道的腐蚀环境条件下的 270 个缓蚀剂数据。利用 Chem Schematic Resolverb、Open Babel 和 OSRA 软件包，从分子结构图片中生成 SMILES 表达式。接着，构建了一个额外的独立验证数据集 2，包括在实验室测试的 4 种缓蚀剂和从 2022 年发表文献中收集的 23 种缓蚀剂共 27 个缓蚀剂分子数据。同时，使用开源软件包 RDKit 计算了每个分子的 208 个全局分子级特征纳入预测模型以提供信息，数据集 3 和数据集 4 分别包含 270 种缓蚀剂的分子水平特征和 27 种缓蚀剂的分子水平特征。以上数据集均可通过以下网址访问：https://www.corrdata.org.cn/inhibitor/.

张达威团队开发的 3 L-DMPNN 模型使用开源软件包 Chemprop 实现。模型结合了原子级特征、化学键级特征和分子级特征，包括一个三级定向信息传递网络（3 L-DMPN）和一个前馈神经网络（FFNN）。输入信息由输入表示阶段、消息传递阶段、读出阶段和评估阶段处理。图 5-6 展示了该模型的整体框架。

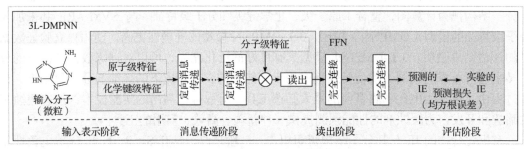

图 5-6　3 L-DMPNN 模型的神经网络结构

模型使用分子的 SMILES 序列作为输入，将分子结构视为计算图，用图 $G = (V, E)$ 表示。其中，节点 $x_v \in V$ 为原子，边 $e \in E$ 为键。在分子结构的图表示中，节点特征代表原子属性，边的特征代表键属性。使用开源的 RDKit 软件包从 SMILES 中提取原子级特征 x_v 和化学键级特征 e_{vw}，编码为 one-hot 向量。消息传递阶段模型根据节点自身特征生成信息，按照网络拓扑结构进行传递，生成新的节点特征。读出阶段将消息传递后的新分子图向量与计算出的 208 个分子级特征相结合，映射为一个描述全图特征的特征向量，通过 FFNN 预测分子的 IE 值。

该模型选择 ReLU 函数作为激活函数，使用十折交叉验证方法，采用 4 个指标评估模型的性能，包括 RMSE、平均绝对误差（MAE）、R^2 和累积分布函数（CDF）。使用贝叶斯优化方法优化超参数并最小化 RMSE 指标，并在随后的所有训练和验证工作中采用最优的超参数组合。

使用 RDKit 软件包计算了训练数据集中每个分子的摩根指纹，使用 t 分布随机邻域嵌入（t-SNE）与 Tanimoto 距离指标将摩根指纹的 2048 个维度的数据点降维到两个维度，以量化和可视化分子之间的相似性。图 5-7 说明了训练数据集中的分子结构具有高度的多样性，有助于构建一个通用性的 IE 预测模型。

3 L-DMPNN 模型的性能与 SVM、RF 两种经典机器学习算法模型和未加入分子级特征的模型进行了实验比较。每个模型的数据集（包括训练、有效和测试数据集）和超参数设置都保持一致。SVM 和 RF 模型都使用 2048 位摩根指纹向量作为唯一输入。

3 L-DMPNN 模型在数据集上 IE 预测值与实验值的对比表明模型拟合效果良好，预测精度较高。不同模型下的十折交叉验证结果（表 5-4）显示，利用分子结构图的图神经网络模型（DMPNN 和 3 L-DMPNN）的预测精度明显高于利用分子指纹的机器学习模型（SVM 和 RF），这证实了基于分子结构图在结构-效率关系建模上的高效性。结合原子级特征、化学键级特征和分子级特征的 3 L-DMPNN 模型表现出明显优于 DMPNN 模型的性能，表明缓蚀剂的 IE 不仅与其内部结构参数密切相关，与全局分子级特征也息息相关。

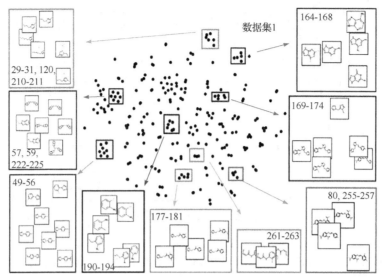

图 5-7　数据集 1 的 t-SNE 分布

表 5-4　数据集 1 的十折交叉验证结果

模型	RMSE	MAE	R^2
SVM	0.112133 ± 0.016459	0.092632 ± 0.005552	0.225193 ± 0.328819
RF	0.107009 ± 0.029765	0.068037 ± 0.013303	0.339981 ± 0.260449
DMPNN	0.086089 ± 0.019266	0.060416 ± 0.010578	0.458843 ± 0.255685
3 L-DMPNN	0.078170 ± 0.021574	0.053039 ± 0.010515	0.460557 ± 0.584432

　　四种模型下 IE 预测值与实验值的误差结果显示 SVM 模型的误差分布在 $-16\% \sim 15\%$，RF 模型的误差分布在 $-11\% \sim 25\%$，都是比较离散的。相比之下，DMPNN 的预测误差主要分布在 $-13\% \sim 16\%$，3 L-DMPNN 的预测误差在 $-8\% \sim 9\%$，都集中在零附近，与正态分布一致。3 L-DMPNN 模型的预测误差是最小的，这与数据集 1 的结果一致。

　　化学领域常用 CDF 对实验结果进行评估，本案例中研究者采用了同样的标准，计算了预测误差小于 5%（图 5-8）、10% 和 15% 的化合物在整个数据集中的比例。以预测效率和实验效率之间的绝对误差为 5% 为基准，SVM、RF、DMPNN 和 3 L-DMPNN 模型得到的数值分别为 27.0%、83.3%、73.3% 和 94.8%。随着上限误差的增加，四个模型确定的 P（10%）值分别为：SVM 65.9%、RF 94.8%、DMPNN 93.7%、3 L-DMPNN 100%，而四个模型确定的 P（15%）值分别为：SVM 98.5%、RF 97.7%、DMPNN 99.6%、3 L-DMPNN 100%。结果表明 3 L-DMPNN 模型的准确性和有效性都优于其他模型，最适合于预测 IE 值。

　　研究者在独立验证数据集上验证了模型泛化性。在 27 个独立验证集分子中，第 5 和 6 号（醛类）、第 9 号（乙酸乙酯类）、第 12 号（异噁唑类）和第 20 号（哌嗪类）均是训练数据集之外的分子类别，IE 预测误差不超过 6%，说明该模型表现出良好的泛化能力，可以对训练数据域以外的分子类别进行可靠的预测。

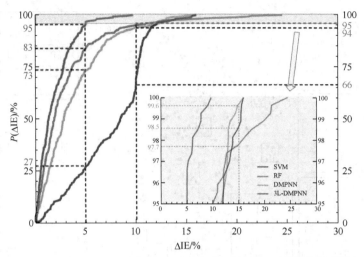

图 5-8　SVM、RF、DMPNN 和 3 L-DMPNN 模型的 CDF 与预测误差的关系图

5.5　机遇、挑战与未来展望

5.5.1　机遇

人工智能技术的迅猛发展正在开启腐蚀控制领域新的研究和应用前景。随着数据科技的进步，AI 提供了前所未有的机会，使腐蚀防护不仅能更加精确，而且更为高效和经济。这些技术不仅简化了传统的腐蚀监测和评估流程，还通过智能算法和模型，推动了材料科学和工程设计的创新。从数据驱动的腐蚀分析到自动化的腐蚀管理，从开发新的耐蚀材料到实现腐蚀过程的精细模拟，AI 的应用正在塑造腐蚀科学的未来。本节将探讨 AI 在腐蚀科学中带来的机遇，分析这些技术如何助力于解决长期存在的行业挑战，以及它们如何促进腐蚀管理策略的创新与优化。

1. 数据驱动的腐蚀分析

利用机器学习处理大规模的实验和现场数据是人工智能技术在腐蚀科学中的一大应用。机器学习算法能够分析从实验室测试和实际工况中获得庞大的数据集，识别腐蚀速率的影响因素，并建立预测模型。这些模型可以实时预测不同环境条件下的腐蚀速率，从而帮助制定更有效的维护策略和寿命评估方法。例如，通过分析历史腐蚀数据和环境参数，AI 可以预测在特定化学介质、温度和压力条件下材料的腐蚀行为，使预防措施可以更加针对性地实施。

2. 自动化和优化的腐蚀管理

AI 技术通过自动化腐蚀监测数据的处理和分析，能够实时评估和预测结构的健康状态。结合传感器技术，AI 系统可以持续监控结构的腐蚀情况，对可能发生的腐蚀失效问题预警，并基于数据分析自动提出维护或修复的建议。这种自动化的管理系统不仅可以提高响应速度，减少人为错误，还能显著降低因腐蚀导致的维护成本和停机时间。

3. 新型耐蚀材料的开发

AI 可以通过快速筛选和模拟测试来加速新型耐蚀金属材料、防腐涂层、缓蚀剂等的研发过程。利用已有的化学数据库和材料性能数据，AI 可以预测新材料的腐蚀防护性能，从而缩短研发周期并降低开发成本。例如，通过深度学习模型分析材料的化学组成和结构特征与其腐蚀行为之间的关系，因此 AI 可以帮助研究人员设计出具有高耐蚀性的合金或涂层配方。

4. 腐蚀模拟和预测

AI 模型尤其在模拟复杂的腐蚀环境中显示出其独特优势。通过高精度的模拟，AI 不仅可以展示腐蚀过程中的微观结构变化，还能预测不同服役条件下的腐蚀性能发展趋势。这些信息对于在设计阶段制定防腐措施、选择合适的材料和结构设计至关重要。AI 模拟还可以用来提供腐蚀与防护领域专业知识的问题解答，提高从业人员对特定腐蚀问题的理解和处理能力。

5.5.2　挑战

随着人工智能技术在腐蚀科学的应用日益增多，其潜力虽大，但也面临不少挑战。腐蚀控制是一个涉及复杂物理化学反应、多变环境因素及需精确监测的科学领域。人工智能技术在腐蚀领域的应用中需要面对的问题包括：数据的多样性和质量控制，模型的复杂性和可解释性，以及跨学科技能要求和技术成本的投入，每一个挑战都需要创新的解决方案和技术进步。

1. 数据的多样性和质量控制

在腐蚀科学领域，数据的多样性和质量控制是应用人工智能技术的关键挑战之一。腐蚀数据来源包括实验室测试、户外监测、历史记录数据等，这些数据类型繁多，格式不统一，质量差异大。要有效整合这些数据，首先需要建立统一的数据格式和标准化的数据处理流程。此外，数据的预处理，如清洗、去噪、异常值处理，是确保 AI 模型准确性的必要步骤。高质量的数据不仅能提高模型的训练效果，还能增强模型预测的可靠性和准确性。

2. 复杂性和可解释性

腐蚀是一个涉及多物理、化学过程的复杂现象。AI 模型，特别是深度学习模型，在处理这类问题时虽然预测性能出色，但常缺乏足够的可解释性，即所谓的"黑箱"问题。在腐蚀控制的应用中，模型的可解释性同样重要，因为这关系到能否阐明腐蚀机理并对防腐策略提供有效支持。提高 AI 模型的可解释性需要采用更透明的模型架构，或者开发新的算法来解释模型的决策过程。

3. 技术和成本投入

尽管 AI 技术提供了巨大的潜力，但其研发和实施初期往往需要大量的成本投入。高昂的成本主要包括数据收集、存储和处理设备的费用、软件和算法开发的成本，以及人才培养的费用。此外，AI 系统需要持续的更新和维护以适应新的技术发展和应对新的腐蚀挑战，如何平衡成本和投资回报是实施 AI 技术的一个重要考量。

4. 跨学科技能要求

AI 在腐蚀科学中的应用需要材料科学、物理、化学、计算机科学等多领域的深入合作。这不仅要求相关研究人员具备跨学科的知识背景，还需要有效的沟通和协作机制来整合不同领域的专业知识。例如，材料科学家需要理解机器学习模型如何处理腐蚀数据，而数据科学家则需要了解腐蚀过程的化学和物理基础，才能共同开发出既科学严谨又技术先进的解决方案。

总之，尽管人工智能在腐蚀科学中的应用面临多重挑战，但这些挑战也代表着研究和发展的机会。通过技术创新、跨学科合作以及政策和资金的支持，可以有效克服这些障碍，充分发挥 AI 在腐蚀防护中的应用潜力。

5.5.3 未来展望

随着技术的进步和研究的深入，AI 在腐蚀科学的应用前景将越加广阔。未来，AI 将不仅能够改善现有的腐蚀监测和预防策略，还将引领新一代腐蚀控制技术的开发。例如，利用 AI 进行材料设计和优化，将推动新型防腐材料的快速开发，大大缩短新材料从实验室到市场的时间；通过更先进的机器学习算法，未来的 AI 系统将能够实时分析和响应复杂的环境变化，提供及时且精准的腐蚀防护措施。此外，随着物联网技术的融合，智能传感器网络将在全球范围内广泛部署，使腐蚀监测更加全面和精细。这些传感器将持续收集数据，利用 AI 技术分析这些数据后，能够预测腐蚀趋势并调整防护策略，从而极大地提高防护效率和经济性。同时，AI 技术的发展也将促进全球合作，共享数据和研究成果，共同应对全球性的腐蚀问题。

总之，AI 在未来的腐蚀科学和工程领域中将发挥关键作用，不仅在技术上提供支持，还将推动政策和管理策略的创新。通过不断的技术进步和跨学科合作，AI 将在腐蚀与防护学科领域实现更大的突破，为全球基础设施和重大工程建设的耐久性安全服役贡献重要力量。

习　题

1. 简述各种金属腐蚀机理。
2. 腐蚀防护的类型有哪些？简要概述。
3. 列举一个腐蚀实验，并说明其研究方法。
4. 简述常见的高通量制备技术及其特点。
5. 你还知道哪些人工智能在腐蚀研究中的应用实例？简要说明。

参考文献

陈胜权, 丁瑶. 2020. 海洋混凝土腐蚀研究综述[J]. 江苏建材, (3): 61-64.

高志玉, 刘国权. 2013. 在线材料数据库进展与 NIMS/MatWeb 案例研究[J]. 材料工程, (11): 89-96.

韩鹏. 2023. 耐候钢的腐蚀分析评价方法研究[J]. 山西冶金, 46(2): 10-12.

李久青, 杜翠薇. 2007. 腐蚀试验方法及监测技术[M]. 北京: 中国石化出版社.

李晓刚. 2014. 材料腐蚀信息学——材料腐蚀基因组工程基础与应用[M]. 北京: 化学工业出版社.

刘安强, 肖葵, 李晓刚, 等. 2016. Zn 和 Zn-Al 合金涂层模拟海洋大气加速腐蚀实验研究[J]. 热喷涂技术, 8(2): 36-42.

刘欣, 裴锋, 田旭, 等. 2021. 接地材料室内外土壤腐蚀试验的相关性与评价方法[J]. 腐蚀与防护, 42(3): 15-19, 27.

徐迪, 杨小佳, 李清, 等. 2022. 材料大气环境腐蚀试验方法与评价技术进展[J]. 中国腐蚀与防护学报, 42(3): 447-457.

张钰, 魏世丞, 董超芳, 等. 2021. 定量结构-性质关系（QSPR）中的计算方法研究进展[J]. 科学通报, 66(22): 2832-2844.

赵悦彤, 丁红蕾, 邱凯娜, 等. 2022. 金属大气腐蚀影响因素及实验方法研究综述[J]. 上海电力大学学报, 38(6): 527-532.

Agrawal A, Choudhary A. 2016. Perspective: Materials informatics and big data: Realization of the "fourth paradigm" of science in materials science[J]. APL Materials, 4(5): 053208.

Aung N N, Tan Y J. 2004. A new method of studying buried steel corrosion and its inhibition using the wire beam electrode[J]. Corrosion Science, 46(12): 3057-3067.

Bottin F, Leroux S, Knyazev A, et al. 2008. Large-scale *ab initio* calculations based on three levels of parallelization[J]. Computational Materials Science, 42(2): 329-336.

Cawse J N. 2001. Experimental strategies for combinatorial and high-throughput materials development[J]. Accounts of Chemical Research, 34(3): 213-221.

Cui G, Zhang C, Wang A, et al. 2021. Research progress on self-healing polymer/graphene anticorrosion coatings[J]. Progress in Organic Coatings, 155: 106321.

Dai J, Fu D, Song G, et al. 2022. Cross-category prediction of corrosion inhibitor performance based on molecular graph structures via a three-level message passing neural network model[J]. Corrosion Science, 209: 110780.

Deng C, Sun M, Li W, et al. 2005. Design and execution of a multi-tiered distributed database for marine corrosion and protection[J]. Corrosion Science and Protection Technology, 17(6): 422-424.

Ding R, Shang J X, Wang F H, et al. 2018. Electrochemical Pourbaix diagrams of Ni-Ti alloys from first-principles calculations and experimental aqueous states[J]. Computation Materials Science, 143: 431-438.

Du L, Chen J, Hu E, et al. 2022. A reactive molecular dynamics simulation study on corrosion behaviors of carbon steel in salt spray[J]. Computational Materials Science, 203: 111142.

García S J, Muster T H, Özkanat Ö, et al. 2010. The influence of pH on corrosion inhibitor selection for 2024-T3 aluminium alloy assessed by high-throughput multielectrode and potentiodynamic testing[J]. Electrochimica Acta, 55(7): 2457-2465.

Gong H, He J, Zhang X, et al. 2022. A repository for the publication and sharing of heterogeneous materials data[J]. Scientific Data, 9(1): 787.

Hakimian S, Pourrahimi S, Bouzid A H, et al. 2023. Application of machine learning for the classification of corrosion behavior in different environments for material selection of stainless steels[J]. Computational Materials Science, 228: 112352.

Jiménez-Come M J, Turias I J, Trujillo F J. 2014. An automatic pitting corrosion detection approach for 316L stainless steel[J]. Materials & Design, 56: 642-648.

la Mantia F P, Morreale M, Botta L, et al. 2017. Degradation of polymer blends: A brief review[J]. Polymer Degradation and Stability, 145: 79-92.

Li W, Wang Z, Xiao M, et al. 2019. Mechanism of UVA degradation of synthetic eumelanin[J]. Biomacromolecules, 20(12): 4593-4601.

Li X, Zhang D, Liu Z, et al. 2015. Materials science: Share corrosion data[J]. Nature, 527(7579): 441-442.

Liu S, Su Y, Yin H, et al. 2021. An infrastructure with user-centered presentation data model for integrated management of materials data and services[J]. npj Computational Materials, 7: 88.

Liu T, Chen Z, Yang J, et al. 2024. Machine learning assisted discovery of high-efficiency self-healing epoxy coating for corrosion protection[J]. npj Materials Degradation, 8(1): 11.

Liu Z, Cao D, Wu Y, et al. 2002. Study on the database of corrosion control desing for aircraft structures[J]. Acta Aeronautica et Astronautica Sinica, 23(4): 360-363.

Lu W, Xiao R, Yang J, et al. 2017. Data mining-aided materials discovery and optimization[J]. Journal of Materiomics, 3(3): 191-201.

Ma J, Dai J, Guo X, et al. 2023. Data-driven corrosion inhibition efficiency prediction model incorporating 2D-3D molecular graphs and inhibitor concentration[J]. Corrosion Science, 222: 111420.

Maqbool A, Khalad A, Khan N Z. 2024. Prediction of corrosion rate for friction stir processed WE43 alloy by combining PSO-based virtual sample generation and machine learning[J]. Journal of Magnesium and Alloys, 12(4): 1518-1528.

Mareci D, Suditu G D, Chelariu R, et al. 2016. Prediction of corrosion resistance of some dental metallic materials applying artificial neural networks[J]. Materials and Corrosion, 67(11): 1213-1219.

Ozdemir H C, Nazarahari A, Yilmaz B, et al. 2024. Machine learning—informed development of high entropy alloys with enhanced corrosion resistance[J]. Electrochimica Acta, 476: 143722.

Pei Z, Zhang D, Zhi Y, et al. 2020. Towards understanding and prediction of atmospheric corrosion of an Fe/Cu corrosion sensor via machine learning[J]. Corrosion Science, 170: 108697.

Pickett J E, Sargent J R, Blaydes H A, et al. 2009. Effects of temperature on the weathering lifetime of coated polycarbonate[J]. Polymer Degradation and Stability, 94(7): 1085-1091.

Popova K, Prošek T. 2022. Corrosion monitoring in atmospheric conditions: A review[J]. Metals, 12(2): 171.

Ren C, Ma L, Luo X, et al. 2023. High-throughput assessment of corrosion inhibitor mixtures on carbon steel via droplet microarray[J]. Corrosion Science, 213: 110967.

Ren C, Ma L, Zhang D, et al. 2023. High-throughput experimental techniques for corrosion research: A review[J]. MGE Advances, 1(2): e20.

Rivers G, Cronin D. 2019. Influence of moisture and thermal cycling on delamination flaws in transparent armor materials: Thermoplastic polyurethane bonded glass-polycarbonate laminates[J]. Materials & Design, 182: 108026.

Sasidhar K N, Siboni N H, Mianroodi J R, et al. 2023. Enhancing corrosion-resistant alloy design through natural language processing and deep learning[J]. Science Advances, 9(32): 7992.

Thompson A P, Aktulga H M, Berger R, et al. 2022. LAMMPS—a flexible simulation tool for particle-based materials modeling at the atomic, meso, and continuum scales[J]. Computer Physics Communications, 271: 108-171.

Wang T, Zhang C, Snoussi H, et al. 2019. Machine learning approaches for thermoelectric materials research[J]. Advanced Functional Materials, 30(5):1906041.

Westhaus I U, Sass R. 2004. From raw physical data to reliable thermodynamic model parameters through DECHEMA data preparation package[J]. Fluid phase equilibria, 222-223: 49-54.

Whitfield M J, Bono D, Wei L, et al. 2014. High-throughput corrosion quantification in varied microenvironment[J]. Corrosion Science, 88: 481-486.

Wu D, Zhang D, Liu S, et al. 2020. Prediction of polycarbonate degradation in natural atmospheric environment of china based on BP-ANN model with screened environmental factors[J]. Chemical Engineering Journal, 399: 125878.

Xia X, Nie J F, Davies C H J, et al. 2016. An artificial neural network for predicting corrosion rate and hardness of magnesium alloys[J]. Materials & Design, 90: 1034-1043.

Xiang X, Sun X, Briceno G, et al. 1995. A combinatorial approach to materials discovery[J]. Science, 268(5218): 1738-1740.

Xie J, Su Y, Zhang D, et al. 2022. A vision of materials genome engineering in China[J]. Engineering, 10: 10-12.

Yin L, Jin Y, Leygraf C, et al. 2016. A FEM model for investigation of micro-galvanic corrosion of Al alloys and effects of deposition of corrosion products[J]. Electrochimica Acta, 192: 310-318.

Zhang Q, Chang D, Zhai X, et al. 2018. OCPMDM: Online computation platform for materials data mining[J]. Chemometrics and Intelligent Laboratory Systems, 177: 26-34.

Zhi Y, Jin Z, Lu L, et al. 2021. Improving atmospheric corrosion prediction through key environmental factor identification by random forest-based model[J]. Corrosion Science, 178: 109084.

第6章

摩擦磨损

世界上使用的能源大约有 1/3 消耗于摩擦，机械装备使用过程中金属材料之间的摩擦磨损会造成能量的损耗、工作效率降低及部件寿命缩短。党的二十大报告提出，"推动制造业高端化、智能化、绿色化发展"。因此，在中国式现代化高质量发展的背景下，摩擦学学科在制造强国战略中具有极其重要的地位。我国正不断加大摩擦学研究的投入力度，积极搭建高水平科研平台，培养了一大批摩擦学领域的优秀人才，产出了一大批原创性学术成果和技术突破，为加快发展新质生产力，扎实推进高质量发展做出新的贡献。

6.1 摩擦磨损的基本概念

6.1.1 摩擦的基本概念

最早的摩擦研究可以追溯到 15 世纪，在此后的几百年中，物理学家不断地研究与发展摩擦理论。截至目前，针对接触面之间摩擦的研究已经上升到分子层面，但仍然没有一个完美的理论能够解释摩擦现象。不过这并不影响现有摩擦理论在工业界的应用。

1. 经典摩擦理论

普遍认为，达·芬奇是最早研究摩擦并描述摩擦定律的学者。他提出了摩擦的基本法则：摩擦力与接触面积的大小无关，与压力成正比。两百年后，法国物理学家 Amontons 也同样发现并正式提出了两条定律，又称 Amontons 方程。直到 18 世纪末，Coulomb 对 Amontons 的实验和理论进行整理总结，并进一步发展并提出了三条摩擦理论——库仑摩擦定律，如图 6-1 所示。

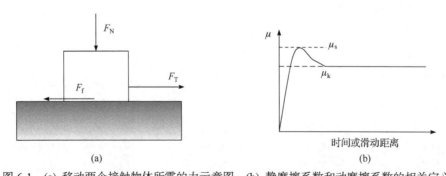

图 6-1 (a) 移动两个接触物体所需的力示意图；(b) 静摩擦系数和动摩擦系数的相关定义

库仑摩擦第一定律：摩擦力 F_f 与作用在摩擦面上的正压力 F_N 成正比，与外表的接触

面积无关。这实际上就是 Amontons 定律，即所谓的静摩擦定律和滑动摩擦定律。表示为

$$F_f = \mu \cdot F_N \qquad (6-1)$$

式中，μ（也常记为 f）为一个常数，称为静摩擦系数 μ_s，或者动摩擦系数 μ_k。式（6-1）表明，摩擦系数与载荷无关，与接触物体的物理尺寸无关。

库仑摩擦第二定律：滑动摩擦力和滑动速度大小无关。尽管这条定律有很大的局限性，如动摩擦系数常与滑动速度呈现负变化关系，但事实上由于这一变化的斜率很小，故影响甚微。

库仑摩擦第三定律：最大静摩擦力大于滑动摩擦力，即 $F_静 > F_滑$。

事实上，这三大定律都是由经验与实验所得，并不完全适用于实际情况。因此，只有当材料性质和实验条件（如温度、压力等）给定时，摩擦系数才是一个确定的值。

2. 机械啮合理论

早期研究者认为金属摩擦源于表面粗糙度。如果滑动摩擦接触中的一个表面比另一个表面硬得多，则较硬的粗糙体可以渗透到较软的表面中，这个过程称为犁削。在最简单的机械啮合理论模型中，摩擦系数与犁削微凸体的切线斜率有关。正常表面粗糙体的有效斜率难以超过 5°或 6°，故摩擦系数的值应为 $\mu \approx 0.04$。而微凸体的相互啮合、碰撞以及弹塑性变形便被认为是滑动摩擦能量损耗的主要原因。

然而，这个模型忽略了实验观察到的事实——大多数犁削情况下，在切槽路径之前会发生材料堆积。因此，该值仅可视为犁削分量的下限。

此外，脆性材料在犁削过程中还可能发生微裂纹，Gahr 提出了一种扩展模型，加入了材料的断裂韧性、弹性模量和硬度等影响参数，称为犁削断裂力学模型。Suh 及其同事研究了另一种犁削机制，即穿透磨损颗粒犁削。他们的分析表明，除了材料的性质之外，微凸体与磨损颗粒的几何性质会显著影响滑动表面的摩擦行为。

尽管机械啮合理论揭示了表面粗糙度与摩擦阻力的关系，但不能解释极低粗糙度下摩擦力不减反增的现象，因此机械啮合并非摩擦起源的唯一因素。

3. 分子作用理论

Tomlinson 机制认为摩擦源于分子间的相互作用力，特别是原子间的吸引和排斥力。Tomlinson 在 1929 年指出，塑性变形不是摩擦能量损耗的主要原因，而是原子间的不可逆跳跃导致能量耗散。在摩擦力显微镜的场景中，弹性悬臂缓慢拖动尖端时，尖端可能会出现不可逆的跳跃，引起滞后和摩擦。这种不可控的跳跃类似于橡胶在桌面上拖动的行为，被称为"原子黏滑"。简而言之，Tomlinson 机制解释了在极低速度下，原子间的不可逆跳跃是摩擦能量耗散的主要原因。

在原子层面，摩擦力与所施加载荷的关系不再是线性的，材料的摩擦系数 μ 便不具有明确含义。基于此，Tomlinson 模型引入无量纲参数 $\eta = \dfrac{4\pi^2 V_0}{ka^2}$（$V_0$ 为势场的振幅，表示势能的最大值；a 为周期势场的周期；k 为弹簧常数，表示连接在势场中的粒子与弹簧之间的相互作用强度），描述作用在接触粗糙体上的弹性力和化学力之间的比，并通过分析 η 的

值观察到黏滑和超润滑运动两种摩擦机制：

$$\eta \cos\left(\frac{2\pi x}{a}\right) = 1 \tag{6-2}$$

在准静态运动中，尖端位置保持在局部能量最小值处，此时，横向力 F^* 为

$$F^* = \frac{2\pi V_0}{a}\sqrt{\eta^2 - 1} \tag{6-3}$$

即当 $\eta < 1$ 时，式（6-2）在 x 中没有解。此时尖端可以放置在表面上的任何位置处。当 $\eta > 1$ 时，式（6-2）在每个晶胞中有两个解 $x_{1,2}^*$，描述了不稳定位置的边界，后来式（6-3）被称为临界曲线；对于 $\eta = 1$，x 达到平衡位置即 $x_{1,2}^* = 0$；而当 η 向无穷大增加时，x 将向 $x_{1,2}^* = \pm a/4$ 发散。事实上，对于 $\eta > 1$ 的任何值，存在某些尖端位置不稳定的区域，此时无论选择什么支撑位置，都难以保持尖端静止。当滑动开始时，横向力 F_x 将随着支撑和尖端位置 X 和 x 而增加：

$$F_x = k_{\exp}(X - x); \quad k_{\exp} = \frac{\eta}{\eta + 1}k \tag{6-4}$$

当 $\eta \geqslant 1$ 时，$k_{\exp}$ 接近有效弹簧常数 k。横向力最大值 $F_x^{\max}$ 在 $x = a/4$ 处，当尖端顶点运动速度大于摩擦力所能维持的临界速度时，横向力 F_x 开始减小。最后在 x 达到临界值 $x_{1,2}^* = a/2$ 时，尖端发生跳跃。过程中摩擦参数 η 为

$$\eta = \frac{2\pi F_x^{\max}}{k_{\exp}a} - 1 \tag{6-5}$$

由该理论可得到：表面粗糙度增大会减小摩擦系数。解释了光滑表面摩擦力不减反增的现象，此时分子间的吸附力发挥主要作用，但并不具有很好的普适性。

4. 黏着-摩擦理论

摩擦力的物理性质取决于接触体的结构性质、相对位移速度和切向阻力。苏联学者 Kragelsky 认为摩擦力是正压力造成的摩擦力与分子间吸附造成的摩擦力之和。剑桥大学的 Bowden 和 Tabor 在此基础上提出了黏着-摩擦理论，认为摩擦副表面在接触后，部分微凸体会发生黏着，随着相对滑动，黏着点被剪断，同时微凸体或磨屑会嵌入软表面形成犁沟。这结合了机械啮合与分子作用理论，解释了摩擦过程中的能量损耗。

1）微凸体的塑性变形

Bowden 等认为摩擦力与真实接触面积有关，并将固体与它们的表面共同组成的真实接触面积的部分接触面积定义为 A_f，该接触面积 A_f 始终小于名义接触面积，并受摩擦界面材料的摩擦学性质和接触表面的几何形状主导：

$$A_f = \frac{N}{\sigma_y} = \frac{N}{HB} \tag{6-6}$$

式中，N 为载荷；σ_y 为较软材料的屈服极限；HB 为界面处较软材料的硬度。

真实的摩擦表面不是完全平坦的。当两个表面被压在一起时，凹凸处便会出现许多塑性的接触点。这里做简化处理，参考 $A_f/A_n \leqslant 1$（A_n 为名义接触面积，指理想状态下的接触

面积）的情况，即 $p_0 \ll p_y$（p 为位错数）。

如果两个接触的物体以速度 v 滑动，连接处会不断断开并在其他点上重构。因此，只有接触点键形成与断裂的速率相同时，才能达到动态平衡。而在临界剪切应力 τ_m 作用于接触的两个粗糙物体之间的界面处时，每个连接点都会发生剪切分离，这是因为黏附力与微凸体的塑性变形有关。在图 6-2 中，每个在粗糙界面处的体积元都受到压应力 $\sigma_c = F_N/A_f$ 和剪应力 $\tau_m = F_T/A_f$ 的作用。其中剪切应力在以下情况下实现屈服：

$$\sigma_c^2 + \alpha\tau_m^2 = \sigma^2 \tag{6-7}$$

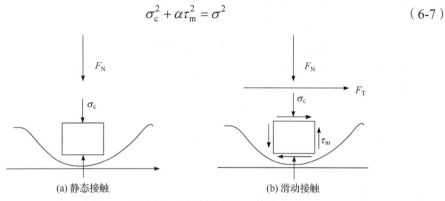

图 6-2 作用在每个粗糙接触点上的应力

通常，σ_y 用塑性变形的平均应力 p_y 代替，常数 α 取大于 4 的值，具体数值并不确定。且连接处更容易塑性变形，导致真实的接触面积增加，则

$$A_f = \frac{F_N}{p_y}\sqrt{1+12\mu^2} \tag{6-8}$$

2）接触面的黏着分量

Bowden 和 Tabor 在一个高度简化的模型中描述了摩擦力的黏着分量，即界面剪切强度和粗糙体屈服压力的商。因为对于大多数材料，摩擦力的黏着分量为 0.2 左右。随着连接点的生长，摩擦的黏着分量可能会增加。如果接触表面被一层有效剪切强度约为母金属剪切强度一半的薄膜隔开，则摩擦系数可能为 0.1。

考虑到固体的其他性质，可以将 Bowden 和 Tabor 提出的黏着分量模型进行进一步扩展，如引入以摩擦副表面能作为重要参数的表面能理论，以及考虑黏合连接点的断裂并引入临界裂纹张开因子和加工硬化因子作为影响参数的断裂力学模型。

因此，必须强调的是，在考虑摩擦的黏附成分时，相关的影响性质（如界面剪切强度或表面能）是指与给定的材料之间的特性，而不是与所涉及的单个成分相关的特性。

3）摩擦过程的复杂性

在一般情况下，摩擦力 F_{Fr} 是许多变量的函数：法向载荷 N、滑动速度 ω、接触温度 T、环境中的接触时间 T_0 等其他参数，因此在实际应用中通常用 F_n 来表示，具体定义为

$$F_n = \frac{F_{Fr}}{A_n} \tag{6-9}$$

更常见的是摩擦系数 μ 与摩擦力和标称载荷之间的关系：

$$\mu = \frac{F_{\text{Fr}}}{N} \tag{6-10}$$

若切向力作用于固体间的静载荷接触，将立即出现 $0.1 \sim 1.0\mu m$ 的小尺寸相对位错。这些位移在某些情况下是可逆的，而在另一些情况下是不可逆的。这意味着在接触滑动开始前，已经存在大规模的弹塑性过程。结合经典理论，滑动开始时的摩擦力被视为微米尺寸微凸体间的机械相互作用结果。即摩擦力是由于微凸体摩擦脱离的耗散过程，并可表示为微米尺寸接触点上摩擦力的总和。

这一理论认为，摩擦源于表面，而摩擦过程中的能量损耗主要源于粗糙粒子的碰撞、相互啮合以及弹塑性变形。图 6-3 呈现的是接触中微凸体的膨胀-脱离，即摩擦的基本过程。这种摩擦的形成和分离过程包括以下几个主要阶段：微凸体的弹性和塑性变形、脱落和黏接剪切。该定律表示如下：

$$F_{\text{Fr}} = F_1 + F_2 + F_3 + F_4 \tag{6-11}$$

式中，F_1 为材料弹性变形阻力；F_2 为材料塑性变形阻力；F_3 为材料犁削阻力；F_4 为微凸体黏接剪切阻力。

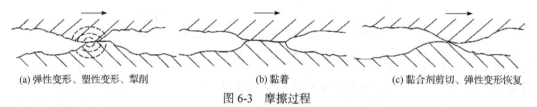

(a) 弹性变形、塑性变形、犁削   (b) 黏着   (c) 黏合剂剪切、弹性变形恢复

图 6-3 摩擦过程

4）修正黏着理论

F_N 为作用在两个接触物体上并使其保持相对滑动速度 v 所需的法向力，而切向力 F_T 是由于分离接触点所需的临界剪切应力 τ_m，则

$$\mu = \frac{\tau_m}{p_y} - \frac{1}{\sqrt{1 - 12\left(\dfrac{\tau_m}{p_y}\right)^2}} \tag{6-12}$$

在微凸体普遍存在弹性接触的情况下，需要对 A_f 进行修正，即修正黏着理论。则接触的真实面积将表示为

$$A_f \approx \frac{3.3 F_N}{E^* \sqrt{\dfrac{\sigma_s}{R_s}}}; \quad \mu = c \cdot \frac{\tau_m}{E^*} \tag{6-13}$$

式中，$c = 3.2 \sqrt{\dfrac{\sigma_s}{R_s}}$，$\sigma_s$ 为微凸体高度分布的复合标准偏差；R_s 为复合微凸体半径；E^* 为两个材料接触时的复合弹性模量。

界面接触有弹性接触和塑性接触之分，在塑性接触的情况下 $\mu \propto \dfrac{W_{12}}{H}$（$W_{12}$ 为单位面积克服黏附力所需要的能量，其中 1、2 表示接触的两种材料；H 为较软材料的硬度）；在弹

性连接的情况下 $\mu \propto \dfrac{W_{12}}{E^*}$。然而必须明确的是，这两个公式在实际使用中存在问题，原因如下：①黏附功受到表面污染物的强烈影响，在滑动过程中，特别是在磨合过程中，这些污染物从配合表面上去除，故样品表面新鲜的微凸体与配合面反复接触。然而，由于无法预测实际污染物去除的程度，可能是全部或部分去除，甚至其在摩擦过程中所起的作用也没有完全确定。②附着力受每次接触过程中产生的局部塑性的影响，这种效应会引起黏附滞后，其中分离接触点的功大于接近接触点的功。

上述公式也提出了减少摩擦的重要方法：首先，必须减小接触的真实的面积，从而增加硬度 H（接触的最软材料的硬度）和/或增加 E^*；其次，有必要降低 τ_m，从而降低 W_{12}。这两个目标都可以通过增加接触材料的硬度和/或刚度以及降低 W_{12} 接触点黏附的表面积完成。

5）能量损耗机制

实际上，迄今为止所讨论的摩擦机制在大多数摩擦情况下均有效存在。Briscoe 在总结聚合物的摩擦机制时，提出了一个两项非相互作用耗散过程模型，并整理了摩擦诱导能量耗散的一系列过程，如图 6-4 所示。其过程包括：①塑性损失，导致微切削；②黏弹性损失，导致疲劳裂纹和撕裂，伴随次表面生热和损坏；③真滑动：表面高应变速率和生热速率；大量的化学降解；沙拉马赫（Schallamach）波的传播；④界面滑动：聚合物内的破裂和转移磨损。

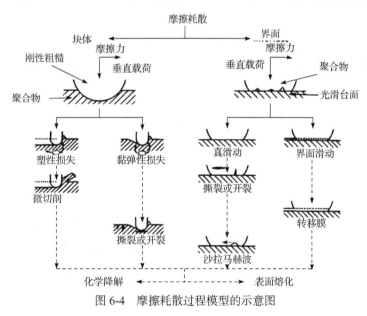

图 6-4 摩擦耗散过程模型的示意图

黏着-摩擦理论是固体摩擦学的一次重大进展，它能够有效地解释摩擦跃动、摩擦转移、犁沟磨痕等现象，但由于对各类现象进行了一定程度的简化，因此仍然存在一些不完善的地方。

6.1.2 磨损的基本概念

1. 磨粒磨损

外界硬颗粒或者对摩擦表面上的硬凸起物或者粗糙峰在摩擦过程中引起表面材料脱落

的现象，称为磨粒磨损。例如，球磨机衬板上发生的磨损就是典型的磨粒磨损。磨粒磨损是最普遍的磨损形式，在生产中因磨粒磨损造成的损失占整个磨损损失的一半左右。

1）磨粒磨损的分类

磨粒磨损可分为二体磨粒磨损和三体磨粒磨损，如图6-5所示。

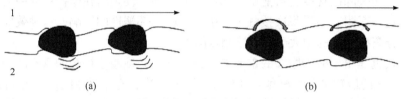

图6-5 (a)二体和(b)三体磨粒磨损示意图

二体磨粒磨损[图 6-5（a）]是指固定磨粒沿固体表面相对运动，产生犁沟痕迹。若磨粒运动接近垂直，称为冲击磨损，磨粒与表面高应力碰撞，导致深沟槽和大颗粒脱落。二体磨损也可能是表面硬凸起在较软表面滑动，产生低应力磨粒磨损。

三体磨粒磨损[图 6-5（b）]是指两个接触物体较硬，磨粒在两者之间自由滚动。这种情况下，磨粒与金属表面产生极高接触应力，导致韧性金属表面塑性变形或疲劳，脆性金属表面则发生脆裂或剥落。

2）Rabinowicz 公式

1966 年，美国工程师 Ernest Rabinowicz 估算出以微观切削作用为主的磨粒磨损量。在该模型中，假设磨粒为形状相同的圆锥体（图6-6），半角为 θ，压入深度为 h，则压入部分的投影面积 A 为

$$A = \pi h^2 \tan^2 \theta \tag{6-14}$$

圆锥体磨粒被压入被磨材料中，磨粒所承载的载荷 W 为

$$W = \sigma_s A = \sigma_s \cdot \pi h^2 \tan^2 \theta \tag{6-15}$$

式中，σ_s 为被磨材料的受压屈服极限。

当圆锥体滑动距离为 L 时，被磨材料被去除的体积为

$$V = L h^2 \tan \theta \tag{6-16}$$

若将单位位移产生的磨损体积定义为体积磨损度 $\dfrac{\mathrm{d}V}{\mathrm{d}L}$，则磨粒磨损的体积磨损度为

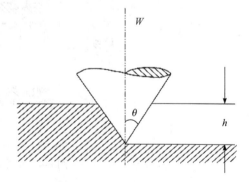

图6-6 圆锥体磨粒磨损模型

$$\frac{\mathrm{d}V}{\mathrm{d}L} = h^2 \tan \theta = \frac{W}{\sigma_s \pi \tan \theta} \tag{6-17}$$

由于受压屈服极限 σ_s 与硬度 H 有关，则

$$\frac{\mathrm{d}V}{\mathrm{d}L} = k_a \frac{W}{H} \tag{6-18}$$

式中，k_a 为磨粒磨损系数，与材料硬度、硬材料凸出部分或磨粒的形状等因素有关。此外，该模型近似地适用于二体磨粒磨损；在三体磨粒磨损中，一部分磨粒会发生滚动，因此磨粒磨损系数 k_a 应当适当降低。

3）磨粒磨损的影响因素

磨粒磨损的机理主要有如下三种。

（1）微观切削：法向载荷将磨料压入摩擦表面，滑动时的摩擦力通过磨料的犁沟作用使表面剪切、犁皱和切削，形成槽状磨痕。

（2）挤压剥落：磨料在载荷作用下压入摩擦表面，产生压痕，将塑性材料表面挤压成层状或鳞片状的剥落碎屑。

（3）疲劳破坏：摩擦表面在磨料产生的循环接触应力作用下，因疲劳而剥落。

为了提高磨粒磨损的耐磨性，应减少微观切削作用，如降低磨粒对表面的作用力、使载荷均匀分布、提高材料表面硬度、降低表面粗糙度、增加润滑膜厚度以及保持摩擦表面清洁。磨粒磨损性能与磨料的硬度、强度、形状、尖锐程度和颗粒大小有关，同时载荷显著影响材料的磨损率，其磨损率与表面压力成正比。

2. 黏着磨损

当摩擦副表面相对滑动时，由于黏着效应所产生的黏着结点发生剪切断裂，被剪切的材料或脱落形成磨屑，或由一个表面迁移到另一个表面，此类磨损统称为黏着磨损。

1）黏着磨损的分类

按照磨损的严重程度，黏着磨损可分为以下几种。

（1）轻微黏着磨损：当黏着结点强度低于材料强度时，剪切发生在结合面上，摩擦系数增大但磨损较小，常见于有氧化膜或涂层的金属表面。

（2）一般黏着磨损：当黏着结点强度高于软材料的剪切强度时，破坏发生在软材料表层内，导致软材料黏附在硬材料表面，磨损程度加剧。

（3）擦伤磨损：当黏着结点强度高于材料强度时，剪切破坏发生在软材料表层内，软表面出现划痕，导致软材料表面严重磨损。

（4）胶合磨损：当黏着结点强度远高于材料强度且面积较大时，剪切破坏发生在材料表层深处，导致严重磨损，甚至使摩擦副咬死。

2）黏着磨损的 Archard 模型

黏着磨损计算可以根据图 6-7 所示的模型求得，它是由 Archard 提出的。

如果摩擦副之间的结点面积为以 a 为半径的圆，那么每一个黏着结点的接触面积为 πa^2。如果表面处于塑性接触状态，则每个黏着结点支承的载荷为

$$W = \pi a^2 \sigma_s \tag{6-19}$$

式中，σ_s 为软材料的受压屈服极限。

假设黏着结点沿球面破坏，即迁移的磨屑为半球形。于是，当滑动位移为 $2a$ 时的磨损体积为 $2/3\pi a^3$。因此，体积磨损度可写为

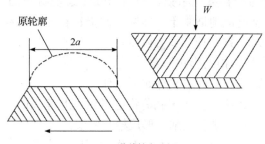

图 6-7　黏着磨损模型

$$\frac{\mathrm{d}V}{\mathrm{d}S} = \frac{\frac{2}{3}\pi a^3}{2a} = \frac{W}{3\sigma_s} \tag{6-20}$$

考虑到并非所有的黏着结点都形成半球形的磨屑，引入黏着磨损常数 K_s，且 $K_s \ll 1$，则 Archard 公式为

$$\frac{\mathrm{d}V}{\mathrm{d}S} = K_s \frac{W}{3\sigma_s} \tag{6-21}$$

Archard 公式虽然是近似的，但可以用来估算黏着磨损寿命。

3）摩擦的黏着理论

该理论认为，在两个接触的物体之间保持滑动速度 v 所需的切向力 F_T（法向力 F_N）是由分离接触中的凸起所需的临界剪切应力 τ_m 与塑性变形平均应力 p_y 引起的：

$$F_T = \tau_m \frac{F_N}{p_y} \sqrt{1 + 12\mu^2} \tag{6-22}$$

因此，结合摩擦系数的定义可得

$$\mu = \frac{\tau_m}{p_y} - \frac{1}{\sqrt{1 - 12\left(\dfrac{\tau_m}{p_y}\right)^2}} \tag{6-23}$$

如图 6-8 所示，随着 τ_m / p_y 的增大，μ 趋于等于非常高的值，当它小于 0.15 时，可以忽略结点生长的贡献，关系式（6-23）可以简化如下：

$$\mu = \frac{\tau_m}{p_y} \tag{6-24}$$

实际上，摩擦系数的测量通常被认为是评估两个表面之间黏附（以及黏附功）的一种快速而简单的方法。然而，必须明确的是，式（6-23）和式（6-24）只是帮助理解真正复杂的摩擦现象的指导原则。根据前人理论的思想，可以提出 τ_m 是 W_{12}（单位面积黏着功）的函数。在简化的模型中，τ_m 与 W_{12} 成正比，即在塑性连接中，$\mu \propto W_{12}/H$，而在弹性连接中，$\mu \propto W_{12}/E^*$。

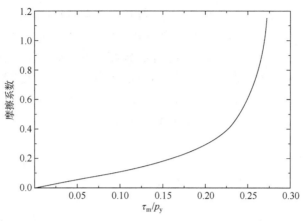

图 6-8 摩擦系数与 τ_m/p_y 的关系

3. 接触疲劳磨损

两个相互滚动或者滚动兼滑动的摩擦表面，在循环变化的接触应力作用下，由于材料疲劳剥落而形成凹坑，称为表面疲劳磨损或接触疲劳磨损。例如，齿轮传动、滚动轴承等的磨损；除此之外，摩擦表面粗糙峰周围应力场变化引起的微观疲劳现象也属于此类磨损。接触疲劳磨损是一种典型的疲劳失效：在循环载荷的作用下，裂纹先形成，然后扩展到最终断裂。

1）接触疲劳磨损分类

（1）表面萌生疲劳磨损。表面萌生的疲劳磨损是指由于循环应力的作用，在摩擦副工作表面或表层内部形成裂纹并扩展从而导致表层材料剥落的一种磨损形式，其主要发生在滚动轴承、齿轮等的接触面上。在循环接触应力作用下，疲劳裂纹形核于材料表层内部的应力集中区域，如非金属夹杂物或空洞中。通常裂纹萌生点局限于一个狭窄区域内，其与表层内最大剪应力的位置相符合。

（2）鳞剥与点蚀磨损。按照磨屑与疲劳坑的形状，通常将表面疲劳磨损分为鳞剥与点蚀两种，前者磨屑为片状，凹坑浅而面积大；后者磨屑多为扇形颗粒，凹坑为许多小而深的麻点。鳞剥疲劳裂纹始于表层内，随后裂纹与表面平行向两端扩展，最后在两端断裂，形成沿整个试件宽度上的浅坑。

2）混合润滑和边界润滑下的接触疲劳磨损机理

固体润滑剂是一种能够强烈黏附在一个或两个待润滑表面上的材料，能够降低允许相对运动所必需的剪切应力 τ_m，从而降低两个滑动表面之间的摩擦。当液体润滑剂被插入摩擦表面，它们的作用很大程度上取决于它们建立的润滑机制。润滑状态可以根据 Λ 因子进行分类，由以下关系定义：

$$\Lambda = \frac{h_{\min}}{\sqrt{R_{q1}^2 + R_{q2}^2}} \tag{6-25}$$

式中，$h_{\min}$ 为表面间最小润滑剂厚度；R_{q1}、R_{q2} 为表面粗糙度。

流体膜润滑的疲劳性能可以看作一个上限，因为它是指最佳润滑状态。Λ 的减小引起接触疲劳阻力的减小。如果混合了润滑，就会使许多凸起反复接触。

由于几何不连续性，如磨削痕迹等是表面微裂纹形核的优先位置。两个主要因素促成了应力强度因素。第一个因素用接触应力表示，即摩擦的存在（随着 Λ 的减小而增加）引起局部应力的增加；第二个因素是由润滑油施加的泵送效应。在大多数情况下，由于剪切扩展的不稳定性，裂纹经过一定的扩展后向表面分支，从而形成一个相对较小的接触疲劳碎片，其尺寸约为 $10\mu m$。这种现象通常被称为点蚀，如果 Λ 足够低，它可以通过剥落来预测失效。

简而言之，接触疲劳磨损的机理可以归纳如下：疲劳磨损的初期阶段是形成微裂纹，无论有无润滑油的存在，循环应力起主要作用。

3）接触应力状态

严格来说，Hertz 接触理论的应用条件是无润滑条件下完全弹性体的静态接触。根据赫兹理论，接触为半椭圆，此条件下压力为

$$p = -\sigma_z(z=0) = p_{\max}\sqrt{1-\left(\frac{r}{a}\right)^2} \qquad (6\text{-}26)$$

在接触中心，即 $r=0$ 处的最大值，称为赫兹压力，由下式给出：

$$p_{\max} = \frac{3F_N}{2\pi a^2} \qquad (6\text{-}27)$$

在非共形接触下，由于材料的接触面积是有限的，其接触压力比值分布随接触区域中心距离 r 的变化如图 6-9 所示。当两种材料的泊松比 $\nu_1=\nu_2=0.3$ 时，对应表面应力的极坐标演化如图 6-10（a）所示。注意，在标称接触面积的边缘处产生径向拉伸应力，其最大值（当 $r=a$ 时）由下式给出：

$$\sigma_\tau = p_{\max}\frac{1-2\nu}{3} \qquad (6\text{-}28)$$

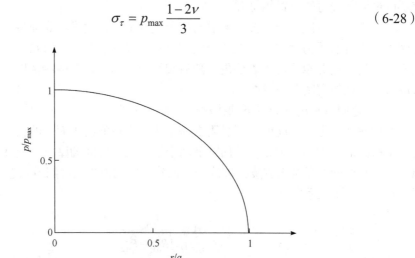

图 6-9　接触压力比值随距接触区域中心距离 r 的变化（对于 $z=0$）

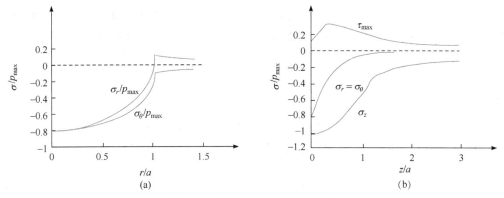

图 6-10 球面($\nu = 0.3$)的弹性接触

(a) 表面（$z = 0$）的归一化赫兹应力 σ_r 和 σ_θ 的分布；(b) 归一化应力 σ_r、σ_θ、σ_z 和 τ_{max} 沿 z 轴的分布，即在两个球内移动

沿载荷线（z 轴）和 $r = 0$ 时的应力如图 6-10（b）所示。由于对称的原因，它们也是主应力。在表面上：$\sigma_z = -p_{max}$ 以及 $\sigma_r = \sigma_\theta = \frac{1}{2} - (1 - \nu) p_{max}$，其中 $\nu = 0.3$。图 6-10（b）还显示了沿 z 轴的最大剪应力（τ_{max}）分布。τ_{max} 定义为

$$\tau_{max} = \frac{1}{2} |\sigma_z - \sigma_r| \qquad (6\text{-}29)$$

它相对于接触面呈 45°取向，在距离表面 $z_m = 0.48a$ 处达到最大值，$\tau_{max} = 0.31 p_{max}$（其中 $\nu = 0.3$）。远离 z 轴的应力场的特征是存在模量低于荷载线处的应力。材料在平坦的接触区域下的侧向位移，导致剪切应力 τ_{yz}（即垂直于 z 轴和 y 轴）的出现。

4. 腐蚀磨损

在摩擦过程中，金属与周围介质发生化学或电化学反应而产生的表面损伤称为腐蚀磨损。

1）高温氧化磨损

高温氧化磨损是腐蚀磨损的其中一种，其本质上是材料与含氧环境相互作用而产生的磨损，在高的滑动速度下或者当接触材料暴露在高温下，接触凸起处的氧化和摩擦机械作用相结合而产生氧化磨损（图 6-11）。一般来说，它伴随着表面氧化垢的形成，这避免了金属与金属在凸起处的接触，并且氧化垢可能作为一种固体润滑剂，从而减少摩擦和磨损。

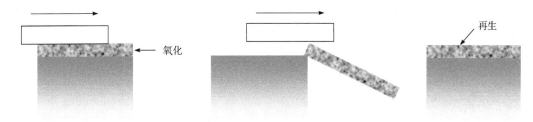

图 6-11 高温氧化磨损示意图

首先考虑高滑动速度下的直接摩擦氧化，此模型主要得益于 Quinn 的工作。氧化被认为是由接触温度 T_f 激活的，并涉及接触杂质。氧化物在尖端生长，一旦达到临界厚度 Z_c，氧化

物就会脱落。因此，氧化物破裂产生磨损碎片，并产生可以再次氧化的新表面，从而继续该过程。由于氧化过程涉及接触颗粒，因此磨损率 W 与接触面积 A_r 直接相关，W 可表示为

$$W = \frac{v}{S} = \frac{Z_c A_r}{v t_c} \qquad (6\text{-}30)$$

式中，S 为滑动位移；Z_c 为氧化物临界厚度；A_r 为接触面积；v 为滑动速度；t_c 为达到临界氧化厚度所需的时间。在大多数情况下，氧化遵循抛物线动力学，$\Delta m^2 = k \cdot t$，其中，Δm 为单位面积上由于形成氧化物吸收氧气而增加的质量；k 为速率常数，表示为

$$k = A \exp\left(-\frac{Q}{RT_f}\right) \qquad (6\text{-}31)$$

式中，A 为阿伦尼乌斯常数；Q 为氧化活化能；R 为摩尔气体常量；T_f 为接触温度。Δm 与形成的氧化物的化学计量有关。

　　在循环滑动情况下，如热轧轧辊与热带钢接触时，表面会发生氧化。在非接触期间，表面也会氧化。随后的滑动接触中，氧化膜可能部分或全部被去除，金属再次暴露在环境中进行再氧化，如图 6-11 所示。磨损率取决于氧化膜的生长动力学，即接触和非接触期间达到的表面温度。如果环境温度较高，非接触期间形成的氧化膜可能较厚，仅部分被去除。这种摩擦氧化磨损与高速滑动时的严重氧化相似，性质较为温和。

　　2）液滴侵蚀

　　液滴冲击会引起腐蚀性磨损，常见于输水管、低压汽轮机叶片和飞机窗户。高冲击速度（通常超过 100m/s）会产生高冲击压力，超过材料的屈服强度。经过潜伏期后，磨损随时间几乎呈线性增加，形成凹坑，数量和深度随冲击增加。磨损机理类似于低周接触疲劳。因此，抗液滴侵蚀的最佳材料应具备高硬度和高断裂韧性。

　　影响磨损率的因素包括流速和冲击角。磨损率随着目标材料的极限抗拉强度（UTS）的增加而降低（注意，UTS 通常与疲劳强度成正比）。随着冲击角的增大，磨损率迅速增大，当冲击角 $\theta = 90°$ 时磨损率最大。

　　3）气蚀

　　气蚀是液滴侵蚀的一种特殊情况。导致气蚀的情况如图 6-12 所示。当液体的静压低于其蒸气压时，会发生空化现象，形成蒸气云。这些气泡在高压区域坍缩并释放冲击波，导致液体微射流高速撞击固体表面，产生极高压力。经过潜伏期后，固体表面开始出现损伤，凹坑数量和深度逐渐增加。随着液体速度变化，可能出现低静压和高静压区域，特别

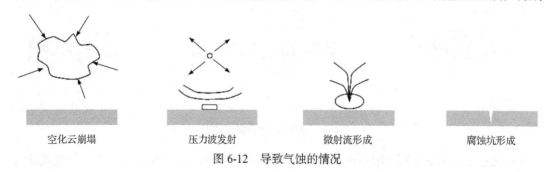

空化云崩塌　　　　　压力波发射　　　　　微射流形成　　　　　腐蚀坑形成

图 6-12　导致气蚀的情况

是在高频振荡运动下。气蚀常见于涡轮叶片、泵和高速润滑轴承中，除了磨损外，还会引发振动、效率损失和噪音。

减少气蚀的有效措施是防止气泡的产生。首先应使在液体中运动的表面为流线型，避免在局部区域出现涡流，因为涡流区域压力低，易出现气泡。此外，减少液体中的含气量与液体流动中的扰动，也将限制气泡的产生。同时，选择合适的材料能够提高抗气蚀能力，通常韧性与强度高的金属材料具有较好的抗气蚀能力，提高材料的抗腐蚀性能也将减少气蚀破坏。

5. 冲蚀磨损

1）定义与分类

当固体颗粒或液滴撞击表面时，就会发生冲蚀磨损，如图 6-13（a）所示。在固体颗粒冲蚀（SPE）中，磨损损伤本质上是磨粒磨损造成的。在液滴侵蚀（LDE）和液体射流冲蚀（也称空化侵蚀）的情况下，磨损主要是接触疲劳造成的，此外许多其他损伤参数也可能起着重要的作用。

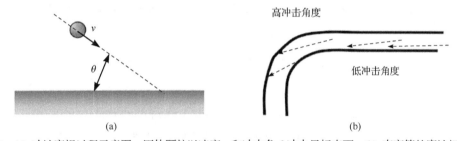

图 6-13　(a) 冲蚀磨损过程示意图：固体颗粒以速度 v 和冲击角 θ 冲击目标表面；(b) 直弯管的腐蚀相互作用

2）冲蚀磨损理论

（1）微切削理论。1958 年，Finnie 提出塑性材料的微切削理论，该模型假设一颗多角形磨粒，质量为 m，以一定速度 v、冲击角 α 冲击靶材的表面。当磨粒划过靶材表面时，把材料切除而产生磨损。由理论分析可得出靶的磨损体积：

$$V = K\frac{mv^2}{p}f(\alpha) \qquad (6-32)$$

$$f(\alpha) = \begin{cases} \sin^2\alpha - 3\sin^2\alpha & \alpha \leqslant 18.5 \\ (\cos^2\alpha)/3 & \alpha > 18.5 \end{cases} \qquad (6-33)$$

式中，V 为靶材的磨损体积；p 为靶材的流动应力；K 为常数。由上式可知：材料的磨损体积与磨粒的质量和速度的平方（即磨粒的动能）成正比；与靶材的流动应力成反比；与冲击角 α 成一定的函数关系。

（2）脆性断裂理论。Sheldon 和 Finnie 于 1966 年对冲击角为 90°时脆性材料的冲蚀磨损提出断裂模型，并得出脆性材料（单位重量磨粒的）冲蚀磨损量的表达式：

$$E = K_1 r^\alpha v_0^b \qquad (6-34)$$

对于球形磨粒 $\alpha = 3\dfrac{m}{m-2}$ ，对于多角形磨粒 $\alpha = 3.6\dfrac{m}{m-2}$ ，对于任意形状磨粒

$\alpha = 2.4\dfrac{m}{m-2}$，$K_1 \propto E^{0.8}/\sigma_b^2$，式中 E 为靶材的弹性模量；k_1、α、b 为与材料性质相关的常数；σ_b 为材料的弯曲强度；r 为磨粒尺寸；v_0 为磨粒的速度；m 为材料缺陷分布常数。试验结果表明，几种脆性材料（如玻璃、MgO、Al_2O_3、石墨等）的 α 和 b 的实验值与理论值基本一致。

（3）挤压-薄片剥落磨损理论。Levy 等于 1986 年提出延性材料的挤压锻造或薄片剥落磨损理论。他们发现不论是大冲击角（如 90°冲击角）还是小冲击角的冲蚀磨损，由于磨粒不断地冲击，靶材表面材料不断地受到反复地挤压锻造，于是形成小的、高度变形的薄片，随后呈片状屑从材料表面流失，如图 6-14 所示。

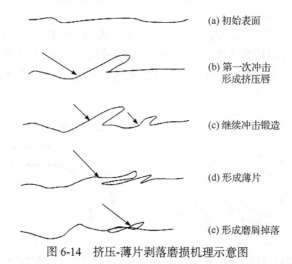

图 6-14　挤压-薄片剥落磨损机理示意图

6. 微动磨损

微动磨损涉及接触面遭受小幅度振荡运动，位移通常在 1～100μm。这种相对位移通常由机械系统中的振动引起。接触循环应力通过接触疲劳使表面裂纹成核，叠加的体应力可能导致疲劳失效，这种损伤也称微动疲劳。微动磨损的主要机制是摩擦氧化和接触疲劳。

1）微动磨损理论

微动磨损的三体理论认为：磨屑的产生可看成两个连续和同时发生的过程。利用三体理论可很好地解释金属材料微动摩擦系数随循环周次的变化过程，如图 6-15 所示。

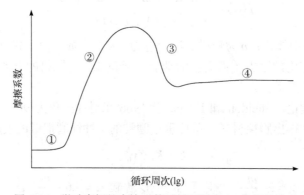

图 6-15　微动磨损的摩擦系数随循环周次(lg)变化的关系

① 跑合期：接触表面膜被去除，摩擦系数较低。

② 第一、第二体之间相互作用增加，发生黏着，摩擦系数上升，并伴随材料组织结构变化（如加工硬化）。

③ 磨屑剥落，第三体形成，两体接触逐渐变成三体接触，因第三体的保护作用，黏着受抑制，摩擦系数下降。

④ 磨屑连续不断地形成和排除，其成分和接触表面随时间改变，形成和排除的磨屑达到平衡，微动磨损进入稳定阶段。

2）微动磨损方式和影响因素

存在三种主要的微动磨损方式：黏滞状态、局部滑移状态和总滑移状态，这主要取决于振荡幅度。在图 6-16 中，这些状态通过与平面接触的圆柱体示意图进行简要描述。

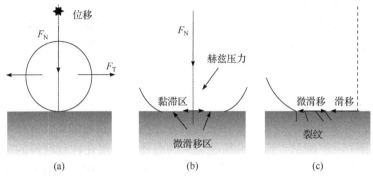

图 6-16　(a) 与平面接触的圆柱体；(b) 部分滑移区，其特征是存在一个中心黏滞区和两个外围微滑移区；(c) 由于振荡运动而形成的表面微裂纹

磨损的影响因素主要包括振动幅值、决定摩擦系数的摩擦学系统、外加载荷和环境温度。

7. 摩擦诱导结构演化

1）摩擦诱导结构细化

由于摩擦过程中外载荷的作用，材料表层和次表层会承受极高的应变和深度方向的应变梯度。在塑性变形下，材料的晶粒尺寸会明显减小，甚至细化至纳米量级，如图 6-17 所示。粗晶摩擦细化原理如下：位错滑移主导整个细化过程，首先在粗晶内形成位错缠结，随后通过位错湮灭和重组形成亚晶界。随着摩擦距离的增加，亚晶界中形成新的位错墙，晶粒间取向差增大，亚晶界逐渐转变为大角度晶界。最终，随着应变量的积累，晶粒细化为超细晶或纳米晶尺寸。

2）摩擦层以及动态再结晶层

作为摩擦学中最具特色、最吸引人的特征，摩擦层可以塑性流动、传递载荷、容纳速度梯度，并且可以剥落后再形成。由于其诸多特点，被科学工作者赋予了不同的名称：转移层（transfer layer）、白亮层

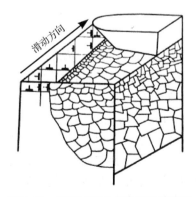

图 6-17　摩擦过程中晶粒细化示意图

（white-etching layer）、纳米晶层（nanocrystalline layer）、第三体（third body）和机械混合层（mechanical mixing layer）等。它们或硬或软，可以是单个压入颗粒也可以是连续层，典型特征是与基体材料结构和化学成分存在显著差异。

材料的转移和机械混合在摩擦层的形成中起关键作用。摩擦层中化学元素的差异一方面来自摩擦过程中材料的转移，另一方面来自外界环境，如 O₂ 等。摩擦层的形成是来源于磨屑的直接压入还是外界元素的卷入一直存在争议。Luo 等通过透射电镜观察发现摩擦层中含有大量基体中不存在的氧元素，并认为摩擦层来源于磨屑团聚，压入并附着于磨损表面。然而，Panin 等发现摩擦层中有介观尺度的涡流，认为涡流卷入对摩擦层的形成尤为重要。Karthikeyan 等通过分子动力学模拟发现剪切失稳导致涡流，进一步促进原子尺度的机械混合。尽管实验和模拟都显示了机械混合对摩擦层的形成至关重要，但其基本形成机制和动力学过程仍需更多研究。

此外，摩擦过程中由于表层产生较大应变以及磨痕下方摩擦热的累计，对于一些再结晶温度较低的金属，摩擦磨损过程中亚表层的变形结构会转变为动态再结晶结构，形成动态再结晶层。对于一些不容易再结晶的高层错金属，如 Al 及其合金，摩擦过程中的再结晶现象同样明显。

3）摩擦诱导异质结构

上文提到，摩擦过程中的大量塑性形变使摩擦层内的晶粒细化，并伴随磨屑和材料转移的发生，如图 6-18 所示。这种由细晶组成的脆性摩擦层在往复摩擦的应力环境中不稳定，容易开裂和分层剥落，导致摩擦层破坏。这种不稳定摩擦层反复形成和失效的过程会导致传统金属合金的高摩擦系数和磨损率。此外，磨屑产生和材料转移会使摩擦界面粗糙化，导致摩擦系数（COF）升高。

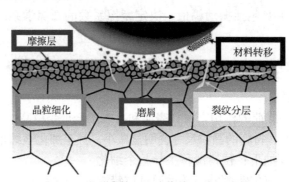

图 6-18 滑动摩擦过程中摩擦层截面示意图

降低材料 COF 的传统策略依赖于降低接触体间的界面剪切强度。软金属薄膜的界面剪切强度较低，可以容纳大量滑动摩擦引起的应变，从而降低磨损。这种结构为固、液润滑剂的发展提供了方向。然而，这种方法不利于长期使用，且可能对环境造成负担。为此，提出一种新策略：通过在材料表面引入设计或摩擦诱导的异质结构，抑制摩擦过程中的应变局域化，从而获得卓越的摩擦磨损性能。

（1）设计异质结构以降低磨损。公元 6 世纪，人们通过叠层锻造多种钢材制造出耐磨的大马士革钢。如今，异质结构材料如梯度结构、层状结构和混合结构被广泛设计。常见的制备方法包括表面剧烈塑性变形、电沉积、累积叠轧焊、表面机械研磨和增材制造等。

与传统均质材料相比，异质结构材料的非均匀结构使其在应力作用下产生非均匀应变，这为调控材料的力学性能，特别是摩擦磨损性能，提供了新的思路和可能性。

2016 年，陈翔等首次报道了高载荷干摩擦条件下梯度结构 Cu-Al 合金的低 COF 行为。通过机械研磨处理在 Cu-Al 合金表面引入纳米梯度层，与均质粗晶和纳米晶材料相比，梯度纳米化后的材料长周期往复摩擦后的磨痕表面较为平整，没有磨屑以及材料堆积。由结果可知，梯度纳米化 Cu-Al 合金磨损前后表面粗糙度没有明显变化，说明梯度纳米结构能有效容纳滑动摩擦引起的塑性应变，抑制了应变局域化的产生。这种特意制备的具有优越稳定性的梯度纳米化结构为提高摩擦学性能提供了一种新的策略。

另一种应用较多的结构为异质层状结构，其主要原理为硬组元层片对软组元层片的约束作用。当外加应力作用时，软硬界面处会产生方向与施加应力相反的背应力，而背应力的存在有助于提高材料的应力硬化性以及延展性。此外，异质界面带来的应力非局域化以及合适界面间距的适配效果，有助于材料获得优异的摩擦磨损性能。

（2）摩擦诱导异质结构。由上文可知，摩擦纳米晶层的剥离是金属具有高 COF 和磨损率的原因。近年来，摩擦诱导非晶异质结构和梯度结构等异质结构主要应用于金属和合金，以提高其在极端工况下的摩擦磨损性能。

a. 摩擦诱导非晶异质结构。第一类摩擦诱导非晶异质结构为最表层摩擦层内非晶包裹纳米晶结构，类似生物材料中的基本结构单元。例如，在室温条件下 CoFeNi$_2$ 中熵合金中发现了一种新的纳米晶-非晶核壳结构，如图 6-19 所示。由于该材料具有较高的层错能，在摩擦过程中产生的大量位错粗晶促进摩擦层中非晶的形成。表征结果表明，该纳米晶-非晶核壳结构同时具有超高强度以及能有效抑制应变局域化的特点，实验得到的 COF 和磨损率比其他同类中熵合金小两个数量级。

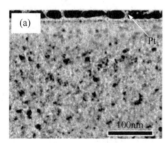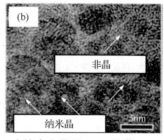

图 6-19　不同倍数下 CoFeNi$_2$ 中熵合金截面 TEM 图像

另一类摩擦诱导非晶结构为双相非晶-纳米晶异质结构。例如，在室温摩擦过程中，TiNbZr-Ag 合金的非晶摩擦层中形成了纳米晶相而获得了较低的 COF。摩擦的含氧环境有利于该合金的原子配位，使其具有较大的负混合焓，有利于非晶摩擦层的形成。此外，Ag 纳米晶与 Nb 的混合焓为正，因此 Ag 可以在非晶基体上形成纳米晶。这种结构的高耐磨性归因于其双相结构带来的低 COF 以及均匀变形协调能力。

b. 摩擦诱导梯度结构。关于摩擦诱导梯度结构，已有研究表明耐磨金属摩擦表层存在梯度亚表层结构。Luo 等通过 Si$_3$N$_4$ 球在 TaMoNb 合金薄膜上的室温干摩擦，发现合金表层形成了梯度纳米结构。摩擦过程中，原始柱状晶粒细化并沿滑动方向排列，大量位错和层错将柱状晶粉碎细化为纳米晶。这种摩擦诱导的梯度纳米结构具有高强度和均匀协调变形能力，为材料提供了优异的力学性能。

目前，系统研究摩擦载荷下的亚表面微观结构演变表明，磨损表面下的微观结构通常由纳米摩擦层和动态再结晶层组成。此外，基于多种变形机制，如位错、孪晶和相变的结合，将具有一定力学、热稳定性的高密度界面，如孪晶界和相界面引入磨损的亚表面，可以实现摩擦诱导的梯度结构。预计未来人工设计和开发的摩擦诱导梯度结构将越来越多。

摩擦学作为一个跨学科的研究领域，将与能源、信息、生命技术等学科进行深度交叉融合，有望在纳米摩擦学、智能摩擦学、绿色摩擦学、生物摩擦学等方向取得关键突破，从而为我国工业发展和社会进步提供更多创新思路。

6.2 摩擦磨损的影响因素

6.2.1 摩擦系数的影响因素

1. 材料性质

金属中的微凸点接触通常会发生塑性变形。例如，钴、钛和镁等具有密排六方结构的金属在摩擦过程中表现出较低的摩擦系数（约 0.5），这是因为它们的塑性变形能力较差（至少在相对较低的温度下），导致接触点处的附着力较低。此外，金属表面容易氧化，形成氧化层，可以降低摩擦系数。如果试验在高度真空中进行，没有氧气参与，摩擦系数会升高至 0.8 左右。

在陶瓷中，凸起处的接触通常处于混合状态。如果表面粗糙度足够低，那它可能是完全弹性的。如果表面粗糙度高，则可能是塑性的。即使是弹性接触，摩擦系数也应与法向载荷无关。事实上，当正常载荷相对较低且温度约为 200℃时，陶瓷在干燥条件下的摩擦系数较低（0.3～0.7）。这些值实际上与金属合金显示的值非常相似。陶瓷具有硬度和弹性模量较高、表面能较低的特点，此外，由于陶瓷表面与工作环境中的水蒸气或其他物质发生反应，陶瓷的表面能常常进一步降低。在陶瓷材料中，法向载荷起着重要的作用。如果增加到临界值以上，就会形成宏观脆性接触，摩擦系数甚至可能达到0.8以上。

一些聚合物，如聚四氟乙烯（PTFE），在与自身或其他材料（特别是金属）滑动时产生的摩擦系数（小于 0.1）非常低，因此表现为固体润滑剂。然而，一般来说，聚合物在干滑动下的摩擦系数通常为 0.2～1.0，与金属和陶瓷所显示的值没有太大不同。

2. 载荷的影响

载荷的增加主要通过两种方式影响配合金属的局部硬度：应变硬化导致硬度升高，或热软化导致硬度降低。这两种影响可能相互抵消，或其中一种占主导地位，图 6-20（b）和（c）展示了这两种情况。图 6-20（b）展示了等温条件下球墨铸铁与珠光体铸铁的滑动情况。试验在 1m/s 的滑动速度下进行，磨损表面的显微硬度随着载荷的增加而增加，摩擦系数相应减小。图 6-20（c）展示了 36NiCrMo4 钢（硬化后屈服强度为 900MPa）与工具钢的干滑动情况。摩擦系数随着载荷的增加而增加，这可能是由于接触凸起处产生的热量引起的软化效应。聚合物常用于与金属偶联，金属比聚合物硬得多，表面的凹凸不平可能导致犁耕作用，增大摩擦。工程应用中，通常通过添加纤维或颗粒增强聚合物，以增加其机械强度，这些添加物也会改变摩擦系数。

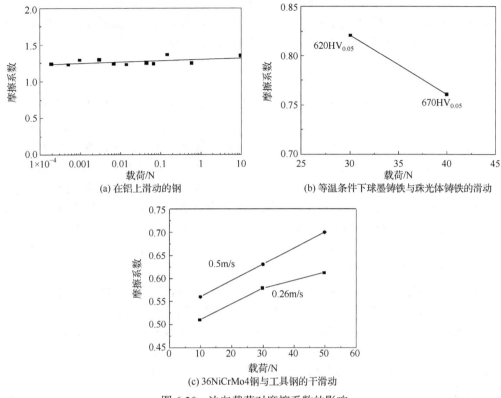

(a) 在铝上滑动的钢

(b) 等温条件下球墨铸铁与珠光体铸铁的滑动

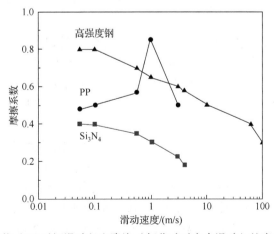

(c) 36NiCrMo4钢与工具钢的干滑动

图 6-20　法向载荷对摩擦系数的影响

3. 速度的影响

滑动速度和正常载荷的增加会引起接触区域的加热。图 6-21 展示了高强度钢、聚合物（PP：聚丙烯）和陶瓷（氮化硅）的摩擦系数与滑动速度的关系。对于高强度钢，摩擦系数受滑动速度的影响较小，但在高速下（如 100m/s）摩擦系数会减小，主要因为接触时间

图 6-21　高强度钢、聚合物（PP 对钢滑动）和陶瓷（氮化硅对自身滑动）的摩擦系数与滑动速度的关系

减短，减少了黏附形成强连接的可能性，并且在高速和高载荷下可能形成塑性氧化物或局部熔化，导致摩擦系数降至很低（甚至低于 0.1）。对于聚合物，摩擦系数在低速下随滑动速度增大而增大，但在滑动速度大于 1m/s 时，由于粗糙性熔化，摩擦系数减小。对于陶瓷，摩擦系数随滑动速度的增大而减小，这是典型的陶瓷材料行为。

4. 载流的影响

相比于传统的机械摩擦磨损，载流摩擦磨损的服役工况更为复杂严苛。研究载流摩擦磨损问题时，会涉及电接触学、摩擦学、材料科学、物理、化学等多学科的复杂理论知识。载流摩擦副的接触表面存在一定的粗糙度，实际接触面积可视为无数凸起峰的面积之和，摩擦过程通过这些凸起峰之间的相互作用实现。在导电过程中，电流通过这些凸起峰（导电斑点）传导，导致少数接触点承受全部的压力和电流。这会导致接触点处产生大量摩擦热和接触电阻热，从而使粗糙接触面同时存在应力集中、电流密度集中和热量集中的现象，符合力-电-热耦合作用的负荷集中效应。此外，载流摩擦磨损的影响因素不仅包括电系统中的电流密度和摩擦学系统中的摩擦速度，还包括大气温度、湿度和环境气氛，这些因素都会影响其摩擦磨损性能。

两接触面在相对运动时，接触斑点的数量和位置随机变化，导致电流密度分布不均匀。这会引起瞬时电弧放电，产生大量电弧热，使摩擦表面温度瞬时升高，导致接触点表面氧化和软化，并发生剧烈塑性变形。高温还会使氧化膜不稳定，容易剥落，增加磨损。载流摩擦过程中产生的高温和电流集中会使材料熔融，形成熔池，并在高速冲击下发生喷溅，进一步加快材料损伤，导致电弧侵蚀。因此，载流摩擦损伤行为复杂，服役条件苛刻，对摩擦副材料的综合性能要求须极为严苛，以确保高质量和长寿命的服役条件。

5. 温度的影响

温度显著影响材料的机械性能，因此也影响摩擦系数。两个主要因素控制接触区域的温度：

（1）周围环境（如考虑靠近内燃机的齿轮的加热，或切削刀具-工件界面，由于切屑的强烈塑性剪切而加热）。

（2）摩擦能量耗散产生的热量（由于黏合剂在连接处剪切）。

一般来说，温度的升高引起硬度和刚度的降低。因此，摩擦系数的增大是可以预料的。然而，其他现象可能伴随着温度升高而加快，如表面氧化或特殊的材料转化，这也会影响接触条件。首先考虑环境加热的影响。图 6-22 给出了不同材料在干摩擦情况下摩擦系数对温度的依赖性。

对于高强度钢（硬化至约 500kg/mm²），摩擦系数随着温度的升高而降低，至少到 600℃时，摩擦系数约为 0.3，这对应于温度与金属熔化温度的比约为 0.5。钢表面被氧化层覆盖，这些氧化层在室温下较少，但随着温度升高，覆盖程度增加，导致摩擦系数降低。类似地，铝合金在温度升高时摩擦系数也略有下降，至少到 150℃时稳定在约 0.3，这也是由于氧化层的形成。然而，对于更高的温度，铝合金（Al 6061）的摩擦系数开始增加，这是因为高温导致材料热软化和蠕变现象，使合金无法支撑表面氧化层。对于聚合物（PEEK:

聚醚醚酮），摩擦系数基本不变，直到约 125℃，开始增加，这是由于聚合物对温度的敏感性高，特别是非晶相的存在。该聚合物部分结晶，玻璃化转变温度（T_g）约为 148℃。

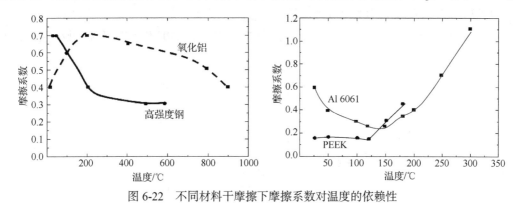

图 6-22　不同材料干摩擦下摩擦系数对温度的依赖性

6.2.2　摩擦引起的各种效应

1. 温度效应

摩擦是在接触凸点处因黏附和塑性变形而产生的耗散过程。大部分耗散的能量（超过90%）以接触表面增加温度的热量形式损失。剩余的部分作为结构缺陷储存在材料中。单位滑动时间内摩擦产生的热量 q（单位：J/s）为

$$q \approx F_T v = \mu F_N v \tag{6-35}$$

式中，F_T 为切向载荷；μ 为摩擦副间的摩擦系数；F_N 为法向载荷；v 为滑动速度。

从图 6-23 可以看出，结点对应的热流密度[单位：J/(s·m²)]较大，而结点对应的实际截面较小（这里的热流密度为 $\mu F_N v / A_r$，其中 A_r 为实际接触面积）。另外，在亚表面区域，热流密度较低，为 $\mu F_N v / A_n$（A_n 为标称接触面积）。在滑动过程中，连接处达到更高的温度。该温度被称为闪蒸温度（T_f），因为它是在极短的时间内达到的，这个时间由接触结的持续时间决定。在凸起下方达到的平均温度通常称为平均表面温度（T_s），它比 T_f 低，并导致接触的两个物体的内部运动减缓至物体的参考体积温度 T_0。T_0 通常是室温，因此是远离热流表面的温度，即热阱的温度。

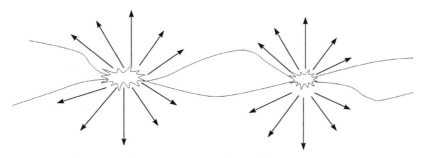

图 6-23　摩擦产生的热流示意图与接触的凸起相对应

2. 应力场效应

在接触和相对运动的两个表面之间存在的摩擦改变了接触区域的应力场。考虑两个光

滑理想表面之间的弹性接触。图 6-24 显示了弹性圆柱在弹塑性平面上（从左向右）滑动时的接触应力，摩擦系数为 μ。摩擦的存在有两个结果：

（1）产生剪应力 τ_{zy}，由 $\tau_{zy} = \mu p$ 给出。

（2）在 y 方向上建立了一个应力，这是接触开始时的压缩应力和接触结束时的拉应力。

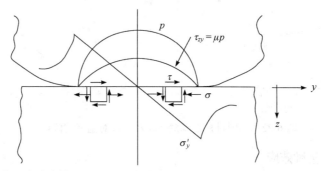

图 6-24　气缸在有摩擦的平面上滑动（从左到右）时接触区域内平面上的应力分布

因此，如果考虑平面上的材料单元，除了由于施加载荷而产生的赫兹应力 p 外，圆柱体对其滑动还会产生一个应力场，其特征是初始压缩（$\sigma_t' < 0$），然后是剪切（τ_{zy}），最后是拉应力（$\sigma_t' > 0$）。位于接触面圆柱体表面的元件承受拉应力（$\sigma_t' > 0$），在载荷线上的元件承受剪切应力（τ_{zy}），在接触面后方的元件承受压应力（$\sigma_t' < 0$）。

3. 冶金效应

表面加热可以导致微观结构的转变，这对接触体的摩擦学行为非常重要。例如，闪蒸温度可以导致颗粒的直接氧化或熔化。对于钢，它可以诱导局部形成奥氏体，如果随后快速冷却，可能转变为马氏体。平均表面温度促进其他现象，需要更大的热活化。例如，热恢复、回火甚至再结晶导致热软化、二次相析出或老化、表面熔化延长（当 T_s 超过熔点时）。对于聚合物，表面加热会导致其形状扭曲、软化甚至局部熔化。所有这些现象都限制了这些材料的摩擦学性能。最后，表面加热也可能在润滑接触中起作用，必须在润滑系统的设计中适当考虑。

4. 化学效应

摩擦中物质间的化学相互作用具有由等离子体产生第三体时的化学性质决定的特征。在摩擦体出现阶段，摩擦材料之间存在化学相互作用，当电离的摩擦体粒子之间的电离和重组达到动态平衡时，进一步进行化学转化。摩擦材料与等离子体的摩擦化学转化过程，以及其转变为等离子体后的后续反应，共同决定了摩擦化学反应的动力学特性。诱导期结束后，它们迅速达到最大强度，反应在稳定摩擦中发展，摩擦化学强度在摩擦停止后迅速降至零（图 6-25）。

由于摩擦系统是开放的热力学系统，其中熵可以减小，因此产物的多样性和特异性参数表征了摩擦化学反应。德国物理学家和化学家 Heinicke 断言，化学转化可以在摩擦接触中演变为正熵变化。有一类化学转化控制着选择性转移的特定摩擦化学特征。结果发现，在摩擦接触区域，当存在电子 d 壳层空的 d 元素（铁、钴、镍、铜）或 d 壳层刚好填充的 d 元素（锌、镉、铪）时，这些元素能够有效降低摩擦系数和磨损率（图 6-26）。

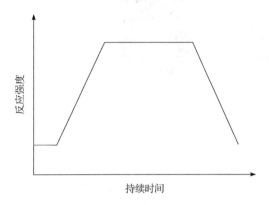

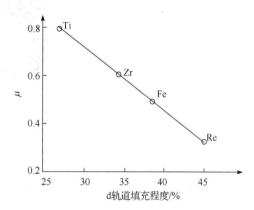

图 6-25　摩擦化学反应的演化模式：反应强度与持续时间的关系

图 6-26　金属与碳化硅摩擦相互作用过程中摩擦系数 μ 与金属原子 d 轨道填充程度的关系

6.3　摩擦磨损的研究方法

摩擦磨损是日常生活和工程领域中的重要现象。数值模拟常用的方法包括有限元法、分子动力学模拟和机器学习。有限元法基于连续介质力学原理，适用于宏观尺度研究。分子动力学模拟基于原子分子层次的相互作用，适用于微观尺度研究。机器学习是一种人工智能技术，使计算机能够从数据中学习并改进材料性能，从而做出预测和决策。

6.3.1　试验测试方法

1. 销盘型磨损测试

该试验装置示意图如图 6-27 所示。测试结构为一个圆柱形、直径为几毫米的固定销钉，该销钉压在旋转圆盘上。接触可以是共形的，也可以是非共形的。在后一种情况下，球体通常代替大头针。在共形接触的情况下，接触的边缘通常是圆形的，以避免（特别是在润滑试验中）由于应力集中的干扰导致不受控制的影响。

2. 环块型磨损测试

在这个测试中，一个静止的块压在一个旋转环的外表面上，如图 6-28 所示。在共形接触的情况下，需要相当长的磨合阶段，以消除一些不可避免的形块和环之间的不对准现象。磨损可以通过称重测试前后的块和环来量化测试。在非共形接触的情况下，通常通过测量磨损轨迹的大小来评估磨损体积 V。可以使用如下关系：

$$V = \frac{d^3}{12R}L \qquad\qquad (6-36)$$

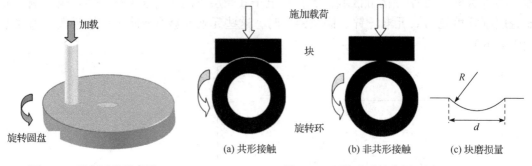

图 6-27　销盘试验示意图   图 6-28　环块式试验台原理图

3. 双盘型磨损测试

双盘试验中两个盘沿母线接触，实现非保角线接触。图 6-29 显示了测试设置的示意图。

4. 四球型磨损测试

试验装置示意图如图 6-30 所示。它实现了点接触。顶部旋转球与浸泡在润滑剂中的三个静止的球保持接触。负载 F_N 作用于顶部球，作用在每个球上的负载为 $F_N/3\cos\varphi$（φ 为上下球球心连线与加载方向的夹角）。上球每次旋转都会与下球产生三次接触，下球通常由 AISI 52100 钢制成。球的最终磨损量是通过测量其表面的磨损痕迹确定的。

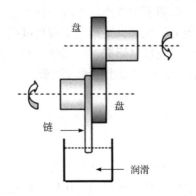 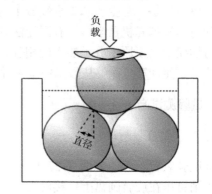

图 6-29　盘对盘测试平台的示意图侧面视图   图 6-30　四球摩擦计磨损试验装置

6.3.2　有限元法

有限元法在磨损计算中的主要任务是计算接触应力场。要分析的结构是由许多元素离散的，在节点上组装的。在有限元法中，讨论的函数（位移、温度等）通过对每个单元的多项式分段逼近，并以节点值表示。具有复杂载荷和边界条件的不同类型和形状的单元可以同时使用。在结构分析中，自由度被定义为节点位移。将每个单元的方程组合成一个集合，在结构层面上表示为

$$[D]\{\mu\} = \{F\} \tag{6-37}$$

其中，$[D]$ 为结构或整体刚度（N/m）矩阵；$\{\mu\}$ 为结构节点位移或变形（m）向量；$\{F\}$ 为

结构节点荷载（N）向量。该方程组可求解$\{\mu\}$，根据变形计算节点应力。有限元磨损计算涉及求解物体间接触面积未知的一般接触问题。因此，分析是非线性的。

初始的参数用来定义模型的几何尺寸、载荷、约束和磨损模型参数与元素和材料数据。针对每种结构都开发了特殊的子程序来自动生成有限元模型并定义载荷和约束。每个几何尺寸和载荷都要很好的离散化。模型中采用较多的单元会得到更精确的结果，但是会增加计算时间和占用硬盘空间。

6.3.3 分子动力学模拟

作为主要的数值模拟方法之一，分子动力学模拟方法可以通过构造比较理想的模型，定量地再现真实固体中发生的动态过程，能够很好地弥补实际实验方法的缺陷，还可以根据研究需要轻易地改变周围环境条件和材料的性质。因此，分子动力学模拟已成为摩擦磨损研究的重要手段，目前已经成功应用于超高精密加工、微纳米元器件等研究领域。

1）原子间势能函数模型

常用于摩擦磨损测试的材料主要包含 3 种：金属晶体、离子晶体和共价晶体。由于组成这 3 种晶体的键的性质不同，因此其势能函数的建立方法也不尽相同。

金属晶体的势能函数：$E_{\text{tot}} = \sum_i F(\rho_i) + \dfrac{1}{2}\sum_{j\neq i}\Phi(r_{ij})$

式中，E_{tot} 为系统的总势能；F 为把原子 i 嵌入密度 ρ_i 背景电子云中时的嵌入能；ρ_i 为原子 i 处的电子云密度；Φ 为原子 i 和 j 之间的相互作用对势；r_{ij} 为原子 i 和 j 之间的距离。

共价晶体的势能函数：通过引进键序参数来评价不同键的强度，因此一个势能函数可以同时描述含不同键合的平衡结构。但是因为考虑了更多的参数，所以计算量大大增加。键序势能函数的代表是 Tersoff 势能函数、REBO 势能函数和 ReaxFF 势能函数。

离子晶体的势能函数：离子晶体中包含 2 个或者更多个反向带电离子。为了对这些离子键进行模型化，需要用长程库仑力来描述原子间相互作用。但是，长程相互作用大大增加了计算时间，限制了分子动力学模拟的粒子数目。

2）摩擦磨损分子动力学接触模型

目前用于摩擦磨损分子动力学的接触模型主要有平面-平面接触、粗糙峰-平面接触、粗糙峰-单峰接触 3 种（图 6-31）。

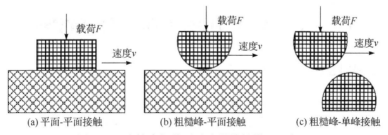

(a) 平面-平面接触　　(b) 粗糙峰-平面接触　　(c) 粗糙峰-单峰接触

图 6-31　摩擦磨损分子动力学接触模型示意图

研究材料体系不同，所采用的接触模型也不同。在纳米尺度摩擦磨损研究中，3 种接触模型均适用。而在微纳米器件的超精密切削中，多采用粗糙峰-平面接触模型。值得注意的是，宏观材料摩擦磨损可视为许多不同尺度和取向的粗糙峰相互作用的结果，因此粗糙峰-粗糙峰接触模型最能真实反映宏观尺度的摩擦磨损。

3）摩擦磨损分子动力学影响因素

影响材料摩擦磨损的主要因素包括接触面积、载荷、温度、速度和晶体取向等因素。在实际的试验中，这些因素耦合作用，从而使材料摩擦磨损呈现复杂性。而分子动力学模拟法则可以确定单一因素对材料摩擦磨损的影响。

6.3.4　机器学习

众所周知，有关磨损性能的实验研究耗时长且成本高。机器学习具有很强的非线性拟合能力，可由已知数据预测未知数据，广泛应用于各种机械材料磨损性能的预测，不仅可以提高预测精度，还能显著降低实验成本和时间。其中，ANN、CNN、SVR 以及极限学习机（extreme learning machine，ELM）是几种常用的预测方法。

ANN 通过模拟人脑神经元的工作方式，构建多层网络结构来进行复杂的数据处理。每一层的节点通过权值连接到下一层，通过反向传播算法不断调整这些权值，以最小化预测值与实际值之间的误差。在磨损性能预测中，ANN 可以处理多种输入变量，如材料类型、滑动速度、应用负载等，从而预测磨损率。由于 ANN 能够捕获输入变量之间的复杂非线性关系，因此在预测精度方面表现优异。

CNN 是一种局部连接、权值共享的深层前馈神经网络。其核心思想是通过卷积层自动提取输入数据的局部特征，并在材料摩擦磨损领域通过池化层进行特征降维和增强，CNN 主要应用在刀具磨损状态的监测、预测和识别中。

SVR 基于支持向量机的思想，通过寻找一个能够最大化间隔的超平面来实现回归。在处理小样本数据时，SVR 尤为有效，这在磨损性能预测中非常常见。例如，当实验数据有限时，SVR 可以通过有限的样本信息，准确预测不同磨损条件下材料的磨损率。

ELM 是一种单层前馈神经网络，其输入层与隐藏层之间的连接权重是随机生成的，隐藏层到输出层的连接权重则通过求解线性方程组来确定。这种方法大大简化了训练过程，提高了学习速度，同时保持了良好的泛化能力。ELM 非常适合快速建模磨损性能预测，尤其是在需要实时预测和快速响应的应用场景中。

通过使用这些机器学习技术，可以大大提高对材料磨损性能的理解和预测能力，进而推动相关领域的技术进步和发展。

6.4　计算模拟在摩擦磨损中的应用案例

6.4.1　有限元在摩擦磨损中的应用

有限元软件通过数值模拟和仿真技术，深入分析材料在不同工况下的磨损行为，为材料设计和优化提供理论依据。它不仅能减少实验成本和时间，还能揭示材料内部应力分布和应变变化，帮助理解磨损过程。通过有限元分析，可以预测磨损性能，优化结构设计和表面处理，提高耐磨性能和使用寿命，同时验证和优化实验设计，推动摩擦磨损领域的技术创新和应用发展。

Priit 等利用有限元软件 Ansys 进行磨损仿真，提出了一种基于线性磨损规律和欧拉积分格式的建模和仿真程序，通过有限元模型来模拟材料在滑动过程中的接触应力分布、塑性变形以及磨损体积的变化。还综合考虑了材料属性、接触压力、滑动速度、温度等多种因素对磨损行为的影响。通过将有限元模拟结果与实际实验数据进行对比，验证了模型的有效性和准确性。结果表明，给定几何形状和载荷条件下的有限元磨损模拟结果可以采用磨损系数与滑动距离变化等价的方法进行处理。

Curzado 等采用有限元的方法对钢丝绳使用寿命进行预测，首先基于 Abaqus 建立了钢丝绳有限元模型，为缩短计算时间将网格大小定义在纵向磨损宽度的 3%～4%。然后将优化模型的结果与实验数据进行了验证，通过实验从磨痕尺寸、磨痕深度以及磨损体积三方面验证有限元模型的准确性，结果显示误差范围在 10%以内，此方法可准确预测钢丝绳磨损疤痕。

6.4.2 分子动力学模拟在摩擦磨损中的应用

基于牛顿第二定律，分子动力学模拟有助于研究系统中存在的粒子的运动。在现有的各种分子动力学软件包中，比较常见的有 LAMMPS、AMBER、GROMACS、CHARMM 和 GROMOS。

Li 等采用分子动力学模拟研究了以铁原子为顶层和底层，聚合物和碳纳米管基体为核心的三层分子模型，以了解碳纳米管作为增强剂对聚合物复合材料摩擦学性能的改善。通过对铁原子和聚合物基体之间的摩擦界面区域施加剪切载荷，特别研究了铁原子和聚合物基体之间的原子运动。模拟结果表明，碳纳米管的引入使复合材料的剪切模量提高了60%。此外，碳纳米管掺入复合材料后，聚合物基体与 Fe 层摩擦界面区的原子浓度、峰值温度和原子运动速度、平均黏结能以及 Fe 层的平均摩擦应力均有所降低，从而提高了复合材料的摩擦学性能。该研究提供了一种从原子角度理解碳纳米管如何增强聚合物复合材料摩擦学性能的方法。

Cheng 等在六个低温点和三个恒定载荷速度下，对两种聚合物和五对金属进行了测试。摩擦学性能由温度、载荷和摩擦速度的联合迭代耦合确定。采用分子动力学模拟研究了摩擦副在原子尺度上的微观摩擦学性能。宏观摩擦学性能测试结果与分子动力学模拟结果相似，并呈现出相同的趋势。预测了两个显著的低温临界点，从宏观和原子尺度上揭示了聚合物界面在不同低温工况下摩擦机制与性能的演变。

6.4.3 机器学习在摩擦磨损中的应用

机器学习通过在已有数据基础上建立预测模型，减少实验次数，提高效率，节省时间和成本。它能处理复杂的非线性关系，提高预测精度。在新材料研发中，机器学习能快速筛选高性能材料，加速开发和商业化。在工业应用中，机器学习模型用于设备的智能维护和预防性维修，通过监测和分析数据，提前对潜在故障预警，提高设备的可靠性和生产效率。因此，机器学习不仅可以提升预测精度，还能促进新材料开发和设备维护的智能化。

1. 机器学习预测材料的磨损率

机器学习模型能够处理复杂的非线性关系，从而提高磨损率预测的精度。ANN、CNN、SVR 和 ELM 等方法已经在磨损性能预测中展示了优越的性能，能够捕捉材料属性、外部条件（如温度、湿度、滑动速度等）之间的复杂相互作用，从而提供更准确的预测结果。其次，通过机器学习，可以在已有数据基础上建立预测模型，减少实际实验次数，显著节省时间和成本。在提高研究效率的同时，降低了实验成本，使材料科学与工程的研究更具经济效益。

Aydin 等采用热压法制备了粒径分别为 0.3mm、2mm 和 15mm 的 AA7075/Al$_2$O$_3$ 复合材料。使用线性回归（LR）、SVR、ANN 和 ELM 等方法对 AA7075/Al$_2$O$_3$ 复合材料的磨损率进行预测，结果表明 SVR 和 ELM 两种方法预测的磨损率基本一致。LR、SVR、ANN 和 ELM 的决定系数分别为 0.814、0.976、0.935 和 0.989，表明 ELM 模型对铝基复合材料的磨损率具有最佳的预测效果。

曹存存等以连杆衬套磨损量为研究对象，通过调整加载载荷、主轴转速、配合间隙，得到连杆衬套试件磨损量。基于试验数据，应用 BP 神经网络建立连杆衬套磨损量预测模型，较正确地预测高转速工况下的连杆衬套磨损量，得到的预测值与试验值较吻合，而且预测得到的高转速情况下衬套磨损量的变化规律与低转速下磨损量变化规律相似。

Thankachan 等研究展示了机器学习模型和统计方法在预测和分析新型铜基表面复合材料滑动磨损率方面的应用。通过搅拌摩擦处理，在铜表面沉积了不同分数的氮化硼颗粒。实验和统计分析证明，氮化硼颗粒的存在可以显著降低磨损率。对磨损表面的分析表明，在低载荷条件下，磨损表面表现为轻微的黏着磨损，而在高载荷条件下，磨损表面表现为磨粒磨损。建立了拓扑为 4-7-1 的人工神经网络前馈-反向传播模型，预测曲线与实验结果吻合较好。

2. 机器学习监测磨损状态

机器学习监测磨损状态能够实时分析设备运行数据，准确预测和诊断磨损情况，从而提前采取维护措施，避免设备故障和意外停机，显著提高设备的可靠性和生产效率。此外，基于机器学习的监测系统能够处理大量复杂数据，揭示磨损的早期迹象，优化维护计划，降低维护成本，延长设备的使用寿命。

Cao 等针对磨削过程中磨砂带磨损状况无法实时监测以及停机检测耗时长的问题，提出了一种基于 BP 神经网络的磨砂带磨损预测方法。利用人工智能 BP 神经网络方法，对 18 组实验数据进行 BP 神经网络训练，用 9 组数据进行验证，建立了磨削速度、接触压力、工件材料、磨损率等各种工艺参数之间的非线性映射关系，预测砂带的磨损程度。最后，算例验证结果表明，提出的方法能够快速准确预测砂带磨损程度，可用于指导制造加工，大大提高加工效率。

汪海晋等利用一维卷积神经网络（1D CNN）监测螺旋铣刀具的磨损状态。通过采集电流信号作为输入，1D CNN 能够自动提取刀具磨损特征并区分不同磨损阶段。这种方法在机器人螺旋铣系统中表现出色，监测准确率高达 99.29%，急剧磨损阶段的查全率达到 99.60%。

安华等基于 BP 神经网络模型提出一种刀具磨损状态监测方法，利用 BP 神经网络模型将大量原始切削力信号的显著性特征样本与其对应的刀具磨损值作为输入进行训练学习，预测刀具的磨损值；训练样本回归结果的均方根平均误差为 0.0233，测试样本回归结果的均方根平均误差为 0.0407。

6.5 总结与展望

摩擦磨损是材料科学与工程领域的重要研究课题，涉及材料在动态接触和相对运动过程中发生的物理和化学变化。随着机器学习和数据分析技术的发展，摩擦磨损的研究方法得到了显著改进，不仅提高了预测精度，还深化了对磨损机制的理解。未来，摩擦磨损的研究将更加注重以下几个方面。

1. 数据驱动的模型优化

继续开发和优化基于数据驱动的预测模型，如 ANN、SVR 和 ELM，以进一步提高磨损寿命估算的准确性和鲁棒性。这些模型能够处理复杂的非线性关系，捕捉材料属性、外部条件（如温度、湿度、滑动速度等）之间的相互作用，从而提供更准确的磨损预测结果。同时，结合更多的实验数据和多源数据（如环境数据、材料特性等），可以增强模型的泛化能力和适应性。通过不断迭代优化和验证，这些数据驱动的模型能够在不同工况和应用场景下保持高性能。

2. 复杂工况下的磨损研究

在更复杂和多样化的工况下开展磨损研究，包括极端温度、湿度、腐蚀介质等，具有重要的意义。这些复杂工况不仅涵盖了广泛的环境因素，还反映了实际应用中设备面临的多样化挑战。通过在这些条件下进行系统性的磨损研究，可以全面了解不同环境因素对磨损行为的影响，从而获得更全面和准确的数据。这些数据不仅有助于揭示磨损机制的细节，还可以为开发适用于各种实际应用的耐磨材料和技术提供坚实的科学基础。例如，在极端温度和湿度条件下，材料的磨损行为会发生显著变化，通过详细研究这些变化，可以设计出更加适应恶劣环境的材料。

3. 跨学科融合

促进材料科学、机械工程、计算机科学和统计学等跨学科合作，共同解决摩擦磨损问题，具有重要的意义。跨学科研究能够汇集不同领域的专业知识和技术，从多角度深入理解磨损机制，从而开发出更加有效的解决方案。例如，材料科学家可以提供关于材料特性的详细信息，机械工程师可以设计和测试磨损实验装置，计算机科学家可以开发先进的模拟和预测模型，而统计学家可以提供数据分析和模型验证的方法。这种综合性的研究方法不仅能够提高研究的深度和广度，还能加快技术的创新和应用。

4. 新材料和新技术的应用

探索新型耐磨材料和先进制造技术，如纳米材料、自修复涂层和 3D 打印技术，具有重要意义。纳米材料因其独特的物理和化学性质，能显著增强材料的硬度和韧性，提高抗磨损性能。自修复涂层能在磨损初期自动修复损伤，延长使用寿命。3D 打印技术则允许设计复杂结构，优化材料的力学性能和磨损行为。这些技术不仅在航空航天、汽车、能源等领域有广泛应用，还能显著提高设备的可靠性和生产效率。

综上所述，摩擦磨损研究的未来充满机遇和挑战。通过不断的技术创新和跨学科合作，我们将能够更好地理解和控制磨损行为，从而推动材料科学与工程的进步，为各行各业提供更加耐用和高效的解决方案。

习　　题

1. 磨粒磨损与黏着磨损的规律是什么？
2. 由疲劳磨损的机理分析滚动轴承的疲劳磨损，以及怎样提高滚动轴承的疲劳寿命。
3. 从微动磨损的机理出发说明其为什么是一种复合型的摩擦。
4. 从摩擦微结构的演变方面分析其对摩擦行为的影响以及应如何设计以达到减磨效果。

参 考 文 献

安华, 王国锋, 王喆, 等. 2019. 基于深度学习理论的刀具状态监测及剩余寿命预测方法[J]. 电子测量与仪器学报, 33(9): 64-70.

毕雪峰, 刘永贤. 2012. 金属切削中刀具月牙洼磨损模型的研究[J]. 中国: 机械工程, 23(2): 142-145, 207.

曹存存, 樊文欣, 杨华龙. 2016. 基于 BP 神经网络的连杆衬套磨损量预测[J]. 组合机床与自动化加工技术, (8): 50-53.

齐烨, 常秋英, 王斌, 等. 2015. 激光织构对干摩擦性能的影响及机理研究[J]. 兵工学报, 36(2): 200-205.

Aydin F. 2021. The investigation of the effect of particle size on wear performance of AA7075/Al₂O₃ composites using statistical analysis and different machine learning methods[J]. Advanced Powder Technology, 32(2): 445-463.

Cao Y X, Zhao J, Qu X T, et al. 2021. Prediction of ab rasive belt wear based on BP neural network[J]. Machines, 9(12): 314.

Chen X, Han Z, Li X, et al. 2016. Lowering coefficient of friction in Cu alloys with stable gradient nanostructures[J]. Science Advances, 2(12): e1601942.

Cheng G, Chen B, Guo F, et al. 2023. Research on the friction and wear mechanism of a polymer interface at low temperature based on molecular dynamics simulation[J]. Tribology International, 183: 108396.

Cruzado A, Urchegui M A, Gómez X. 2012. Finite element modeling and experimental validation of fretting wear scars in thin steel wires[J]. Wear, 289: 26-38.

Czichos H. 1986. Chapter 1—Introduction to Friction and Wear[J]. Composite Materials Series, 1: 1-23.

Giovanni S. 2015. Friction and Wear: Methodologies for Design and Control[M]. New York: Springer.

Gnecco E, Meyer E. 2007. Fundamentals of Friction and Wear[M]. New York: Springer.

Jones S P, Jansen R, Fusaro R L. 1997. Preliminary investigation of neural network techniques to predict tribological properties[J]. Tribology Transactions, 40(2): 312-320.

Karthikeyan S, Agrawal A, Rigney D A. 2009. Molecular dynamics simulations of sliding in an Fe-Cu tribopair system[J]. Wear, 267(5-8): 1166-1176.

Kuo S M, Rigney D A. 1992. Sliding behavior of aluminum[J]. Materials Science Engineering: A, 157(2): 131-143.

Li Y, Wang S, Arash B, et al. 2016. A study on tribology of nitrile-butadiene rubber composites by incorporation of carbon nanotubes: Molecular dynamics simulations[J]. Carbon, 100: 145-150.

Liu C, Li Z, Lu W, et al. 2021. Reactive wear protection through strong and deformable oxide nanocomposite surfaces[J]. Nature Communications, 12(1): 5518.

Luo J, Sun W, Liang D, et al. 2023. Superior wear resistance in a TaMoNb compositionally complex alloy film via *in-situ* formation of the amorphous-crystalline nanocomposite layer and gradient nanostructure[J]. Acta Materialia, 243: 118503.

Luo Q, Zhou Z, Rainforth W M, et al. 2006. TEM-EELS study of low-friction superlattice TiAlN/VN coating: The wear mechanisms[J]. Tribology Letters, 24: 171-178.

Lyubimov D, Dolgopolov K, Pinchuk L. 2013. Micromechanisms of Friction and Wear: Introduction to Relativistic Tribology[M]. New York: Springer.

Naleway S E, Porter M M, McKittrick J, et al. 2015. Structural design elements in biological materials: Application to bioinspiration[J]. Advanced Materials, 27(37): 5455-5476.

Panin V, Kolubaev A, Tarasov S, et al. 2001. Subsurface layer formation during sliding friction[J]. Wear, 249(10-11): 860-867.

Põdra P, Andersson S.1999. Simulating sliding wear with finite element method[J]. Tribology International, 32(2): 71-81.

Thankachan T, Prakash K S, Kavimani V, et al. 2021. Machine learning and statistical approach to predict and analyze wear rates in copper surface composites[J]. Metals and Materials International, 27: 220-234.

Wu X, Yang M, Yuan F, et al. 2015. Heterogeneous lamella structure unites ultrafine-grain strength with coarse-grain ductility[J]. Proceedings of the National Academy of Sciences of the United States of America, 112(47): 14501-14505.

Wu X, Zhu Y. 2017. Heterogeneous materials: A new class of materials with unprecedented mechanical properties[J]. Materials Research Letters, 5(8): 527-532.

Yang W, Luo J, Fu H, et al. 2022. bcc→hcp phase transition significantly enhancing the wear resistance of metastable refractory high-entropy alloy[J]. Scripta Materialia, 221: 114966.

Yao B, Han Z, Li Y S, et al. 2011. Dry sliding tribological properties of nanostructured copper subjected to dynamic plastic deformation[J]. Wear, 271(9-10): 1609-1616.

Yao B, Han Z, Lu K. 2012. Correlation between wear resistance and subsurface recrystallization structure in copper[J]. Wear, 294-295: 438-445.

Yu J, Liang S, Tang D, et al. 2017. A weighted hidden Markov model approach for continuous-state tool wear monitoring and tool life prediction[J]. The International Journal of Advanced Manufacturing Technology, 91: 201-211.

Zheng X, Zhu H, Kosasih B, et al. 2013. A molecular dynamics simulation of boundary lubrication: The effect of *n*-alkanes chain length and normal load[J]. Wear, 301(1-2): 62-69.

第7章

辐照损伤

辐照损伤在材料研究领域具有重要意义，质子、中子、电子、重离子、γ 射线等与材料发生相互作用后，会引起物理、力学性能以及组织结构改变。当入射粒子与材料的晶格原子发生碰撞时，若传递给靶原子的动能超过了晶格点阵位置的束缚能（即离位阈能），原子会偏离其晶格位置，此现象称为离位。产生的空位和间隙原子等缺陷是辐照损伤的基本表现，这些缺陷会进一步演化为离位峰、位错环、层错、微空洞和贫原子区等复杂结构。在半导体材料中，辐照损伤一般包括电离损伤和位移损伤两种类型。电离损伤主要是由于高能量光子（如 X 射线和 γ 射线）与半导体材料相互作用，产生电子-空穴对。而位移损伤则主要是由于高能量、大质量的粒子流（如中子、重离子等）与半导体材料发生弹性碰撞，导致晶格母体原子发生位移。辐照损伤不仅影响材料的物理和化学性质，还可能对材料的力学性能和电学性能产生显著影响。所以，研究辐照损伤对于理解材料的辐照行为、优化材料的性能以及开发新型抗辐照材料具有重要意义。本章将从辐照损伤的类别和机理出发，介绍辐照损伤对于材料的具体影响以及如何通过实验和模拟进行表征和评价。

7.1　辐照损伤的基本概念

7.1.1　辐照损伤简介

1. 粒子辐照类型

辐照效应是材料在高能粒子作用下产生的一切物理化学反应。这些辐照效应包括多种不同类型的辐射，其影响因素既包括材料自身结构和性质，也与粒子射线的强度和类型密切相关。按照粒子射线的类型可分为：中子辐照、离子辐照、电子辐照、质子辐照和光子辐照。这些不同类型的辐照都会通过离位损伤（把原子撞离其正常位置）使材料产生空位、间隙原子等晶体缺陷，进而影响材料宏观性能。

1）中子辐照

中子辐照（neutron irradiation）是一种利用热中子对材料进行照射，从而使其性能发生改变的技术。中子辐照效应是指物质受到中子辐照后发生的一系列物理、化学、生物等方面的变化。由于中子是一种无电荷的粒子，在穿过物质时不会被物质中的电子作用而被散射，而是会与原子核发生相互作用，因此能产生独特的辐照效应。

对于半导体材料，如硅晶体的中子辐照，主要效果是通过弹性碰撞在晶体中形成空位和间隙原子等缺陷。这些缺陷会对半导体材料的电学性能产生影响，如在禁带中央附近产生受主能级，缩短少数载流子的寿命，并影响半导体器件的稳定性和可靠性等其他性能。此外，如果中子辐照中引起非弹性碰撞（如高能量热中子），晶体原子吸收中子能量可能导致核反应，使一种原子转变为另外一种原子。

2）离子辐照

离子辐照是一种利用高能离子束对材料进行改性的技术。离子辐照通过改变材料的物理和化学性质，提升材料的性能，如表面硬度、耐磨性、耐腐蚀性等，从而延长材料的使用寿命。

在离子辐照的实验中，通常会利用离子加速器产生高能离子束，然后将这些离子束照射材料表面。在离子束与材料相互作用的过程中，会导致材料表面原子发生位移、电离、化学变化等，从而改变材料的性质。离子辐照的辐照剂量大，并在短时间内就可以达到所需辐照剂量，故在材料科学、能源科学、生命科学等领域得到了广泛应用。与中子辐照相比，重离子辐照产生的位移损伤率大大提高（高3～5个数量级）。中子辐照需要几个月才能达到的剂量，重离子辐照只需要几天乃至几小时就可以实现，大幅缩短了辐照时间。

3）电子辐照

电子辐照是一种利用高能电子束照射材料的技术，能够改善材料性能。在微电子技术中，它主要用于控制半导体中的少数载流子寿命。高能电子辐照可以引起晶体原子位移，并形成深能级的复合中心，从而有助于调控载流子寿命。例如，在硅材料中，电子辐照可以引入两个能级：一个是施主型能级，位于导带底以下0.36eV处，另一个是受主型能级，位于价带顶以上0.4eV处。

除了微电子技术，电子辐照在其他领域也有着广泛的应用。电子辐照可以利用射线与物质相互作用产生的化学效应、物理效应以及生物效应来处理被加工物品，从而达到预定的目标效果。常用的辐照源是10MeV及以下的电子束和Co-60产生的γ射线，可以消除或减少有害生物，如害虫、霉菌、病菌甚至病毒，或者改变农产品的生理性能，延缓发芽和衰老等。此外，电子辐照还可以应用于医疗用品的消毒和灭菌、进出口检疫辐照处理、中药、保健品、化妆品、宠物食品的灭菌，以及邮件消毒、商品辐照固化等领域。

4）质子辐照

质子辐照实际上就是氢离子辐照，与普通离子辐照相似。然而，由于氢离子是最轻的离子，带电量也最小，碰撞时能量传递效率较低，因此辐照缺陷分布稍微深一些。另外，如果辐照剂量很大，材料中滞留的氢元素会聚集在辐照缺陷内形成氢分子，引起很严重的表面起泡和脱落。

5）光子辐照

光子辐照属于间接致电离辐照的一种。光子，又称光量子，是光和其他电磁辐射的量子单位。γ粒子则是高能光子，属于电磁波谱图中的一部分，可见光也属于电磁辐射范畴，如图7-1所示。具有较高能量的光子（如X射线）通常伴随着电子能级跃迁，而能量更高的γ射线则与原子核能级跃迁相联系。因此，无线电波、X射线、γ射线以及可见光之间并无本质区别，它们都代表物质从高能量状态向低能量状态转变时发出的粒子。它们之间的差异在于可见光的能量较低，对材料影响较小，而高能γ射线的能量较高，对材料的影响更显著。

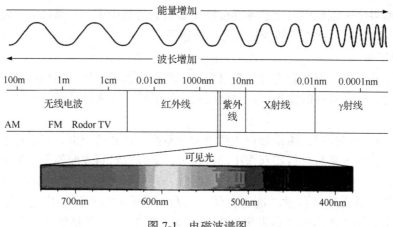

图 7-1 电磁波谱图

2. 辐照损伤的基本原理

1）两体碰撞

在固体材料中，当外界的高能粒子与内部原子发生碰撞时，可使用如图 7-2 所示的两体碰撞模型来简化描述。图 7-2 中，θ 代表实验室坐标系内的散射角，φ 是相应的反射角，P 表示运动粒子不发生散射而沿初始方向前进时的轨道与靶粒子中心的最短距离，称为碰撞参数（或碰撞瞄准距）。当 $P = 0$ 时，即为正碰撞。

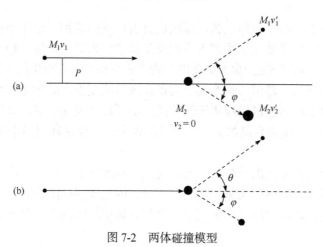

图 7-2 两体碰撞模型

设 M_1、v_1 和 v_1' 分别为运动粒子的质量、初始速度和碰撞后速度；M_2、v_2 和 v_2' 分别为被击粒子的质量、初始速度和碰撞后速度。当 $P = 0$ 时，发生弹性碰撞，可以通过动量守恒与能量守恒建立方程。当被击粒子初始状态为静止时，它们满足的动量守恒与能量守恒分别为

$$M_1 v_1 = M_1 v_1' + M_2 v_2' \tag{7-1}$$

$$\frac{1}{2} M_1 v_1^2 = \frac{1}{2} M_1 v_1'^2 + \frac{1}{2} M_2 v_2'^2 \tag{7-2}$$

由式（7-1）和式（7-2）可以确定碰撞后两粒子的速度和能量。

2）碰撞截面

碰撞截面是力心相对于入射粒子的"有效面积"，只有入射到这个面积内的粒子才会发生散射，其动量方向会产生偏转，而入射到这个面积外的粒子将不会发生散射，其动量方向也不会改变。对于一个不会产生相互作用的刚体，其散射面积即为其垂直于入射方向的几何截面积，而对于能发生相互作用的粒子，其散射面积通常会大于几何截面积。在实际的辐照过程中，难以确定每一对碰撞粒子之间发生碰撞时的精确碰撞参数，只知道它们可能发生正碰撞（$P=0$），或者擦边碰撞（$P=P_{max}$），但更多情况下会处于这两种极端情况之间的某一状态。因此，在考虑大量入射粒子与大量的靶原子发生碰撞事件时，每个碰撞事件都有确定的碰撞参数，但整体来看，这些碰撞参数具有不同的取值，介于 $0\sim$ P_{max}。从统计物理的角度来看，可以设想，一个靶原子，受到大量不同碰撞参数的入射粒子撞击，观察其散射规律，并最终将其归一化为概率关系。换句话说，平均而言，入射粒子与固体中某个原子相遇并发生碰撞的概率称为碰撞截面。

3）运动粒子的慢化

当粒子（如中子）在固体材料中运动时，会与材料中的原子核发生碰撞，导致能量逐渐减小，速度减慢的过程被称为运动粒子在固体内的慢化，也称热化或减速。这一过程主要发生在固体材料的内部，粒子与原子核之间的相互作用起关键作用。在每次碰撞中，粒子的能量会部分转移到原子核上，使粒子自身的能量和速度逐渐降低。随着粒子在固体中深入运动，这种碰撞频率逐渐增加，导致粒子速度逐渐降低到热运动的速度范围。例如，在核反应堆中，中子需要通过慢化剂（如水、重水或石墨）来降低其能量，以便被铀-235等核燃料吸收并引发裂变反应。此外，慢化过程还涉及中子在材料中的扩散和输运等性质，对于反应堆的设计和运行具有重要影响。在慢化过程中，碰撞截面是一个关键物理量，描述了粒子与原子核碰撞的概率，其大小取决于粒子的能量、材料的性质以及温度等因素。通过研究和测量碰撞截面，可以更好地理解粒子在固体中的慢化过程，并为相关领域的应用提供基础数据。

4）运动粒子的射程

运动粒子的射程决定了粒子能够穿透距离多远的材料。对于带电粒子，如 α 粒子（带正电的高速运动的氦原子核），通常射程较短，因为它会与介质中的原子发生库仑相互作用并损失能量。α 粒子的射程受多种因素影响，包括其初始能量、介质中的原子序数、介质密度以及粒子与介质原子核之间的相互作用。由于 α 粒子具有较大的质量和电荷，在与介质原子核相互作用时会较快地损失能量，因此其射程相对较短。在空气中，α 粒子的射程通常只有 $1\sim2$cm，有时甚至可以被一张纸阻挡。而对于无电荷的中子，其射程通常较长，这是因为中子与物质原子核的相互作用相对较弱，主要通过碰撞来减慢速度。中子的射程取决于其初始能量和介质中的原子核类型等因素。

5）离位

初级离位原子（PKA）是材料内部的普通原子，当受到中子撞击后，获得了很大的动能。一颗 14.1MeV 的中子最多能传递几百 keV 的能量给初级离位原子，这个能量足以让这颗原子摆脱周围原子的束缚，并使其离开原本稳定的位置。PKA 与周围其他原子之间的电磁作用力非常强，导致碰撞截面很高，因此离位后的 PKA 往往会在短距离内与周围其他原子发生碰撞，被 PKA 撞上的原子成为二级离位原子。类似于初级离位原子，二级离位原子也是带电的，具有很高的碰撞截面，因此二级离位原子也会在短距离内发生碰撞，产生三级离位原子。如此循环往复，直到所有原子都耗尽动能为止。

上述的多级碰撞过程，称为级联碰撞（collision cascade）。这个过程会破坏材料的正常结构，产生的损伤称为级联损伤。

6）辐照损伤峰

（1）离位峰：指当入射粒子与材料中的晶格原子碰撞时，传递给靶原子的动能超过离位阈能（即晶格点阵位置的束缚能）时，该原子脱离其晶格位置形成的峰。这种现象称为离位，是辐照损伤的一个基本表现。离位峰的形成涉及多个因素，包括入射粒子的能量、材料的性质以及温度等。离位峰可用来描述材料在辐照过程中的损伤程度和演化行为。运动原子在固体内运动并不断损失其能量的过程中，引起的损伤不仅仅是单个分立的点缺陷，当弹性碰撞平均距离接近固体的点阵常数时，会造成密集的级联碰撞。

（2）热峰：由入射粒子引起的初级反冲及其级联过程导致的高温区域。在这个区域内，入射粒子和反冲原子的一部分剩余能量被转化为晶格的热振动，从而导致固体局部温度升高。其特点在于温度越高，存在的时间就越短，涉及的微观区域就越小。热峰的形成类似于淬火过程，即能量在以受击原子为中心的有限小区域内瞬间释放，然后迅速被周围未振动的原子冷却。

（3）裂变峰：由离位峰和热峰的复合体组成，它主要与电子相互作用生成很强的热峰有关。随着碎片减速，这些碎片会获得电子，使有效电荷降低，导致热峰的强度逐渐减弱。然而，与此同时，离位效应却随碎片减速逐渐变得严重，随着离位效应的增加，大量PKA形成，进而形成越来越密集的离位峰。

3. 辐照损伤的影响因素

辐照损伤在材料科学和工程领域是一个重要的研究方向，影响因素十分复杂和丰富。以下是关于材料影响因素的更深入和全面的分析。

1）材料的晶体结构

（1）晶格类型：不同晶格类型（如面心立方、体心立方、密排六方等）的晶体对辐照损伤的抵抗能力不同。例如，面心立方结构的材料通常具有较好的抗辐照性能。

（2）原子间相互作用：原子间的键合强度和类型（如金属键、离子键、共价键等）会影响材料在辐照下的稳定性。

2）材料的化学成分

（1）合金元素：合金中的其他元素可以改变基体材料的电子结构和原子间相互作用，从而影响其辐照行为。

（2）杂质和添加剂：微量的杂质和添加剂可能会显著影响材料的辐照稳定性。

3）材料的微观结构

（1）晶粒大小：晶粒大小会影响辐照产生的缺陷的分布和迁移行为。

（2）相的分布和形态：不同相的分布和形态可以影响辐照损伤的发展和演化。

（3）第二相粒子：如氧化物、碳化物等第二相粒子可以作为辐照损伤的成核点，影响缺陷的形成和长大。

4）材料的热学性质

（1）热导率：材料的热导率会影响辐照过程中产生的热量的分布和消散，从而影响材料的稳定性和性能。

（2）热膨胀系数：辐照产生的热量可能导致材料发生热膨胀，进而影响其结构和性能。

5）材料的力学性能

（1）弹性模量：材料的弹性模量会影响辐照产生的应力分布和演化。

（2）塑性变形能力：材料在辐照下可能发生塑性变形，影响其长期稳定性和性能。

6）材料的制备工艺和后处理

（1）制备工艺：如铸造、轧制、热处理等，影响材料初始状态和微观结构，从而影响其辐照行为。

（2）后处理：如热处理、辐照预处理等，可以改变材料的性能和稳定性，降低辐照损伤的风险。

7）材料的服役环境

（1）温度：温度会影响材料的辐照损伤机制和速率。

（2）应力状态：材料在服役过程中可能受应力状态影响其辐照行为。例如，拉伸应力和压缩应力可能对辐照损伤的发展有不同的影响。

（3）辐照剂量和速率：辐照损伤程度与受到的辐照剂量和速率密切相关。

7.1.2　辐照缺陷的形成与表征

1. 点缺陷的形成、运动及生长

间隙原子是指原子脱离其平衡位置，进入晶体结构中的原子间隙而形成的一种点缺陷。间隙原子的存在形式主要包括 4 种，即单个间隙原子、双间隙原子、多间隙原子以及间隙原子-杂质复合体。根据晶体的点阵结构不同，间隙原子的存在形式也会有所不同。由于晶格原子之间的间隙非常小，因此一个原子若强行挤入其中必然会导致周围原子偏离平衡位置，造成晶格畸变，同时也会产生点缺陷。

1）缺陷类型

相应的缺陷类型也有单空位、双空位和多空位等。

（1）单空位：点阵格点上失去一个原子，就形成一个空位，空位是晶体中最简单的缺陷。所有的计算都表明，单空位的最近邻原子都朝向空位方向弛豫，即向内弛豫，因此晶胞向内收缩。相反地，间隙原子是指晶格中多余的原子，它们的最近邻原子向外弛豫，晶胞向外扩张。

（2）多空位：点阵格点上失去两个或多个原子，形成双空位或多空位，并可以形成丰富的空位组合。多空位比多间隙原子团的结合能小，但在辐照的金属中经常可被观察到。

（3）溶质-空位和杂质-空位缺陷团：空位能与过尺寸溶质原子或过尺寸杂质原子结合，以降低晶体的总自由能。

2）离位效率

根据模拟计算结果显示，部分辐照产生的缺陷在离位级联中相互复合，这被称为级联内复合或相关复合。在级联淬火过程中，部分未复合的缺陷可能会残留下来，形成存活缺

陷。存活缺陷的比例占辐照产生的 dpa 值，被定义为离位效率，通常用 ξ 表示。当温度为 0K 时，缺陷无法相互复合且全部冻结，此时离位效率 ξ 等于损伤效率 ξ_0。根据分子动力学模拟的计算结果，离位效率与靶原子的反冲能相关。

3）损伤函数

在辐照损伤计算当量中，被辐照材料的损伤剂量一般用离位原子浓度表示：

$$C_{\mathrm{d}} = \frac{N_{\mathrm{d}}}{N} = \int_0^t \int_0^\infty \int_{E_{\mathrm{d}}}^{E_{\mathrm{p,max}}} \varphi(E, t) \frac{\mathrm{d}\sigma(E, E_{\mathrm{p}})}{\mathrm{d}E_{\mathrm{p}}} v(E_{\mathrm{p}}) \mathrm{d}E_{\mathrm{p}} \mathrm{d}E \mathrm{d}t \qquad (7\text{-}3)$$

式中，N 和 N_{d} 分别为单位体积内的靶原子数和离位原子数；t 为辐照时间；E 为入射粒子的能量；E_{p} 为离位原子的能量；E_{d} 为离位阈能；$E_{\mathrm{p,max}}$ 为离位原子获得的最大能量；$v(E_{\mathrm{p}})$ 为离位损伤函数，表示一个能量为 E_{p} 的 PKA 在离位级联中产生的离位原子的数量；$\mathrm{d}\sigma(E, E_{\mathrm{p}})$ 为初级离位的微分散射截面，表示能量为 E 的入射粒子通过散射产生能量为 E_{p} 的离位原子的概率；$\varphi(E, t)$ 为粒子通量分布。

点缺陷是辐照过程中最常见且最主要的缺陷形式之一。离位原子的浓度 C_{d} 与入射粒子的散射截面、离位损伤函数、能谱和辐照时间等因素有关。C_{d} 的单位是 dpa（displacement per atom），1dpa 表示辐照期间平均每个点阵原子被撞击离位一次。

4）缺陷团簇

根据分子动力学模拟结果显示，缺陷团的类型在很大程度上取决于晶体结构。在 bcc 的 α-Fe 中，最稳定的间隙型小团簇（<10 个自间隙原子）是一组〈111〉挤列子，次稳定的是〈110〉挤列子。随着缺陷团尺寸增加（大于 7 个自间隙原子），只有〈111〉和〈110〉这两种挤列子是稳定的。这些挤列子也可以分别成为〈111〉或〈100〉间隙型全位错环的初始形核。对于空位型团簇，或是两个近邻{100}平面上的一组双空位，或是一个{110}平面上的一组最近邻空位，在空位团生长过程中，前者会形成柏氏矢量为〈100〉的全位错环，后者则形成 1/2〈111〉的全位错环。空位型位错环也可以存在于层错中，当空位数柏氏矢量达到约 40 个时形成全位错。在 fcc 的 Cu 中，〈100〉哑铃型是自间隙原子的稳定组态，最小缺陷团簇是以双〈100〉哑铃形态存在的。较大些的团簇有两种组态：一组〈100〉哑铃或一组〈110〉挤列子，两者的惯态面都是{111}面。在生长期间，缺陷团会转变成柏氏矢量为 1/3〈111〉的弗兰克层错环和柏氏矢量为 1/2〈110〉的全位错环。

5）点缺陷迁移

点缺陷的迁移是原子间的相互作用和能量变化引起的。在一定温度下，晶体中的点缺陷可以通过热激活或外部能量的作用，获得足够的能量来克服周围势垒的障碍，从一个平衡位置移动到另一个平衡位置。这一过程涉及空位或间隙原子的迁移，以及它们与周围原子的相互作用。其次，点缺陷的迁移过程通常伴随着能量的变化。例如，空位周围的原子可能因热激活而获得足够的能量，跳入空位中并占据这个平衡位置，同时在原位置形成一个新的空位。类似地，间隙原子也可能在晶体中由一个间隙位置迁移到另一个间隙位置。当间隙原子与空位相遇时，它们可能结合并消失，这一过程称为复合。这些迁移过程都需要一定的能量，这种能量称为迁移能或迁移激活能。

从点缺陷的扩散角度来讲，点缺陷的迁移存在多种微观机制。常见的几种微观机制包括：交换和环形机制、间隙机制、空位机制等。交换机制指的是在较高的激活能下，两个相邻原子相互交换位置，这个过程需要克服相当大的畸变能。环形机制则是指相邻的 3 ~ 5 个处于晶格位置上的原子互相交换位置。这种形式的扩散机制发生概率较低，同时需要的能量也较高。

6）点缺陷平衡方程

在菲克第二定律的基础上，考虑点缺陷的产生率和点缺陷间的复合关系，以及点缺陷被缺陷阱捕获的影响，点缺陷的动力学平衡方程为

$$\frac{\partial C_i}{\partial t} = K_0 - K_{i,v} C_i C_v - K_S^i C_i C_S \tag{7-4}$$

$$\frac{\partial C_v}{\partial t} = K_0 - K_{i,v} C_i C_v - K_S^v C_v C_S \tag{7-5}$$

式中，C_S 为点缺陷的浓度；C_v 为空位浓度；C_i 为间隙原子浓度；K_0 为自由迁移点缺陷的产生率，即在没有其他因素干扰的情况下，点缺陷在单位时间内产生的数量；$K_{i,v}$ 为单位浓度的空位与间隙原子的复合速率系数，即空位和间隙原子相遇并复合成完整晶格结构的速率；K_S^i 和 K_S^v 分别为单位浓度的间隙原子和空位被单位浓度的某种缺陷 S 吸收的速率系数。这些缺陷可以是材料中的其他缺陷、杂质或晶界等。

点缺陷平衡方程中，由于 K_S^i 与 K_S^v 不相等，因此是个不对称的非线性微分方程组，难以得到解析解。不仅如此，速率常数可能相差几个数量级。例如，K_S^i 可能比 K_S^v 大几个数量级，因此该方程组是刚性方程组，必须采用刚性方程组的数值方法进行求解。

Sizemann 通过一个简化的模型，得到了低温且低缺陷密度、低温且中等缺陷密度、低温且高缺陷密度、高温等多种极端情形下点缺陷平衡方程的解析解。对于点缺陷平衡方程及其解析解，有一个重要特点是与位错环等缺陷的生长有关：任何缺陷，只要其对间隙和空位的捕获强度即速率系数相等，流向该缺陷的净点缺陷流就为 0；任何缺陷包括位错环只有存在净的间隙原子或空位偏压时，才能生长，实际金属中正是如此。通过点缺陷平衡方程，可以求得辐照条件下点阵原子的扩散系数 D_{rad}：

$$D_{rad} = D_i C_i + D_v C_v \tag{7-6}$$

式中，D_i 为间隙原子扩散系数；D_v 为空位扩散系数。由于辐照时产生过饱和的点缺陷 C_i 和 C_v，因此 D_{rad} 远大于热扩散系数，一般可大几个数量级，这就是辐照增强扩散（radiation-enhanced diffusion），它直接导致了辐照诱发的偏析（radiation-induced segregation）。

2. 位错环的形成和演化过程

1）位错基本属性

晶体材料中的位错是一种重要的线缺陷，它代表了晶体中已滑移部分与未滑移部分的分界线，对材料的力学性能产生显著影响。根据原子的滑移方向和位错线取向的几何特征不同，位错可以分为刃型位错、螺型位错和混合型位错。

柏氏矢量在位错理论中具有重要作用：

（1）判断位错的性质：位错线和柏氏矢量垂直表示刃型位错，位错线和柏氏矢量平行

则表示螺型位错。

（2）表示晶格畸变总量：位错周围的所有原子都会不同程度地偏离其平衡位置，而柏氏回路可以将这些畸变叠加，畸变总量可由柏氏矢量表示。显然，柏氏矢量越大，位错周围的晶格畸变越严重。

（3）表示晶体滑移的方向和大小：位错线运动时扫过滑移面，晶体即发生滑移，此时滑移量的大小即为柏氏矢量 b 的大小，而滑移的方向即为柏氏矢量的方向。

2）位错反应

在位错反应过程中，主要包括位错的合并与分解。位错合并是指晶体中不同柏氏矢量的位错线合并为一条位错线；位错分解则是一条位错线分解成两条或多条具有不同柏氏矢量的位错线。这种位错之间的转变称为位错反应，其自动发生需要满足几何和能量两个条件。

（1）几何条件：位错反应前后的柏氏矢量和必须保持不变，即满足柏氏矢量的守恒性，即 $\sum b_{前} = \sum b_{后}$。

（2）能量条件：位错反应后产生的各位错的总能量要小于反应前各位错的总能量，即反应必须伴随着能量降低，即 $\sum |b|_{前}^{2} = \sum |b|_{后}^{2}$。

3）位错环形成机制

在晶体的不同点阵结构中，点阵原子排列方式有所差异，因此点缺陷在点阵中的存在形式和聚集方式也会有所不同，从而形成具有不同柏氏矢量的位错环。

在 fcc 晶体中，由于密排面为（111）晶面，相邻层之间的原子堆垛次序为ABCABCABC。因此，在该晶体中形成的位错倾向于在沿着（111）晶面上聚集，从而形成一个空位圆盘。当空位圆盘的尺寸足够大时，位于上下面的原子将发生崩塌，形成一个层错。如果塌陷后的原子面堆积顺序依旧是 ABCABCABC，生成的晶格畸变全部集中在四周的位错环上，则位错环的柏氏矢量 b 为 $1/2\langle 110 \rangle$，也就是 fcc 的全位错。

4）位错环运动机制

位错环在晶体中的运动是一个重要的现象，它会受到多种因素的影响。在位错环运动过程中，位错线沿该处的法线方向运动，可能导致位错环的扩大或缩小。特别是当位错环遇到障碍物或第二相粒子时，位错线可能受阻并发生弯曲，随着外加应力的增加，受阻部分的弯曲加剧，最终可能形成围绕障碍物的位错环。此外，位错攀移是另一种位错运动方式，它涉及位错线垂直于滑移面的运动。攀移通常发生在高温下，由于原子热运动增强，位错线可以通过吸收或释放原子实现在晶体中的垂直移动。攀移对位错环的运动也有影响，特别是在位错环的形成和演化过程中。

分子动力学模拟结果显示，即使在零应力条件下，小于几纳米的极小间隙型位错环也能在柏氏矢量方向做快速的一维滑移扩散，这种现象在理论上也研究过。其运动特征总结如下：

（1）运动在电镜照片上的投影轨迹显示，在 fcc 和 bcc 金属中位错环的运动方向沿着原子密堆积方向（沿着[110]和[111]方向）或位错环的柏氏矢量 b 方向，因为该方向迁移激活能低。

（2）小间隙型团簇通常在两个位置之间重复做来回运动，驱动力来自于围绕位错环的应力场梯度的变化。当一个环接近邻近的一个环时停止运动，来回运动的距离几乎等于两个现存环之间的距离。有时环似乎停在两端。

（3）运动不是连续的而是断断续续的，一些位错环运动时，其他的位错环不动。

（4）添加合金元素会显著减短和降低位错环的移动距离和频率，说明合金和杂质元素对位错环运动具有影响。

5）速率理论模型

速率理论模型可以分为三维迁移模型和产生基模型。

（1）三维迁移模型：在20世纪60、70年代，研究人员开始使用速率理论研究材料中由粒子辐照引起的缺陷演化行为。该模型最主要的假设包括以下三种：①辐照初始过程中直接产生相等数量的单个自间隙原子和空位；②整个反应过程中只有单个自间隙原子和空位能迁移，并且作三维迁移；③不同的缺陷对自间隙原子和空位的吸收效率不同。在这个模型中位错对自间隙原子的优先吸收（位错偏置）是促进缺陷演化的唯一驱动力。由于这个模型假设在辐照过程中只能产生点缺陷，因此不能区分 1MeV 电子、裂变中子和重离子的辐照。由于以上种种局限，三维迁移模型的理论计算结果在很多情况下与实验不相符。在级联过程中除了产生单个自间隙原子和空位，还将直接产生小的自间隙原子团簇和空位团簇。而在三维迁移模型中未考虑到小团簇在级联过程中的产生，也是此模型没能很好地解释级联损伤过程中缺陷演化的根本原因。

（2）产生基模型：中子或重离子辐照会导致级联损伤过程中产生小的自间隙原子团簇和空位团簇，这使辐照产生的缺陷更加复杂。这也是导致其与电子辐照产生缺陷的过程有很大差异的关键因素。在产生基模型中，考虑了级联损伤过程中小的自间隙原子团簇沿着它们的柏氏矢量发生滑移的情况。最初是在退火实验中观察到自间隙原子团簇的滑移的，并对其进行了理论分析，随后在辐照实验中也观察到了此现象并进行了理论分析。

3. 辐照缺陷的先进表征

1）场离子显微镜

场离子显微镜（field ion microscope，FIM）是一种具有高放大倍数和高分辨率的显微镜，它能够直接观察固体表面原子结构，因此被视为研究固体表面微结构与表面缺陷的重要工具。

场离子显微镜的核心工作原理是利用成像气体原子在带正高压的针尖样品附近被场离子化，这些离子化的气体原子在电场的作用下加速，然后沿着电场方向飞行到阴极荧光屏上，形成对应于针尖表面原子排列的"场离子像"。这种技术使人们能够直观地看到原子的排列情况，以便从微观角度研究问题。

场离子显微镜结构简单，无须复杂的电子或离子透镜，能够提供 2.5nm 左右的高分辨力，但其样品制备过程较为复杂，对样品的材料有所限制，而且它得到的样品表面状态只能反映强电场下的状态而不是通常状态。因此，其应用主要限于对固体表面微结构与表面缺陷的研究。此外，场离子显微镜在技术上不断发展，进一步衍生出了原子探针（AP）和三维原子探针（3D AP）。这些技术能够对不同元素的原子逐个进行分析，鉴定其元素类别，甚至能给出纳米空间中不同元素原子的分布规律，为材料科学领域的研究提供了强有力的工具。

2）相位衬度

电子束在非常薄的试样中传播时，试样中原子核和核外电子产生的库仑场会使电子波的相位产生起伏。而将这种相位变化转换为相衬度的过程即称为相位衬度成像。相位衬度成像技术利用了电子波的波动性质，在物镜的后焦面上插入大的物镜光阑，两个以上的波合成或干涉成像，从而实现对试样的高分辨率成像。高分辨透射电镜的成像是通过应用相位衬度理论生成点阵条纹图像的过程。只有在样品非常薄的情况下，点阵条纹图像才能与晶体结构一一对应，因此可以形成高分辨率的结构图像。

3）柏氏矢量测定

当电子束穿过大约 1000Å 厚的晶体薄膜时，由于位错周围的晶格畸变，衍射强度会与无位错区域不同。利用物镜光阑可以将不需要的电子束挡掉，只允许透射束或适当的衍射束通过并放大成像。同时，倾动试样使其满足 $g \cdot b \neq 0$ 的条件，这样就可以在荧光屏上显示出位错。基于这个原理建立起来的电子显微镜衍射法可以观察位错的形态、结构、分布和运动。不同晶体材料的位错环柏氏矢量类型不同。面心立方材料中有柏氏矢量为 $1/2\langle 110 \rangle$ 的全位错环、柏氏矢量为 $1/3\langle 111 \rangle$ 的弗兰克不全位错环和柏氏矢量为 $1/6\langle 211 \rangle$ 的肖克莱不全位错环。在体心立方材料中一般存在柏氏矢量为 $\langle 100 \rangle$ 和 $1/2\langle 111 \rangle$ 的两种类型的位错环。但是它们伯氏矢量的测定方法类似，都是在多个不同衍射矢量 g 下拍摄双束像或者弱束像，从而利用 $g \cdot b = 0$ 不可见判据测定位错环的柏氏矢量。然而，该种方法如需测定唯一的柏氏矢量，需要在不同带轴的多个 g 下进行研究，如图 7-3 所示。

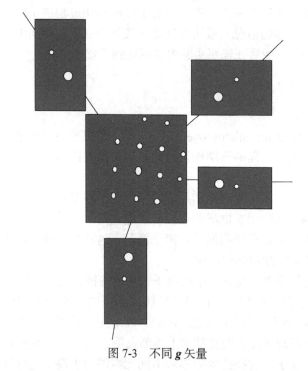

图 7-3   不同 g 矢量

4）位错环尺寸

位错环一般接近圆状或者椭圆状，在不同的衍射衬度下看到的位错环的投影形状会有所不同。在统计过程中，一般选取位错环衬度像中较长线的长度作为位错环的直径进行统计。

通过透射电子显微镜观察到的位错环的像是非常局部的，因此单凭一张图片往往无法对位错环的尺寸分布进行准确统计。为了获得更可靠的结果，最佳方法是选择多个不同区域进行位错环的观察，然后统计位错环的尺寸。通过 origin 制图得到位错环的尺寸分布，从而得出位错环的平均尺寸和误差。

5）位错环密度

位错环像在不同的衍射条件下数密度分布会有所不同，因此对试样的位错环的统计要在特定的衍射条件下进行。正带轴条件下，位错环都会出现，但衬度较深，不容易区分，会影响对其密度的统计。通过双束或者弱束条件观察，位错环像的衬度会更明显。通过 $\boldsymbol{g} \cdot \boldsymbol{b} = 0$ 的不可见判据，可以确定在某个特定 $\boldsymbol{g}$ 的衍射条件下，部分位错环会消失，没有衬度，因此至少需要在两个 $\boldsymbol{g}$ 下才能统计出位错环总的数密度。

用透射电子显微镜统计位错环的数密度时，要选取多个不同的区域并在相同的衍射条件下进行统计取平均。对于数密度的统计，可以分为面密度统计和体密度统计。

（1）面密度统计相对简单，可以在选定的面积范围内统计位错环的个数，然后得到单位面积的位错环的个数。

（2）体密度统计较为复杂，需要确定试样的厚度。在透射电子显微镜中测量试样的厚度时通常使用透射电子衍射衬度法或者高角度倾斜技术。一旦确定了试样的厚度，可以在单位体积内统计位错环的个数来获得体密度。

6）点缺陷迁移能测定

高压电镜在材料科学中的一个重要用途是测定空位迁移能 E_{v}^{m} 和自间隙原子迁移能 E_{i}^{m}，这些参数对于模拟研究非常重要。测定方法是基于 Kiritani 和 Yoshida 提出的一个模型。根据该模型，E_{v}^{m} 可由位错环的生长速率随温度变化的化学动力学分析给出，E_{i}^{m} 则可以通过位错环的饱和数密度随温度变化的关系来确定：

$$\frac{\mathrm{d}L}{\mathrm{d}t} = C_1 \exp\left(-\frac{E_{\mathrm{v}}^{m}}{2k_{\mathrm{B}}T}\right) \tag{7-7}$$

$$C_{\mathrm{LS}} = C_2 \exp\left(-\frac{E_{\mathrm{i}}^{m}}{2k_{\mathrm{B}}T}\right) \tag{7-8}$$

式中，$\mathrm{d}L/\mathrm{d}t$、C_{LS}、k_{B}、T 分别为位错环的生长速率、饱和位错环密度、玻尔兹曼常量和热力学温度。

对上述两个式子分别取对数，可得

$$\ln\frac{\mathrm{d}L}{\mathrm{d}t} = -\frac{E_{\mathrm{v}}^{m}}{2k_{\mathrm{B}}}\frac{1}{T} + \ln C_1 \tag{7-9}$$

$$\ln C_{\mathrm{LS}} = -\frac{E_{\mathrm{i}}^{m}}{2k_{\mathrm{B}}}\frac{1}{T} + \ln C_2 \tag{7-10}$$

应用高压电镜可测出不同温度下位错环的生长速率 $\mathrm{d}L/\mathrm{d}t$ 和饱和位错环密度 C_{LS}，然后对其取对数，以 $1/T$ 为横坐标作图，称为阿伦尼乌斯图，得到的应该是两条直线，其斜率的 $2k_B$ 倍即为 E_v^m 和 E_i^m。

7.1.3 辐照损伤分类

1. 辐照硬化

1）概述

辐照硬化是辐照损伤效应在宏观性质方面的体现之一，主要表现为材料硬度的增加。辐照硬化是由于辐照过程中产生的缺陷对位错运动产生阻碍。具体来说，辐照硬化可以细分为源硬化和摩擦硬化两种类型。源硬化是指辐照产生的缺陷能够钉扎位错，使位错在滑移面上难以启动，需要更大应力才能去除钉扎，从而增加了材料的硬度。而摩擦硬化则是位错启动后，滑移面上的缺陷阻碍位错运动，增加了位错在运动中克服"摩擦"所需要的应力。从微观组织来看，辐照产生的缺陷类型，如位错环、贫原子区、偏析物及空腔（包括空洞或氦泡）等，都能作为障碍物阻止位错的运动，从而引发辐照硬化。实验表明，当辐照剂量增大至一定程度后，材料的硬度会达到饱和状态，即辐照硬化将不再随着辐照剂量的增加继续增大。

2）源硬化

对于未辐照的 fcc 金属，启动位错所需的应力被认为就是其中 Frank-Read 源（F-R 源）的去钉扎应力。晶体内位错的增殖会导致运动的位错相互缠结在一起，这样就需要有更大的外加应力以促使互相平行的位错彼此越过，或是让非平行的位错互相切过。这一加工硬化过程使应力随着应变的进行而增加。

在未经辐照的 fcc 金属和合金中，通常不会出现源硬化现象，而这一现象在未经辐照的 bcc 金属中却是比较常见的。源硬化通常表现为应力应变曲线上呈现出明显的上下屈服点。对于 fcc 金属，只有在经历了辐照后才能观察到屈服降现象，即为源硬化。在照射了的 fcc 金属中，辐照产生的缺陷团会位于 F-R 源附近，这些缺陷团充当障碍物，增加了位错在滑移过程中扩展或增殖所需的应力，也就是使位错源运转所需的应力增加。一旦外部施加的应力足以克服这些缺陷团对位错的阻碍，行进着的位错就能破坏这些小的缺陷团（即环），从而降低继续变形所需要的应力。

3）摩擦硬化

当位错在晶体内运动时，长程力和短程力将阻碍其移动。总剪切应力一般被看作长程应力和短程应力的合力：

$$\sigma_i = \sigma_{LR} + \sigma_s \tag{7-11}$$

式中，σ 为摩擦应力，脚标 LR 和 s 分别表示长程应力和短程应力的贡献。由于辐照、加工硬化或时效等因素使硬度增大，称为摩擦硬化。在材料的应力应变曲线塑性变形阶段内，任一点处的摩擦应力近似等于真应力。长程应力主要由环形位错的应力场与位错网里上下面的位错线的应力场的交互作用产生。任何增加位错密度的过程都会伴随着长程应力的增大。短程应力则来源于行进位错面上的障碍物对位错的影响，且只有在位错与障碍物非常接近或者触碰时才会发生作用。短程应力可分为热激活和非热激活两部分。非热激活的应力大小和温度无关。而热激活过程中，穿过或者越过障碍物需要一定的能量，其中一部分由热提供。

4）位错环硬化

位错环硬化是材料在受到辐照等外部因素作用时产生的一种硬化现象，其过程中位错环的形成和运动至关重要。当材料受到辐照时，其内部的位错运动会受到阻碍，每个位错在经过粒子时都会留下一个位错环。这个位错环对位错源产生反向应力，使材料在继续形变时必须增加应力以克服此反向应力。这导致了材料的流变应力急剧增加，表现为硬化效应。位错环的形成和分布受多种因素的影响，包括第二相粒子的力学特性、形状、尺寸、分布和数量，以及两相之间的晶体学匹配情况、界面能和界面结合等。这些因素共同决定了硬化效果的程度。位错环硬化对材料性能有着重要的影响，不仅改变了力学性质，还可能影响热学、电学等其他性能。因此，在位错环硬化的研究中，需要综合考虑多种因素，以全面理解其对材料性能的影响。

辐照引起的间隙原子聚集形成位错环，这些环如果是层错环，则被归类为纯刃型位错；若为非层错环，则属于刃型及螺型混合位错。当运动位错的滑移面与环相交或距离很近时，面上的位错就会受到阻力而难以运动。为了对运动位错施加大阻力，环的中心必须靠近滑移面（约小于环的直径）。由于环的直径通常远小于滑移面上环与环之间的间距，因此可以将每个环只在碰撞时对位错施加作用力。克服环的阻力所需要的外加剪应力，相当于环和位错线之间的最大作用力。设在滑移面上环的间距为 l，则位错线每单位长度所受到的阻力应是 F_{max}/l。由于外加剪应力而对位错线所加的反向力为 $\sigma_s b_e$，b_e 是位错运动的柏氏矢量。假如所有的环对固体中的位错都施加了最大的力，那就会在等于或超过时出现明确的屈服点。更确切地说，由于环的存在而引起的屈服应力提高（即环硬化）为

$$\sigma_s = \frac{F_{max}}{b_e l} \qquad (7\text{-}12)$$

5）贫原子区硬化

贫原子区硬化是材料在特定条件下，尤其是在辐照环境下，展现出的一种重要的硬化效应。它主要与材料中的贫原子区域相关，这些区域通常是由于原子缺失或浓度降低而形成的。贫原子区硬化与温度有密切关系。在特定的温度下，位错穿过贫原子区时所需的应力会发生变化，这反映了位错运动在贫原子区遭遇的摩擦硬化效应。这种硬化效应的程度可以通过一系列的物理参数来描述，如贫原子区的浓度、切变模量、半径，以及位错的柏氏矢量等。随着温度的变化，贫原子区的硬化效应也会有所不同。这是因为温度会影响位错的运动和相互作用，从而改变位错通过贫原子区时的行为。在不同的温度下，可以通过特定的公式来量化这种硬化效应，这些公式通常涉及一些关键参数，如特征温度、应变速率和贫原子区浓度等。

从更微观的角度来看，贫原子区的存在改变了材料的晶体结构，使位错在滑移过程中受到额外的阻碍。这些阻碍可以来自于贫原子区本身的物理特性，也可以来自于贫原子区与其他晶体缺陷（如位错环、空洞等）的相互作用。这种相互作用增加了位错运动的难度，从而导致了宏观上的硬化现象。

6）辐照硬化饱和

随着辐照量增大，如果没有机制破坏贫原子区，那么 N 就与中子总剂量成正比；于是在这一阶段中理论应该预计：

$$\sigma_s \propto (\varphi t)^{1/2} \tag{7-13}$$

然而在高剂量时硬化并不遵循这一公式，有两种模型曾被提出来解释这一现象。这两种理论都引进了可以去掉贫原子区的过程，从而能使在高剂量时 N 达到稳态数值。

2. 辐照脆化

1）断裂韧性

断裂韧性用于描述材料在裂纹或类裂纹缺陷时阻止裂纹扩展的能力。当试样或构件中存在裂纹或类裂纹缺陷时，断裂韧性反映了这些缺陷不会随着载荷增加而迅速扩展的能力，即所谓的不稳定断裂时材料显示的阻抗能力。断裂韧性可以用能量释放率、应力强度因子、裂纹尖端张开位移（CTOD）和 J 积分等参数来描述。

断裂韧性主要利用线弹性断裂力学和对应的应力强度因子 K（平面应变断裂韧度 K_{Ic}）来表征。然而，K_{Ic} 方法主要适用于脆性材料或符合小范围屈服的情况，对于大部分金属材料，当不满足小范围屈服条件时，更适合选择基于弹塑性断裂力学的 J 积分来分析断裂韧性。截面尺寸、温度、应变速率、屈服强度、晶粒尺寸、夹杂和第二相、裂纹尺寸等因素共同决定了材料在裂纹扩展过程中的行为，从而影响材料的断裂韧性。

在实际应用中，常采用带尖锐裂纹的试样进行断裂韧性测试，通过直接观察或间接测量法连续监测裂纹的行为，从而测定材料抗裂纹扩展的能力及裂纹在疲劳载荷或应力腐蚀等条件下的扩展速率。通过断裂韧性试验，能够求得平面应变断裂韧度 K_{Ic}、动态断裂韧度、裂纹临界张开位移 δ_c、应力腐蚀临界强度因子 K_{Iscc} 以及疲劳裂纹扩展速率 $\mathrm{d}a/\mathrm{d}N$（毫米/周）等参数。

2）塑性失稳

由于材料的非匀质性和其中不可避免的缺陷，局部区域必然存在承载载荷能力弱的情况。因此，在这些局部区域会发生应力集中现象，导致局部硬化，需要更高的应力才能形成连续的局部硬化。为了满足这种应力需求，局部截面会减小，即发生所谓的"颈缩"现象。在这个过程中，局部应力状态发生了变化，颈缩区不再是单向应力状态，因此材料中可能出现剪切带、颈缩等现象。当材料均匀塑性变形中断后，随着应力的下降，达到材料的极限强度，如抗拉强度。

应力-应变曲线的加工硬化部分终止于塑性失稳点，该点标作 UTS，代表材料的极限抗拉强度，也代表着样品承受最大载荷的能力。在形变中的所有时刻，载荷等于实际截面面积和真应力的乘积，在 UTS 点，载荷对应变的变化率为 0，且

$$\frac{\mathrm{d}\sigma}{\sigma} = -\frac{\mathrm{d}A}{A} \tag{7-14}$$

3）蠕变断裂

金属的蠕变变形主要通过位错滑移、攀移、原子扩散及晶界滑动等机制进行，随着温

度和应力变化而不同。高温环境为金属材料提供了额外的热激活能，使位错、空位等缺陷更活跃。在长期的应力作用下，缺陷移动具有一定方向性，导致变形不断产生，从而发生蠕变。当缺陷累积到一定程度时，在晶粒交界处或晶界上第二相质点等薄弱位置附近会产生裂纹，并逐渐扩展，最终导致蠕变断裂。

从倾向上看，这与温度对辐照钢拉伸强度的影响是一致的，如图 7-4 所示。蠕变速率之所以下降，是因为快中子轰击造成的贫原子区、Frank 位错环和空洞，都会阻碍位错在固体中的运动。随着辐照温度的提高，这些位错运动的障碍物逐渐从样品中退火，于是速率增大。

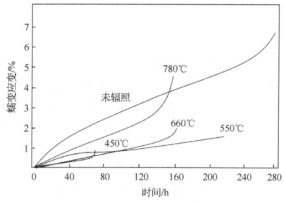

图 7-4　钢的时间-蠕变应变曲线

4）晶界空洞

空洞在金属材料中是一种常见的缺陷形式，特别是在超塑变形过程中。这些空洞可以在晶界上的任何位置形成，并且通常与晶界上的缺陷有关。晶粒边界上能够引起空洞成核的缺陷包括沉淀物的颗粒或是小的凸起部分，这两者都是有效的应力集中点，会促使空洞的形成。

晶界空洞的产生与晶粒细化后变形方式的改变有密切的关系。晶粒细化后，晶内位错滑移和晶界滑移都会产生一些变形。在晶界滑移过程中，如果没有相应的物质流动机制（如扩散蠕变）来协调晶界滑移造成的空隙，那么空洞便会在晶界交叉处形核。此外，晶界空洞的形成与应变速率也有关系，在较小的应变速率下，晶界滑动的比例较大，因此容易产生更多的晶界空洞。另外，大角晶界由于容易造成应力集中，若不能及时通过扩散蠕变、位错运动等协调过程来释放这些应力，就会成为空洞扩展的有利位置。电流引起的试样温度升高，以及试样内部晶粒和晶界上电阻率的不同导致的温度梯度，都有可能加速晶界空洞的形成。

5）氦脆化

氦脆化无法通过退火完全消除。类似燃料中生成的裂变气体，氦在热力学上是不溶于金属的。当温度升高至足以使氦原子迁移时，它们就会析出形成气泡。这些气泡在基体中形成后，会像空洞一样对辐照硬化做出一定的贡献。然而，在处于稳定状态的低温时（$T<700℃$），氦气泡引起的强度增加相对于其他辐照缺陷的贡献较小。当温度高到可以使空洞和位错退火消除时，金属的强度将恢复到未辐照时的数值。此外，氦气泡还可能合并

长大，形成较大的气泡，从而减少气泡数量，以至于没有足够数量的气泡能引起较大的硬化。

然而，在高温条件下，氦会导致钢严重脆化。在断裂时，金属的延伸率和屈服强度将发生不可逆的变化。未辐照的金属通常呈穿晶型断裂或是穿晶与晶间的联合形式，而辐照后的金属断裂则总是沿着晶界。氦脆化的程度取决于快中子剂量、钢的成分和温度。研究人员提出了多种不同的机制来解释氦脆化现象。Woodford、Smith 和 Moteff 认为，停留在基体内的氦气泡可以阻碍位错线运动。基体的强度有所增加，抑制了晶界三线交点处应力集中的松弛，进而促进了楔形裂纹扩张引起的破断。

3. 辐照蠕变

1）概述

辐照蠕变指的是由于辐照引起热蠕变速率增加的现象，或在没有热蠕变条件下产生蠕变的现象。前一种现象称为辐照加速的蠕变，后一种现象则称为辐照引起的蠕变。目前关于热蠕变的机制已得到广泛研究，而关于辐照蠕变的理论则更为复杂。辐照蠕变的特点是外应力必须引起固体非均匀变形（不仅仅是肿胀），而且变形速率必须随着快中子通量的改变而发生改变。

不锈钢的辐照蠕变理论，一般可以分为两类，它们的区别在于蠕变过程中是否包含了辐照产生的空洞和位错环。因为这些缺陷团的成核和温度密切相关，所以这两类蠕变理论分别对应于低温和高温蠕变，其分界线大约是空洞形成的最低温度。

通常来说，高温辐照蠕变的原因包括：①成核位错环的应力定向；②位错加速攀移，然后滑移。而低温辐照蠕变则可分为两种情况：第一种是由于固体中位错网络的钉扎段攀移而引起的瞬态蠕变；第二种是由于空位环塌陷而引起的稳态蠕变。

2）瞬态蠕变

瞬态蠕变，又称初级蠕变，是蠕变过程的最初阶段。蠕变是指在一定温度下持续施加较小应力（一般小于屈服极限）时材料发生缓慢塑性流变的现象。在这一阶段，材料开始对压力做出反应，并试图保持自身形状，同时经历应变硬化和抗蠕变性的增加。

瞬态蠕变的特点是蠕变速率随时间增加而逐渐降低，这表明蠕变阻力随着形变的增加而增加。这是由于加工硬化过程增加了蠕变阻力，从而使蠕变速率逐渐减小。

3）稳态蠕变

和前面讨论的瞬态蠕变机制相反，稳态蠕变是由应力驱动的空位聚集引起的，并且这种变形是不可逆的。当卸载时，由于应力作用而产生的空位聚集无法自发地恢复，因而蠕变变形将被保留。然而，在拉伸蠕变（而不是压缩蠕变）的情况下，这种理论会遇到困难。根据上述理论分析，当卸载时，那些大于无应力状态下的临界尺寸的空位盘就不再稳定，因而发生塌陷。因此，在拉伸过程中产生的蠕变变形将随之消失。

瞬态蠕变、稳态蠕变和加速蠕变共同构成了蠕变的三个阶段。深入了解这三个阶段对于防止蠕变失效至关重要。

4）空位盘塌陷

尽管在高于形成空洞的最低温度辐照时，金属的显微组织中无法观察到由于过剩空位凝聚而形成的位错环，但在低温辐照时，却会形成并保留空位环。这种空位环是通过空位片（或空位盘）塌陷而产生的。

空位盘塌陷是材料科学中的一个重要现象，尤其是涉及固体材料中的缺陷和微结构变化时。在固体材料中，空位（或称为空位缺陷）是原子或离子缺失的位置，它们可以在材料中形成并移动。当这些空位聚集形成空位盘（即空位在某一区域内相对集中）时，它们可能会对材料的物理和化学性质产生显著影响。空位盘塌陷是指这些集中的空位由于某种原因（如温度变化、应力作用、化学反应等）而突然崩溃或消失的过程。这个过程可能会导致材料内部的局部结构发生显著变化，进而影响材料的整体性能。例如，空位盘塌陷可能会改变材料的密度、热导率、电导率等物理性质，甚至导致材料的机械性能下降。

5）间隙原子环

在开始出现空洞和肿胀峰的温度下（不锈钢约为 350～500℃），给定的应力状态可能会导致间隙原子环在一定的晶面上优先成核，进而引起辐照效应。这一机制最初由 Hesketh 提出。在材料辐照过程中，间隙原子会在固体的特定晶面（如面心立方点阵的 {111}面）上形成环状结构的核心。如果该晶面相对于外应力取向是有利的，那么在这些晶面上的环核将更容易保持，而在其他晶面上成核过程则不受应力的影响，因而不易维持。当这些间隙原子在晶格中聚集并形成环状结构时，就形成了所谓的间隙原子环。这种环状结构可能是原子扩散、相变或特定的晶体生长条件导致的。间隙原子环的存在可以显著影响材料的性能，如改变材料的电导率、热导率、磁性以及其他物理和化学性质。此外，间隙原子环还可能影响材料的力学性能和稳定性。研究间隙原子环通常需要运用先进的材料表征技术，如 TEM、X 射线衍射等，以观察和分析其结构、形态和分布。这些研究有助于深入了解间隙原子环的形成机制、稳定性以及对材料性能的影响，从而为材料的设计与优化提供指导。

6）位错攀移

刃型位错在垂直于滑移面的方向上运动即发生攀移。刃型位错攀移具有如下特征：①刃型位错垂直于滑移面进行运动，被称为非守恒运动；②阻力较大，需要热激活，在高温容易出现；③刃型位错通过攀移可以避开障碍物。

Weertman 提出了由位错攀移控制的蠕变机制，这种蠕变机制与扩散蠕变机制有明显区别，但根据蠕变速率和温度的关系可以推断，不论采用哪种机制，最终决定蠕变速率的过程都是空位的迁移。按 Weertman 的蠕变机制，辐照会加速蠕变。在这种蠕变过程中，运动位错越过滑移面上的障碍物而攀移，或者向着相邻的平行滑移面上的异号位错攀移。在这一过程中，当运动位错达到势垒顶部并迅速滑到下一个障碍物时就会引起蠕变。另一种情况是，位错塞积群通过滑移而扩展，从而使塞积群中被相邻滑移面上的异号位错抵消了的位错（即塞积群中的领先位错）得到补充。这些蠕变机制的特点在于将控制蠕变速率的过程（攀移）和控制应变的过程（滑移）分开，而这也正是辐照影响蠕变速率的关键所在。

7）辐照肿胀

辐照肿胀是空位和惰性气体原子的聚集所导致的现象。它表现为材料的体积和密度随辐照发生变化。

7.2 辐照缺陷基本研究方法

7.2.1 辐照装置与实验方法

1. 中子源

最早使用的放射源是放射性同位素中子源，但其强度较低且寿命有限。20 世纪用于中子核物理研究的主要中子源是利用低能粒子加速器产生的带电粒子轰击靶而产生中子。这些中子源通常能够提供单一能量的中子，并具有较好的脉冲性能，但是中子产生效率较低。反应堆中子源中子通量高，应用最为广泛，但由于反应堆散热技术的限制，使其最大中子通量受到限制。

随着散裂中子源的出现，科研人员得以突破早期反应堆中子源中子通量的极限。散裂中子源的基本工作原理是利用高能质子轰击重原子核，发生散裂反应并且释放出大量中子。与裂变反应相比，散裂反应虽然释放的能量较低，但是可以将一个原子核打成若干块，从而产生大量次生中子。在这个过程中会产生中子、质子、介子、中微子等，且次生中子还会与临近的靶核作用而产生中子，即核外级联。一个质子在打靶后大概能够产生 20～30 个中子，这是散裂中子源的基本条件。

20 世纪 80 年代起，由质子加速器驱动的散裂中子源逐渐进入实际应用阶段。其工作原理相对简单，利用高能强流质子加速器，产生 1GeV 左右的质子轰击重元素靶（如钨或铀），从而在靶中引发散裂反应。散裂中子源的特点是在比较小的体积内产生比较高的脉冲中子通量，并且提供更加宽广的中子能谱，从而极大地扩展了中子科学研究的范围。

2. 高能质子辐照

利用高能回旋加速器产生的高能质子束辐照材料，可以产生类似高能中子辐照均匀的辐照损伤。在相同的损伤剂量下，600MeV 质子辐照产生的嬗变氦、氢和杂质量比 14MeV 中子辐照的变量要大 1 个量级。如果将质子能量降低到 100～200MeV，辐照产生的氦量与损伤剂量 dpa 的比约为 10appmHe/dpa，这接近于 14MeV 中子辐照的情况。同时，还可以在此过程中放至微观观察样品、进行拉伸性能试验、冲击试验和压力罐式的蠕变试验等，以获得不同 dpa 下的拉伸性能、韧脆转变温度（DBTT）、蠕变变形量和微观组织形貌等信息，从而更全面地了解材料的辐照行为。然而，需要指出的是，质子辐照的费用昂贵且高通量的空间受限制。

3. 双束离子辐照

离子辐照实验的优点显而易见，辐照剂量大，能够在较短时间内达到高的损伤剂量。一般来说，反应堆上的中子辐照实验需要几年的时间，而加速器离子辐照仅需要几十小时即可完成。

采用截面技术，可以测量微观结构沿离子深度的变化，也就是随损伤剂量不同而发生的微观结构的变化。当联合另一台注入 H 或 He 的加速器，进行级联碰撞与 He 的协同作用的研究，可以从单束辐照（Fe 束或 He 束）与双束（Fe 束和 He 束）辐照的微观组织变化入手，分析 PKA、嬗变 He（具有反冲能量的 He）和 He 与高能 PKA 协同作用下的微观组织结构变化，从而系统地研究辐照效应。

4. 高能电子辐照

日本大阪大学的高压电镜的加速电压为 3000kV，能够进行电子辐照并实现原位观察，观察辐照缺陷的各种变化，从而获得非常直观的实验结果。由于 PKA 的能量较低，不足以产生级联碰撞，因此形成的辐照缺陷比较单纯，实验结果的分析也比较方便。其特点是：

（1）电子束聚焦能够产生极高的电子强度，在几小时内就可达几十 dpa 损伤剂量。

（2）能够在不同时刻（即不同 dpa）对同一视场进行微观结构的观察，直接了解微观结构的演化，包括空洞的长大、相的变化，以确定肿胀率与 dpa 的关系。

（3）可以调节样品的靶室温度，能直接观察到不同温度下的微观结构的演化，并且还可以进行在役退火观察。

一般来说，高压电镜的电子辐照实验比中子辐照实验更早地出现了空洞肿胀现象，而且肿胀量远大于中子辐照的情况。同时，可以进行材料和材料工艺状态的辐照数据的对比分析，从而进行材料和材料工艺的筛选研究。

5. 核聚变堆

如果按照国际热核聚变实验堆（ITER）的构想设计聚变堆结构，将中心高温等离子体与周围的真空室隔开，则包层模块的作用为：①沉积高温、高通量和强中子能量，为发电提供动力；②隔开高温区，最大程度减缓 14MeV 中子速度，以免对包层以外的构件造成重要损伤，起到屏蔽热和辐射的作用；③模块中的中子与产氚靶件（固体靶件或液态靶件兼冷却剂 LiPb、Li）生产氚，为聚变堆运行提供需要的燃料。因此，聚变堆的主要结构材料包括包层结构材料、真空室材料以及低温杜瓦结构材料。

材料的各种性能和运行参数会对结构材料的选择产生影响，主要性能包括物理、机械、化学和中子性能。为了降低温度和应力梯度，较低的膨胀系数、高热导率和低弹性模量是重要的物理特征。此外，高温抗拉强度和抗蠕变强度也是关键的性能指标。结构材料应保持一定的塑性，并且能够承受常规和瞬时负荷条件下的热应变和机械应变。过度的辐照引起的肿胀或蠕变会导致尺寸变化，最后引发失效。疲劳和裂缝生长在实际应用中很重要。同时，疲劳和蠕变相互作用所造成的损伤也不容忽视。

6. 级联碰撞

入射的载能粒子（如载能离子、电子和中子）与晶格原子碰撞，如果所传递的能量大于（或远大于）晶格原子的离位能 E，就会使晶格原子离位。如果离位的原子具有足够的动能，它就会通过弹性碰撞继续使其他晶格原子离位。这一过程可以持续进行，直至传递的能量不足以再使晶格原子离位。这种级联碰撞离位过程就称为线性级联碰撞或线性级联离位。级联碰撞是辐照固体材料产生损伤的最重要原因。级联碰撞过程如图 7-5 所示。

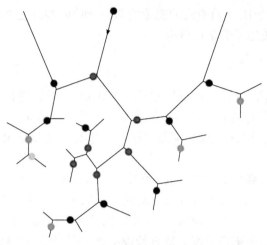

图 7-5   级联碰撞过程

7.2.2   辐照损伤评价方法

1. 电子显微镜表征技术

扫描电子显微镜（scanning electron microscope，SEM）是一种介于透射电子显微镜和光学显微镜之间的观察工具。它利用聚焦的高能电子束扫描样品，并通过与物质间的相互作用来激发各种物理信息，对这些信息收集、放大、再成像以实现对物质微观形貌进行表征的目的，如图 7-6 所示。

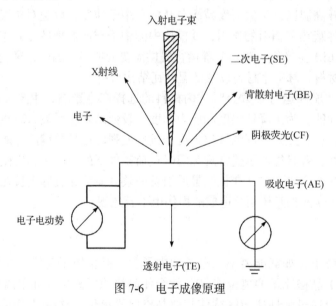

图 7-6   电子成像原理

SEM 的特点包括：可观察数纳米到毫米范围内的形貌；需要样品具有导电性。用途包括：三维形貌的观察和分析；在观察形貌的同时，进行微区的成分分析。扫描电子显微镜由三大部分组成：真空系统、电子束系统以及成像系统。真空系统：需要在真空环境中操作，以防止电子枪中的灯丝氧化失效，除在使用 SEM 时需要用真空外，平时还需要以纯氮气或惰性气体充满整个真空柱。此外，还能增大电子的平均自由程，从而使用于成像的电子更多。电子束系统由电子枪和电磁透镜两部分组成，主要用于产生稳定的、能量分布窄的电子束进行扫描成像。电子经过一系列电磁透镜成束后，打到样品上与样品相互作用，会产生二次电子、背散射电子、俄歇电子以及 X 射线等一系列信号。所以需要不同的探测器如二次电子探测器、X 射线能谱分析仪等来区分这些信号以获得所需要的信息。虽然 X 射线信号不能用于成像，但习惯上，仍然将 X 射线分析系统划分到成像系统中。

二次电子成像是应用最广泛且分辨率最高的成像方式。由于入射电子与样品之间的相互作用，将从样品中激发出二次电子。通过二次电子收集极可将向各个方向发射的二次电子汇集起来，再经加速极加速射到闪烁体上，转变成光信号，经过光导管到达光电倍增管，使光信号再转变成电信号。这个电信号又经视频放大器放大并被其输送至显像管的栅极，调制显像管的亮度，在荧光屏上呈现一幅亮暗程度不同的，反映样品表面形貌的二次电子像。

2. X 射线探伤

工业中常称 X 射线探伤为五大常用无损检测手段之一，X 射线是一种频率极高，波长极短、能量很大的电磁波。相较于可见光，它能够穿透一般物体，且在穿透物体过程中与物质发生复杂的物理和化学作用，可能导致原子电离和某些物质发生反应。当工件局部区域存在缺陷，它将改变物体对射线的衰减，进而引起透射射线强度的变化。通过采用一定的检测方法，如利用胶片感光技术来检测透射线强度，就能够判断工件中是否存在缺陷以及缺陷的位置、大小。X 射线探伤的优点是：能够提供精准直观的成像效果，可以获得俯视透视图，检测成像速度快，可以实现对工件内部的无损检测成像，射线可以穿透较薄的工件进行检测，通过穿透射线的衰减观察图像的局部差异。局限性：受制于被测材料本身的密度差异，若密度差异不明显，则分析成像不够精准，如一些复合型材料金刚石复合片等，还受限于内部的影像相互重叠和隐藏，有时需要多次多角度拍摄和专业分析，检测成本高，对人体有电离辐射危害。

3. 断层 γ 扫描

断层 γ 扫描技术是无损分析技术中最先进的分析技术之一。它专用于准确定量测量高密度非均匀分布介质中的放射性核素及其含量，是对核设施中可回收物以及核废物测量分析的主要方法之一。

4. 超声检测

超声波检测（ultrasonic testing），简称 UT，也称超声检测，是利用超声波技术进行检测的五种常规无损检测方法之一。主要利用了超声波的强穿透性和较好的方向性，收集超声波在不同介质中的反射、干涉波，转化为电子数字信号于屏幕上，实现对被检测物体的无损探伤。优点：不会损害被检对象，不影响其使用性能，能够对不透明材料内部结构精准成像，适用范围广，适用于金属、非金属、复合材料等各类材料；缺陷定位较准确；对面积型缺陷敏感，具有较高的灵敏度，成本低、速度快、对人体和环境无害。局限性：超声波必须依靠介质，无法在真空中传播，且在空气中易损耗散射，检测需要借助连接检测对象的耦合剂，常见的还有去离子水等介质。

7.3 辐照损伤的模拟与计算

7.3.1 辐照损伤的多尺度计算模拟

1. 第一性原理计算

第一性原理计算方法的基本思路是，将由多个原子构成的体系看作由电子和原子核构成的多粒子系统，通过求解该多粒子系统的薛定谔方程，获得描述该体系的状态波函数和相应的能量本征值，进而推导出该体系的相关性质。

2. 分子动力学模拟

分子动力学模拟是一种用来理解材料辐照损伤微观机理的有力工具。其基本思想是通过牛顿第二定律来描述体系中粒子的运动行为。在模拟过程中，将连续介质抽象成由大量质点组成的粒子系统，每个粒子的运动规律都遵循牛顿第二定律。通过计算粒子之间的相互作用力，可以模拟出粒子在辐照过程中的运动和演化过程，从而获得辐照损伤的相关信息。

分子动力学模拟在辐照损伤模拟中具有广泛的应用前景，包括模拟不同材料在辐照下的性能变化，涵盖了辐照导致的材料结构变化和力学性能变化等。此外，分子动力学模拟还可以用于研究辐照损伤过程中的微观机制，如缺陷的形成、扩散和演化等。然而，分子动力学模拟在辐照损伤模拟中也面临一些挑战。首先，分子动力学模拟需要大量的计算资源和时间，尤其是对于大规模的模拟体系，计算成本非常高。其次，分子动力学模拟的精确度和稳定性也受到一定的限制，需要选择合适的势函数和参数来保证模拟结果的准确性。

3. 蒙特卡罗方法

蒙特卡罗方法是一种基于概率统计的数值计算方法，它通过模拟随机过程来求解各种复杂问题。在辐照损伤模拟领域，蒙特卡罗方法也有其独特的应用之处。

在辐照过程中，蒙特卡罗方法被广泛运用于模拟辐照过程中粒子与物质的相互作用，以及由此产生的各种物理和化学效应。例如，在离子辐照过程中，蒙特卡罗方法可被用来模拟离子在固体中的轨迹、能量损失和与物质的相互作用过程。通过模拟大量的离子轨迹，便能统计得到辐照损伤的相关信息，如缺陷的产生、扩散和演化等。

相对于传统的分子动力学模拟，蒙特卡罗方法在处理大规模体系和复杂问题时展现出更高的效率和灵活性。它能够处理具有较强不确定性的问题和复杂的物理过程，而无需详细模拟所有粒子的运动。此外，蒙特卡罗方法还能与其他方法相结合，如与分子动力学模拟相结合，更好地模拟辐照损伤过程。

然而，蒙特卡罗方法也面临一些限制和挑战。首先，其精确度和稳定性受到随机性的影响，需要选择合适的随机数生成器和算法以确保模拟结果的准确性。其次，蒙特卡罗方法的计算量较大，尤其是在处理复杂模型和大规模问题时，需要较长的计算时间。

4. 团簇动力学方法

团簇动力学方法主要研究团簇的形成、生长和转化过程，涉及原子或分子的凝聚、吸附、结合等过程。在辐照损伤模拟中，团簇动力学方法可能并非直接被应用，因为辐照损伤侧重于高能粒子与物质的相互作用及其引发的物理和化学效应。然而，团簇动力学方法和辐照损伤之间仍存在一些潜在的关联。例如，高能粒子辐照可能会导致材料中团簇结构的变化，这些变化可能会影响材料的性能和稳定性。在这种情况下，团簇动力学方法可以用于研究辐照过程中团簇结构的变化和演化，深入了解辐照损伤的机制。

此外，团簇动力学方法还可用于探究材料中团簇的形成和生长过程，这些过程可能与辐照损伤导致的缺陷和空位等结构变化有关。通过模拟团簇的形成和生长过程，可以深入了解材料中团簇结构与性能之间的关系，为辐照损伤的研究提供有益的参考。

需要注意的是，团簇动力学方法在辐照损伤模拟中的应用相对较少，目前研究主要集中在辐照损伤本身的物理和化学过程上。未来随着团簇动力学方法的不断发展和完善，相信它会在辐照损伤研究中扮演更为重要的角色。

5. 位错动力学方法

位错动力学方法在辐照损伤模拟中发挥着重要作用。这种方法起源于 20 世纪 80 年代，已经成为一种有效工具，用于追踪位错运动、考虑位错间短程力和长程力相互作用、并计算位错共同作用引起的塑性变形。

在辐照环境中，高能粒子与材料相互作用会引发位错的产生、运动和累积。这些位错会进一步影响材料的微观结构，导致材料发生硬化、脆化、蠕变和肿胀等现象。位错动力学方法被用于描述和理解这些微观结构演化过程，从而帮助我们更好地理解辐照损伤机制。位错动力学方法在辐照损伤模拟中的应用主要体现在以下几个方面。

（1）预测材料性能变化：通过模拟位错的运动和相互作用，可以预测材料在辐照环境下的性能变化，如硬度、韧性和蠕变速率等。

（2）揭示损伤机理：位错动力学方法可以揭示辐照损伤过程中位错的产生、运动和累积的机理，有助于深入理解辐照损伤的本质。

（3）指导材料设计：通过位错动力学模拟，可以指导新型抗辐照材料的设计，通过调控材料的微观结构来优化其抗辐照性能。

7.3.2 人工智能的应用

1. 并行计算模拟

并行计算模拟是一种利用多个处理器或计算节点同时进行计算的技术，旨在提高计算效率和性能。在并行计算模拟中，每个进程处理一个求解域，多个进程并行地对分配到本地的任务进行求解。进程间的通信通常通过消息传递接口（MPI）实现。此外，为了最大程度利用集群的层次性存储结构特点，达到良好的并行性能，可以采用消息传递模型和共享内存模型混合的并行编程模型。

并行计算模拟技术在许多领域都得到了广泛应用，特别是在材料科学、物理、化学等领域。例如，为了制定符合实验操作的直流电弧等离子体控制方案，以及分析改善被制备材料的物理化学性能，研究人员会利用长时间、大空间尺度的动力学模拟。在这些模拟中，并行计算模拟技术能够极大地提高计算效率，加速研究进程。

在辐照损伤模拟中，并行计算模拟技术具有多方面应用。首先，它可以用于模拟辐照过程中原子或分子的运动和相互作用。通过并行计算，可以同时模拟大量的原子或分子，更准确地描述辐照损伤的物理和化学过程。其次，并行计算模拟技术还可以用于模拟辐照损伤对材料性能的影响。通过并行计算，可以快速评估不同辐照条件下材料的性能变化，为材料设计和优化提供有力支持。

2. 大数据技术

大数据技术在辐照损伤研究中也具有潜在的应用价值。随着辐照损伤研究的深入，产生的实验数据和模拟数据规模不断增大，传统的数据处理方法已经难以满足需求。大数据技术可以处理海量、复杂的数据，挖掘其中的潜在规律和关联，为辐照损伤的研究提供新的视角和方法。大数据技术在辐照损伤研究中的应用体现在以下几个方面。

（1）数据存储与管理：辐照损伤研究产生的数据规模庞大，需要高效的数据存储和管理系统来支持。大数据技术中的分布式存储和云计算等技术可以有效地解决这一问题，实现数据的高效存储和共享。

（2）数据挖掘与分析：借助大数据技术中的数据挖掘与分析方法，可以从海量的实验数据和模拟数据中提取有用的信息，揭示辐照损伤过程中的微观机制和宏观性能变化。这有助于深入理解辐照损伤的本质，为材料设计和优化提供指导。

（3）预测与决策支持：大数据技术结合机器学习、深度学习等人工智能技术，可建立预测模型，对辐照损伤进行预测和评估。这为辐照环境下的材料选择、工艺优化和安全管理等提供决策支持。

需要注意的是，大数据技术在辐照损伤研究中的应用还处于探索阶段，还需要解决如数据的质量控制、隐私保护、算法的可解释性等问题。随着大数据技术的不断发展和完善，相信它会在辐照损伤研究中发挥更大的作用。

3. 机器学习

机器学习是一门融合计算机科学、统计学、数学与工程学的交叉学科，旨在通过已知数据驱动模型自动优化与改进，实现对新情境的智能预测与判断。这一理念源于人类对智能学习的认知，即大脑通过与外界交互，总结规律形成经验，从而做出决策。机器学习由数据和方法构成，方法包含策略、模型和算法三个要素，其中算法是核心，如朴素贝叶斯、决策树、支持向量机和人工神经网络等。

近年来，机器学习因其巨大潜力受到广泛关注，特别是在 Alpha Go 等人机对战胜利后，更是推动了其在计算机视觉、自然语言处理和数据挖掘等领域的应用。在核材料领域，机器学习也被广泛应用，如通过 SVM 寻找影响材料辐射屏蔽性能的特征参数，利用 ANN 预测局部原子占位及热激活能等。

在反应堆压力容器（RPV）材料的辐照后性能预测方面，国外已有一系列研究。例如，美国橡树岭国家实验室使用神经网络结合最近邻回归开发 RPV 脆化预测模型，英国 Kemp 团队利用贝叶斯神经网络（BNN）构建低活化马氏体钢的韧脆转变温度预测模型，比利时核能研究中心和日本原子能研究开发机构等也利用 ANN 构建了 RPV 材料的辐照硬化和脆化预测模型。这些模型具有较高的精确度和可解释性，能反映出 RPV 辐照脆化影响因素与辐照损伤变化之间的复杂非线性关系。

7.4 人工智能在辐照损伤中的设计案例

7.4.1 基于机器学习势函数的缺陷动力学预测

在辐照条件下，微结构的演变主要受高能粒子轰击所引发的缺陷动态的影响。因此，对于评估高熵材料的辐照性能，深入理解其化学无序状态下的缺陷动力学至关重要。然而，准确描述这些缺陷过程，需要对原子间的相互作用进行高精度的模拟。尽管电子结构计算方法，如密度泛函理论，能够提供量子力学级别的准确性，但其应用受限于模拟的时间和空间尺度。为了克服这一限制，机器学习模型被引入，通过构建基于机器学习的原子间势函数，可以将密度泛函理论的精度扩展到更大的尺度。原子间势函数是分子动力学模拟的核心组成部分，为探究材料的微观过程提供了强有力的工具。通过原子间势函数，可以方便地计算出中尺度和连续材料建模所需的关键参数。在分子动力学模拟中，原子间势函数的主要作用是提供任何原子构型的能量和原子力信息，从而使系统能够根据牛顿第二定律进行演化。然而，对于具有多组成分的高熵材料，由于其高维构型空间，原子间势函数的拟合变得极为困难，这严重阻碍了分子动力学在模拟高熵材料方面的应用。目前，由于无法找到合适的原子间势函数，对高熵材料抗辐照性的分子动力学研究主要集中在二元和三元合金上。

根据机器学习的理念，原子间势函数可以被视为一个经过训练的模型，用于预测能量和力。这种机器学习模型应该能够表示由各种原子构型定义的势能图。通常，这个模型是基于密度泛函理论计算生成的参考数据库构建的，该数据库包含了通过量子力学计算获得的体相、表面和缺陷的性质，从而形成了一个包含不同结构能量和作用力的大型数据集。这个数据集可以用于开发机器学习原子间势函数，并在此基础上建立分子动力学模拟来研究微观结构的演变。由于机器学习提供了高维回归模型的能力，因此可以建立适用于多组分材料的原子间势函数。

1. 揭示钒在钨基合金辐照损伤中的关键作用

Wei 等采用基于机器学习势函数的分子动力学模拟，系统地探索了 Mo-Nb-Ta-V-W 合金的辐照耐受性。从纯 W 到基于 W 的等原子二元、三元、四元以及多元高熵合金，通过累积碰撞级联模拟了高达 0.4～0.8dpa 的辐照损伤累积，发现辐照损伤和演变是由级联诱导的簇化、空位和间隙迁移的平衡以及缺陷簇结合能等因素共同控制的。这些机制受到原子大小的强烈影响，其中 V 作为最小的原子起着决定性作用。在纯 W 和不含 V 的合金中，微观结构的特点是间隙位错环较大且不断增长。与此形成鲜明对比的是，在含有 V 的合金中，空位位错环直接在碰撞级联中形成，空位和间隙的平衡迁移率促进了重组，阻止了间隙环的增长。原子尺寸的差异也导致了明显的分离，小原子（V）位于间隙簇中，而大原子（Ta、Nb）则分离在空位簇周围。此外，与纯 W 和无 V 合金相比，含 V 合金中的小原子簇尺寸、空位环的形成、偏析和平衡迁移导致低膨胀和异常高效的缺陷退火。其研究结果突出表明，WTaV 是一种很有前途的低活化材料，在 5ns 的时间内，几乎 90%的缺陷都能在 2000K 退火，而纯 W 的退火率则小于 20%。

2. 机器学习势函数模拟难熔高熵合金：缺陷和偏析

Byggmästar 等开发了 Mo-Nb-Ta-V-W 多元体系机器学习势函数，并用它研究体心立方难熔高熵合金 MoNbTaVW 中的缺陷和偏析。在受辐照损伤晶体中，模拟发现合金中最小的原子 V 明显偏析到含间隙区域，如辐照诱导的位错环。V 还在单个自间隙原子群中占主导地位。相反，由于 Nb 的尺寸较大且表面能较低，Nb 会偏析到空隙内等大间隙区域。当退火样品中的缺陷浓度过饱和时，发现与 W 完全不同，MoNbTaVW 中的间隙原子聚集在一起，只形成了很小（1nm）的实验不可见位错环，其中富含 V。在高熵合金中，间隙原子的迁移减少了，位错环的不可动性和空位的流动性增加了，这些因素共同促进了缺陷重组而不是聚集。

3. 机器学习势函数模拟 W 和 W-Mo 中的辐照损伤

高斯近似势（GAP）是一种精确的机器学习势函数，最近被扩展到辐照损伤的描述中。Koskenniemi 等利用经典分子动力学模拟了 50-50 W-Mo 合金和纯 W 中的原生辐照损伤，试图验证更快版本的 GAP，即 tabGAP。研究发现 W-Mo 在级联初始阶段能更有效地重组产生的缺陷，在某些情况下，与纯 W 不同，W-Mo 在级联冷却后能重组所有缺陷。此外，还观察到，tabGAP 比 GAP 快两个数量级，但产生的存活缺陷数量和缺陷簇大小却相当。

7.4.2 基于机器学习描述符的辐照响应预测

如图 7-7 所示，可以建立基于机器学习描述符与辐照响应之间的联系，用于对给定材料的辐照响应进行预测。这种方法需要获取足够的数据量，因为机器学习的成功取决于相互关联的参数空间中输入数据的质量和广度。对于钢材等传统核材料，机器学习已被应用于预测其辐照响应，并具有较高的准确性。

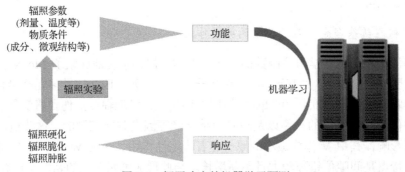

图 7-7　辐照响应的机器学习预测

1. 基于人工神经网络的 RPV 辐照脆化专家系统开发

随着环境污染加剧和能源枯竭，发展核能等清洁能源迫在眉睫。RPV 作为核反应堆的核心部件，其完整性对核电站安全运行至关重要。长期在高温高压以及快中子辐照环境下运行，导致RPV受中子辐照损伤，性能下降，预测其变化对核电站安全及延寿至关重要。中子辐照引起RPV辐照脆化导致其性能降低，其中韧脆转变温度是RPV辐照脆化评价的重要指标。当前，国内RPV辐照脆化研究依赖国外经验，缺乏自主数据库和预测模型，阻碍RPV材料发展。尽管面临理论、成本及设备挑战，RPV国产化研究仍积累了一定数据。利用这些数据，通过机器学习研究RPV中子辐照性能，成为高效低成本途径。据此，康靓开发了基于数据的C/S模式RPV辐照脆化专家系统，具体步骤如下：

（1）构建RPV辐照数据库，存储材料成分、拉伸及冲击测试数据，为用户提供数据源，并支撑辐照脆化神经网络模型。

（2）利用人工神经网络，以Cu、Ni、P含量、中子注量及注量率、辐照温度为输入，预测韧脆转变温度增量，构建RPV辐照脆化预测模型，并通过数据集特殊预处理、改变传递函数、交叉验证等手段进一步优化网络模型。

（3）将构建的神经网络模型与现有经验公式进行预测精度对比，结果显示神经网络模型具有更高的准确性。同时，利用该模型，通过控制变量法深入分析不同因素对RPV辐照脆化的具体影响，研究表明，中子注量与辐照脆化关系呈现先增后稳趋势，中子注量率影响不显著，与辐照温度负相关，Cu与P元素正相关，而Ni元素对母材与焊缝影响不同。

（4）采用Qt5.7开发工具开发了RPV辐照脆化专家系统人机交互界面，并实现MySQL数据库的连接，使用户能够便捷地输入辐照损伤相关参数，迅速获得预测结果，为RPV材料的辐照监督提供科学参考。同时，用户还可直接通过系统查询、修改辐照监督数据，极大地提升了数据管理效率。

2. 利用 XGBoost 建模预测 RPV 钢的辐照诱导转变温度变化的研究

预测RPV钢的辐照诱导转变温度变化是核电站长期运行的重要方法。Xu等根据辐照脆化数据，利用机器学习方法XGBoost建立了RPV钢的辐照诱导转变温度偏移预测模型。然后进行残差、标准偏差和预测值与测量值对比分析，分析该模型的准确性。最后，分析了铜含量阈值和饱和值、温度依赖性、镍/铜依赖性和通量效应，以验证其可靠性。这些结果表明，利用XGBoost开发的预测模型在预测RPV钢的辐照脆化趋势方面具有很高的准确性。预测结果与目前对RPV脆化机理的理解是一致的。

7.5 总结与展望

辐照损伤是一个涉及多个步骤和多个层面的复杂过程。

辐照缺陷的形成是一个逐步发展的过程。首先，入射粒子与材料中的晶格原子相互作用，动能转移到晶格原子上，从而产生PKA。这些原子离开其原始晶格位置，并可能进一步碰撞其他原子，产生更多的离位原子，形成级联离位。最终，这些离位原子可能成为间隙原子，在晶格中占据非正常位置。这些过程导致了辐照缺陷的产生，包括空位、间隙原子、反位缺陷和杂质原子等点缺陷。这些点缺陷可能进一步聚集，形成位错环、层错四面体和空洞等更复杂的结构。

辐照缺陷对材料具有重要影响。首先，辐照缺陷会改变材料的微观组织，导致其力学、热学和电学性能劣化。例如，空位和间隙原子的聚集可能导致材料肿胀，降低其密度和断裂韧性。其次，辐照还可能引起材料的晶体结构改变，如晶粒长大、晶界移动和位错堆积，进一步影响材料的力学性能和断裂行为。此外，辐照还可能引发材料的化学成分变化，导致腐蚀性能、氢脆性和放射性、稳定性的改变。长期的辐照累积效应可能导致材料性能逐渐恶化，最终失效。

为了预测和评估辐照损伤对材料的影响，研究人员常常采用模拟方法来研究辐照损伤过程。这些模拟可以基于物理模型，通过计算模拟入射粒子与材料的相互作用，预测辐照缺陷的产生和演变。此外，实验方法也被广泛用于评估辐照损伤。例如，通过对辐照后的材料进行显微结构观察、力学性能测试和化学分析等，可以定量评估辐照损伤的程度和影响。

分子动力学模拟是一种基于经典力学的模拟方法，能够描述粒子间的相互作用以及它们在辐照下的动态行为。通过这种方法，可以观察到缺陷的形成、扩散和聚合过程，从而揭示辐照损伤的内在机制。而基于量子力学的第一性原理计算能够准确描述原子间的电子交换和相互作用。这种模拟方法可以用于预测特定辐照条件下的缺陷类型和数量，以及它们对材料性能的影响。考虑到辐照损伤涉及从原子尺度到宏观尺度的多个层次，多尺度模拟方法变得越来越重要。这种方法结合了不同尺度的模拟技术，如分子动力学模拟、蒙特卡罗方法和有限元分析等，可以更全面地描述辐照损伤的过程。

综上所述，辐照损伤是一个复杂且重要的研究领域，涉及多个学科和技术的交叉。通过深入研究辐照缺陷的形成、影响以及模拟与评价方法，可以更好地理解辐照损伤机制，为材料的安全使用和性能优化提供有力支持。

习　　题

1. 辐照损伤对材料性能的影响是怎样的？列举几个具体例子。

2. 辐照损伤在核能领域中有着重要的应用，描述在核反应堆中材料受到辐照损伤的情况以及对核反应堆的影响。

3. 辐照损伤的研究在材料科学中有着怎样的地位？它对材料设计和工程应用有怎样的指导作用？

4. 不同类型的材料对辐照损伤的抵抗能力有何差异？这种差异是如何影响材料的选择和应用的？

参 考 文 献

卞西磊, 王刚. 2017. 非晶合金的离子辐照效应[J]. 物理学报, 66(17): 359-368.

孙友梅, 朱智勇, 王志光, 等. 2005. 热峰模型在聚碳酸酯非晶化潜径迹中的应用[J]. 物理学报, 54(4): 1707-1710.

王沿东, 李润光, 聂志华, 等. 2022. 中子/同步辐射衍射表征技术及其在工程材料研究中的应用[J]. 工程科学学报, 44(4): 676-689.

向玉, 姜婷, 徐伟. 2022. 基于离子阱质谱的离子碰撞截面积测量方法研究进展[J]. 质谱学报, 43(5): 611-622.

翟新杰, 张鹏鹤, 张衡, 等. 2024. 瞬态线功率密度对 PCI 裕量影响研究[J]. 核科学与技术, 12(1): 1-9.

张国强. 2023. 高能离子辐照反应堆结构材料的力学性能测试方法研究[D]. 甘肃: 兰州大学.

中国科学院近代物理研究所. 2016. 结构材料辐照损伤的多 GPU 分子动力学模拟方法: CN201610311112.8[P].

朱慧珑. 1989. 辐照材料的肿胀理论(Ⅰ): 中性尾闾[J]. 物理学报, 38(9): 1443-1453.

朱慧珑. 1989. 辐照材料的肿胀理论(Ⅱ): 偏吸率与肿胀公式[J]. 物理学报, 38(9): 1454-1466.

朱林, 李欣. 1989. 位错柏氏矢量的电子显微镜测定方法[J]. 物理测试, (6): 33-36, 13.

Allen T R, Busby J T. 2009. Radiation damage concerns for extended light water reactor service[J]. JOM, 61: 29-34.

Becquart C S, Domain C. 2011. Modeling microstructure and irradiation effects[J]. Metallurgical and Materials Transactions A, 42: 852-870.

Bian X L, Wang G. 2017. Ion irradiation of metallic glasses[J]. Acta Physica Sinica, 66(17): 178101.

Cui Y, Gong H, Wang Y, et al. 2018. A thermally insulating textile inspired by polar bear hair[J]. Advanced Materials, 30(14): 1706807.

Koskenniemi M, Byggmästar J, Nordlund K, et al. 2023. Efficient atomistic simulations of radiation damage in W and W-Mo using machine-learning potentials[J]. Journal of Nuclear Materials, 577: 154325.

Nordlund K, Zinkle S J, Sand A E, et al. 2018. Primary radiation damage: A review of current understanding and models[J]. Journal of Nuclear Materials, 512: 450-479.

Praveen C, Christopher J, Ganesan V, et al. 2019. Constitutive modelling of transient and steady state creep behaviour of type 316LN austenitic stainless steel[J]. Mechanics of Materials, 137: 103122.

Samaras M, Maximo V. 2008. Modelling in nuclear energy environments[J]. Materials Today, 11(12): 54-62.

Wang Y, Hattar K. 2020. Special issue: Radiation damage in materials-helium effects[J]. Materials, 13(9): 2143.

Wei G, Byggmästar J, Cui J, et al. 2024. Revealing the critical role of vanadium in radiation damage of tungsten-based alloys[J]. Acta Materialia, 274: 119991.

Zhang X, Hattar K, Chen Y, et al. 2018. Radiation damage in nanostructured materials[J]. Progress in Materials Science, 96: 217-321.